陆地生态系统
高光谱观测方法与应用

王绍强　刘良云　张永光 等　著

科 学 出 版 社

北 京

内 容 简 介

高光谱遥感作为监测植被碳动态的新手段已得到高度重视并逐步发展，利用地基和卫星高光谱观测技术，可以快速识别陆地植被光合动态变化以及陆地生态系统对气候变化的响应，为准确估算陆地碳源汇提供科学支撑和理论参考。本书详细介绍了陆地生态系统高光谱观测的方法、技术及规范，重点阐述了近地面和卫星水平日光诱导叶绿素荧光的观测技术、反演算法、数据处理及生态应用，为改进植被动态变化的遥感监测、深入认识生态系统碳循环提供重要的理论和技术支撑，推动生态遥感和生态学基本理论的发展，同时有助于拓宽我国自主研制高光谱观测系统的应用面，提高仪器设备的国有化率，提升我国自主研发能力的国际地位。

本书在生态系统高光谱观测系统的研发和使用方面，具备很高的可操作性，能够使读者清晰地了解当前高光谱植被遥感发展前沿趋势，适于开展植被遥感及相关领域研究的广大科研工作者学习参考。

图书在版编目（CIP）数据

陆地生态系统高光谱观测方法与应用/王绍强等著. —北京：科学出版社，2020.12

ISBN 978-7-03-067367-1

Ⅰ.①陆…　Ⅱ.①王…　Ⅲ.①遥感图象-应用-陆地-生态系-研究　Ⅳ.①P9

中国版本图书馆 CIP 数据核字（2020）第 253867 号

责任编辑：李秋艳　朱　丽　李　静/责任校对：何艳萍
责任印制：吴兆东/封面设计：蓝正设计

科 学 出 版 社 出版
北京东黄城根北街 16 号
邮政编码：100717
http://www.sciencep.com
北京建宏印刷有限公司 印刷
科学出版社发行　各地新华书店经销
*
2020 年 12 月第 一 版　开本：787×1092　1/16
2022 年 1 月第三次印刷　印张：12 1/4
字数：290 000

定价：129.00 元
（如有印装质量问题，我社负责调换）

前　言

自工业革命至今，人类对化石燃料的大量开采和使用造成大气中温室气体剧增，由此导致的以气候变暖为主要特征的全球气候变化对生态环境的影响正越来越引起人们的关注。控制温室气体排放，减缓全球气候变暖，是当今国际社会关注的重大科学和政治问题。积极承担温室气体减排责任，推动碳达峰、碳中和进程早日实现，是我国作为温室气体排放大国和发展中大国所面临的重大压力和挑战。陆地生态系统固碳是目前较为经济可行和环境友好的减缓大气二氧化碳浓度升高的重要途径之一，研究陆地碳源和碳汇及其在全球变化中的贡献，对减缓碳排放和预测未来全球变化具有重要的意义。全球陆地圈层之间的气体交换的 90% 都是由植物的光合和呼吸作用进行调节的，陆地植被对减缓全球气候变化及维持生态系统可持续发展意义重大。遥感观测能够提供时空连续的植被变化信息，是监测陆地碳源汇的重要且不可或缺的手段。随着遥感观测技术手段的迅速发展和基于遥感观测的生态学理论研究的进展，遥感高光谱观测能够提供地表信息更丰富的高光谱分辨率数据，有助于精确估算关键生态系统过程中的生理生化参数，有力地推动了陆地生态系统格局和过程的研究。

在国家重点研发计划项目"中国陆地生态系统生态质量综合监测技术与规范研究 (2017YFC0503800)"，以及中国科学院重点部署项目"近地面生态系统特征参数监测系统研发与示范应用 (KFZD-SW-310)"等的支持下，在多年应用实践研究的成果基础上，我们编撰了本书。我们期望尽可能全面地介绍陆地生态系统高光谱观测的基本理论、观测方法与示范应用，包括了近地面遥感高光谱观测的技术规范、卫星高光谱观测数据的反演和处理方法以及高光谱观测在碳循环研究中的应用等方面。编写本书的目的是向读者展示国内外高光谱观测在碳循环研究的最新进展，重点介绍基于高光谱观测的植被日光诱导叶绿素荧光的观测、反演与应用，以期促进陆地生态系统遥感碳循环研究的发展。

本书共分为 9 章。第 1 章介绍陆地生态系统光合作用的基本过程和观测模拟方式以及光谱观测原理与发展；第 2 章介绍陆地生态系统光能利用率的概念、观测和模拟方法；第 3 章介绍地基冠层多角度光谱观测的基本理论和应用案例；第 4 章介绍植被冠层叶绿素荧光的观测原理和技术规范；第 5 章介绍叶绿素荧光的遥感反演方法；第 6 章介绍近地面高光谱观测及叶绿素荧光的数据处理；第 7 章介绍叶绿素荧光的方向校正与尺度转换；第 8 章介绍卫星叶绿素荧光的遥感观测与数据处理；第 9 章介绍叶绿素荧光的应用案例。各章节的执笔人如下：

第 1 章　陈敬华　马力　李悦　王鹏远　李焱沐　朱锴　王绍强

第 2 章　黄昆　伍卫星　陈敬华　马力　王绍强

第 3 章　马力　陈蝶聪　李焱沐　张乾　陈敬华　王绍强

第 4 章　张永光　张乾　李朝晖

第 5 章　刘良云　刘新杰　杜珊珊

第 6 章　刘良云　郭健　刘新杰

第 7 章　刘良云　刘新杰　胡娇婵

第 8 章　张永光　章钊颖　李朝晖

第 9 章　张永光　章钊颖

　　全书由王绍强、刘良云和张永光统稿。在本书的写作过程中，得到了许多同事和朋友的关怀和帮助，我们课题组的陈敬华、马力和朱锴等多位研究生为本书整理了大量文献，并做了图表和格式编辑等工作，在此一并致以诚挚的谢意。

　　由于著者水平有限，本书难免有不妥之处，敬请读者不吝指正。

王绍强

2020 年 8 月

目　录

第 1 章 陆地生态系统光谱观测与光合作用

1.1 生态系统光合作用

光合作用是植物利用叶绿素(Chl)等光合色素捕获光能,将二氧化碳(CO_2)和水(H_2O)转化为有机物,并释放出氧气的过程(光能转化为化学能的过程),是陆地生态系统最重要的生化过程之一。作为陆地生态系统碳同化的主要方式,光合作用调节生物与大气圈间 90%的碳水交换,是推进整个生态系统的最初动力(Beer et al., 2010;于贵瑞等,2004)。光合作用可以简单用以下公式表达:

$$6CO_2 + 12H_2O + light \rightarrow C_6H_{12}O_6 + 6O_2 + 6H_2O \tag{1-1}$$

光合作用发生在叶片叶绿体内,由光反应和暗反应两个阶段构成。光反应阶段是光合作用的第一个阶段,发生在叶绿体内的类囊体膜上,需要在光照条件下进行。光反应发生前,需要光合色素捕捉光能进而推动光合的发生(Li et al., 2018;Zhang et al., 2009)。光反应包括光系统Ⅱ(水的裂解和电子传递)和光系统Ⅰ(把电子交给最终电子受体 $NADP^+$),色素捕捉光能后,光量子(光子)的能量转给化学基团中的电子,电子获得能量后,跃迁到高能量水平的外层电子轨道上,从稳定态转为激发态(于贵瑞和王秋凤,2010)。处于激发态的色素分子吸收光能后,便会激发为第一单线态和第二单线态。处于激发态的色素分子并不稳定,从激发态回到基态的一个重要途径就是把能量传递给反应中心叶绿素 a,使得叶绿素 a 分子受激发,将电子传递给光系统Ⅰ,完成电子从光系统Ⅱ到光系统Ⅰ的传递。光系统Ⅰ受光激发后,将电子传递给最终受体 $NADP^+$。光系统Ⅱ和光系统Ⅰ的协同作用完成了光能转化为化学能的过程,为 CO_2 的固定提供了能量(ATP)和还原能力(NADPH)(Niinemets and Keenan, 2014;Calatayud et al., 2006)。暗反应(碳反应)阶段在叶绿体内的基质中进行,光照并非必需。在暗反应阶段,叶片通过气孔从大气中吸收二氧化碳,然后在 1, 5-二磷酸核酮糖羧化酶/加氧酶(ribulose-1,5-bisphosphate carboxylase/oxygenase, Rubisco)的催化下与 C_5(RuBP)结合生成三碳化合物(C_3),最后在能量 ATP 和还原物质 NADPH 的作用下,其中一些 C_3 经过一系列变化,形成糖类;另一些 C_3 则经过一系列的化学反应,又形成 RuBP,从而继续与大气中的 CO_2 结合(图 1-1)。

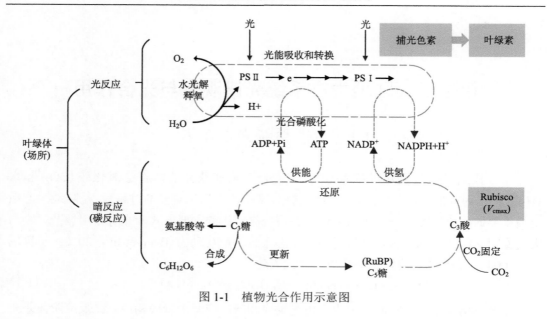

图 1-1　植物光合作用示意图

1.2　生态系统光合作用观测与模拟

1.2.1　叶片尺度光合作用观测

光合速率是衡量绿色植物光合作用强弱的一个重要指标。通过测定光合反应中反应物的消耗速率或产物的生成速率(包括物质的交换和能量的储存)都可以计算光合速率,目前测定光合速率的方法可分为:①基于有机物的累计速率,包括半叶法和植物生长分析法;②基于叶片释放 O_2 的速率, 包括有氧电极法、瓦式呼吸法、吉尔森呼吸法和化学滴定法;③基于叶片吸收 CO_2 的速率,主要包括 pH 法、同位素法和红外线气体分析法(李少昆,2000)。

半叶法是在叶基部或叶柄处用开水或医用吸入器喷射蒸汽,杀死筛管组织,破坏叶柄韧皮部,以抑制物质外运。此法可测定光合速率、暗呼吸速率和叶片物质转移速度 3 项指标。其中测定在黑暗条件下一定时间干物质减少的量可得暗呼吸速率;用改良半叶法和不经叶柄处理的半叶法得到的光合速率之差可看作叶片向外转移物质的速度。光合速率单位为 $\mu mol/(m^2 \cdot s)$,由于叶内储存干物质一般为蔗糖和淀粉等,将干重乘以系数 1.5 便得到 CO_2 同化量。

植物生长分析法是根据干重和叶面积求得支配物质生长的生长函数,并以此阐明作物生长、种类特性和环境条件关系等的独特技术。Gregory(1926)把单位叶面积或单位光合作用系统的单位量的干物质增加速率作为净同化率 NAR[$mg/(cm^2 \cdot d)$ 或 $mg/(cm^2 \cdot 周)$]。

$$NAR = \frac{(W_2 - W_1)(\ln L_2 - \ln L_1)}{(t_2 - t_1)(L_2 - L_1)} \tag{1-2}$$

式中,W_1、W_2 为在 t_1、t_2 时刻的生物量;L_1、L_2 为 t_1、t_2 时的叶面积;NAR 可以作为叶片光合效率的量度,但其意义与半叶法测得的光合速率不同。光合速率只表示叶片照光期间叶面积的干重增加值，而净同化率则根据数天至一周时间内整株干重增加来评价叶片的光合效率，它已除去了非同化器官的消耗和整株作物在夜间的消耗，并包括了吸收的无机物，测定值明显低于单叶光合速率值，可认为是表观光合速率。

叶圆片或碎片、离体叶绿体等材料如果浸在水介质中，会在光合过程中放出 O_2，而使水中溶解 O_2 增加，用一定方法测水中溶解 O_2 的增加量，即可表示光合速率。有氧电极法是目前测定溶液中溶存的氧量变化的常用方法，是极谱分析的一种类型。该法目前主要用于植物组织的匀浆或叶绿体、线粒体悬浮液的放氧或耗氧速率的测定，用于生理生化过程的基础研究，如呼吸控制、氧化磷酸化作用、呼吸途径、离体叶绿体的 Hill 反应、光合磷酸化作用、光合控制、单细胞藻类及悬浮叶肉细胞的光合作用等。

红外线气体分析法(IRGA)的原理是凡振动频率与气体分子的振动频率相同的红外光，在透过气体时均可形成共振而被气体吸收，使透过的红外光能量减少。由异原子组成的具有偶极矩的气体分子如 CO_2、CO、H_2O、SO_2、CH_4、NH_4、NO 等，在波长 $2.5\sim25\ \mu m$ 的红外线光区都有特异的吸收带，其中 CO_2 在中段红外区的吸收带有 4 处，且以 $4.26\ \mu m$ 的吸收带最强，而且不与 H_2O 相互干扰。被吸收的红外线能量与被测气体对红外线的吸收系数(K)、气体的密度(C)和气层的厚度(L)有关，并服从比尔兰伯特定律：$E = E_0 e^{-KCL}$。现阶段应用最广泛的测定光合速率的方法就是使用美国 LI-COR 公司生产的 LI-6400 光合作用测定仪(LI-6400 portable photosynthesis system)通过 IRGA 法测定，此仪器相比其他同类产品具有数据准确、性能稳定、测量范围广、参数多等诸多优点，因此在科研方面被广泛地使用。

叶片的光合速率受内部生理因素如生育期、叶龄、不同部位叶片的影响，还受到环境因素光、温、水、CO_2、风速等的影响。因此，在进行光合作用测定的时候需要注意以下几点。

(1)测定叶片样本的选择。选择同样生育期、相同叶龄、相同叶位的叶片进行比较。选样要有代表性，选择观测区域具有典型代表性的植株。

(2)测定时间的选择。根据不同的研究目的选择适宜的测定时期非常重要，以避免盲目测定，减少测定次数而达到最佳效果。除非测量植物在阴天或夜间的光合作用及日变化，一般测量多在上午 9:00~11:30 和下午 3:00~5:00 进行，避开光合"午休"现象。一般而言，上午是植物生长的最佳时间，最好选择风和日丽、天气晴朗的上午。

(3)测定叶片环境的确定。选生长健康、代表性强的植株为试材。在测定之前不要让所测叶片样本遭受急剧的环境变化。若采用离体叶测定时，要用刀片在水中切断，输导组织内的水不要断开。

1.2.2　涡度相关通量观测

涡度相关技术通过快速测定空气中的 CO_2 浓度和水汽浓度的脉动(瞬时浓度与某周期内平均浓度的差异)，从而计算出植被与大气在极短时间尺度上碳、水通量的交换特征(Baldocchi et al.，2001；Wofsy et al.，1993)。涡度相关通量观测技术是基于微气象学理论与湍流运动特征，利用涡度相关技术，开展光合、呼吸、蒸腾等多种生理生态过程中的大气与生态系统多界面间气体交换通量的直接观测手段（Baldocchi and Meyers，1988；于贵瑞和孙晓敏，2006；Aubinet et al.，2012）。这一手段实现了生态系统尺度生产力、能量平衡和碳-氮-水耦合的多种气体交换通量的直接监测、收支评估和环境影响分析。全球和区域通量塔观测网络为跨尺度生态要素、生态系统功能的时空动态观测、形成机制分析和生态过程模拟提供了科学目标和设计理念、观测技术体系、观测数据的标准化处理及长期积累。

　　早期生态系统气体交换通量观测中，通过单位时间集气瓶与环境大气示踪气体气压差法监测了海洋、陆地植被等重要生态系统与大气间的大量气体交换通量。这一方法的监测精度受到大气浓度采样-测定流程及装置密闭性的极大限制，且难以实现连续、长期观测，对于生态过程及其机理解释存在局限性。基于气象观测网络的数据产品，同化大气传输模型，实现了监测产品的格网化和区域化。进一步，在生态过程模型研究领域，一些学者基于光合有效辐射、电子最大羧化速率、表面导度、关键酶活性等重要参数，构建了光合、呼吸、蒸腾等重要生态过程模块，为量化区域乃至全球尺度碳-氮-水通量提供了新的思路。20 世纪 70 年代早期，涡度相关技术被首次应用于生态系统与大气间 CO_2 气体通量观测研究（Desjardins，1974），观测仪器主要是螺旋桨式风速仪和电容式探测器改造的闭路红外气体分析仪，研究对象主要为农田。当时观测仪器存在很大的局限性，传感器的响应速度非常慢，响应速度大约为 2 次/s。随着快速响应超声风速仪和红外气体分析仪的出现，涡度相关技术得到了历史性的突破（Jones et al.，1978；Bingham et al.，1978；Brach et al.，1978；Ohtaki and Matsui，1982），开路和闭路红外气体分析仪对 CO_2 气体的响应速度达到 10 次/s，因此由超声风速仪与开路或闭路红外气体分析仪组成的开路式涡度相关系统（OPEC）或闭路式涡度相关系统（CPEC）逐渐成为通量观测的主要技术手段。随着科学技术的发展，OPEC 与 CPEC 两种涡度相关观测系统逐步完善，但是它们在实际应用中各有优缺点，主要表现在对观测环境的适应性、设备维护和观测结果等方面的差异。一般认为 OPEC 以高频率响应为主要优势（Leuning and Moncrieff，1990），OPEC 系统的观测数据不会造成高频数据丢失，但是此系统的传感器容易受外界环境（如降雨）的影响，而 CPEC 恰好弥补了 OPEC 在实际应用中所存在的缺陷，CPEC 相对比较稳定，不容易受到外界环境的干扰，适用于长期稳定的通量观测，但是 CPEC 的抽气管对 CO_2 浓度变化脉冲具有衰减作用而容易导致高频数据丢失，因此 CPEC 在观测过程中可能存在通量低估的现象。

　　OPEC 与 CPEC 两种涡度相关系统包括以下组成部分：CSAT3 三维超声风速仪（Campbell Scientific，Inc.），LI-7500 开路红外气体分析仪（LI-COR, Inc.）或 LI-7000 闭路红外气体分析仪（LI-COR，Inc.），温湿度传感器（Vaisala HMP45C），CR5000 数据采集器（Campbell Scientific，Inc.）。采集器程序控制整个观测系统，超声风速仪和气体分析仪的采样频率均为 10 Hz，观测的所有变量直接在线计算为通量并保存到 PC 卡上，在采集器或计算机屏幕上可以显示实时数据，诊断且处理过的数据也储存到 PC 卡上。CPEC 采样系统区别于 OPEC 系统在于 CPEC 需要用 220 V 大容量真空泵把气样抽入闭路分析仪，气泵流量为 5 m³/h，进气口在开路分析仪附近，抽气管道内共有 4 个过滤膜，分别是：①进气口处直径为 47 mm、孔径为 10 μm 的过滤膜；②样品室进口处直径为 47 mm、孔径为 2 μm 的过滤膜；③参比室进口处直径为 50 mm、孔径为 1 μm 的过滤膜；④药品过滤瓶外直径为 25 mm、孔径为 1 μm 的过滤膜。CPEC 设置了校正系统，用已知浓度的 N_2 和 CO_2 气体抽入样品室和参比室进行校正，可以随时校正气体分析仪的漂移，修正温度、压力、光路内污染物、光源和检测器老化所造成的斜率变化（宋霞等，2004）。同时，观测系统通过多位置阀门(VCVI)实现了多气路切换，达到冠层分层-土壤等多位置连续观测。目前在国际通量网的观测中 OPEC 与 CPEC 两种观测系统同时成为通量观测的主要方法，AsiaFlux 通量网主要以 CPEC 为主，其中有几个观测站点用 OPEC 与 CPEC 两种观测系统并行观测，AmeriFlux 通量网是两种观测系统并行存在，EuroFlux 通量网以 CPEC 为主，KoFlux 通量网主要以 OPEC 为主。

为整合台站尺度通量观测数据，全球先后建立了 500 多个基于涡度相关技术的通量观测站点。1988 年，全球通量观测网络(FLUXNET)正式成立，中国通量网(ChinaFlux)、美国通量网(AmeriFlux)、欧洲通量网(CarboEurope)、亚洲通量网(AsiaFlux)和澳大利亚通量网(OzFlux)等区域网络相继加入。成立至今，FLUXNET 涵盖了 42 个国家、23 个区域性通量研究网络，台站观测在通量研究网络中得到有效整合。网络运行旨在整合研究团队和学科间协作，兼顾一般性环境问题和具有区域特点的全球问题，关注科学与政府间的互动，协调开展 IPCC 关于气候变化、IPBES 关注的生物多样性与生态系统服务等领域的研究。目前，FLUXNET 启动了"生物圈气息研究计划"(Study on the "Breathing" of the Biosphere)，开展包含 400 个台站 2000 个站点年的第二次全球通量及同期的卫星遥感、气象观测和地面调查与测定数据的数据库建设。为卫星遥感数据产品验证、生物地球化学模型优化，不同时间尺度生态过程模拟，优化微观(细胞、气孔、叶片)与宏观尺度(景观、区域)、不同时间尺度生态过程模拟的一致性提供条件(孙鸿烈等，2014)。

中国陆地生态系统通量观测研究网络(ChinaFlux)于 2002 年建成，最初拥有 8 个微气象和 16 个箱式/气相色谱法观测站，对农田、草地、森林和水体等典型生态系统与大气间 CO_2、CH_4、H_2O 等关键气体通量及热量、辐射、动量等能量通量及其生物环境要素进行长期观测研究，带动了我国涡度相关通量观测研究的迅速发展(于贵瑞和孙晓敏，2006)。近年来，国内相继建立了更多的涡度相关通量观测站点，全国观测站点数已达到 85 个，涵盖农业、森林、草原、沼泽、荒漠、湖泊、海湾、城市、喀斯特等多类生态系统，弥补了 ChinaFlux 观测站在我国生态系统空间分布和植被类型代表性上的不足，增强了我国通量观测研究的实力。一方面，形成了生态系统碳水通量的多尺度、协同综合观测技术体系(FTR)；率先研制了碳-氮-水同位素通量原位连续观测新技术，建成了生态系统碳-氮-水通量与同位素通量整合的综合观测系统(EMI)；基于协同观测数据，结合改进的生态过程机理模型和遥感反演模型构建了数据-模型融合系统(MDFS)。另一方面，制定了包括复杂地形条件下的水碳通量观测技术体系、数据质量控制、远程传输和数据在线处理系统的生态系统碳水通量观测技术和数据质量控制规范，率先开展了陆地生态系统碳循环、通量空间格局及其生物地理生态学动态过程机制研究(于贵瑞等，2014)。

1.2.3 光合作用模拟模型

光合作用是陆地生态系统碳循环最重要的部分，同时也是模型模拟结果不确定性的主要来源(Chen et al.，2016；Croft et al.，2017)。光合作用模型用于模拟植被光合作用过程发生的一系列复杂的生物物理化学反应。不同的气候条件、植被类型等因素导致不同植被的光合作用有所差异，因而模拟不同地区植被的光合作用需采用不同的光合参数。准确估算不同植被的光合速率对提高全球变化下陆地生态系统碳通量模拟的精度至关重要(Ciais et al.，2013；Rogers et al.，2017)。

早期的光合作用模型均为经验模型，是基于光合作用随环境变化的观测和试验建立起来的定量模型。经验模型的优点是简单直观、参数少，但缺乏机理性的过程描述(表 1-1)。后来又逐渐发展了光能利用率模型，最初由 Monteith(1972)建立。光能利用率模型利用卫星遥感数据，将总初级生产力(gross primary production, GPP)作为光能利用效率(light use efficiency，LUE)和吸收的光合有效辐射(absorbed photosynthetically active radition by vegetation，APAR)的乘积，不涉及光合作用的生理生化过程。由于 APAR 可以通过遥感手段获得，因此光能利用效率模型被广泛应用，是估算生态系统 GPP 的主要方法。光能利用率模型具有一定的生态学基础，模型形式简单、实用，但无法说明生物圈内部生化过程的内在机制(表 1-1)。由 Farquhar 等(1980)发展起来的基于生物化学过程的光合作用模型，综合考虑了光照、水分和温度等因素对光合作用的影响(表 1-1)。随后 von Caemmerer 和 Farquhar(1981)纳入了酶动力学，改进了该模型，即纳入了 Rubisco 活性对 CO_2 同化作用的影响。Ball 等(1987)在此基础上，加入了对气孔导度和光合作用速率间关系的描述，使光合作用与水热传输过程紧密结合起来，促进了模型的发展。此后，Farquhar 模型被大量且广泛应用于模拟叶片瞬时光合速率，是很多模型估算 GPP 的基础(Rogers，2014)。Collatz 和 Leuning 先后又对 Farquhar 模型进行了修改(Collatz et al.，1991；Leuning，1995)。这类模型有很强的内在生理基础，而且模型参数可以通过叶片气体交换测定得到(于强等，1999)。

表 1-1   陆地生态系统碳循环模型分类

模型类型	植被碳交换	土壤碳交换	备注
经验模型	Miami 模型	$RR = 0.6323 \exp(0.0512MAT) \min(R_w, R_d)$	基于土壤碳平衡假设
遥感模型	CASA	Arrhenius 函数	
	TURC	$R_h = f(T)$	
	PROMET-V	Arrhenius 函数	
过程模型	植被生物量方程	凋落物和土壤腐殖质方程	分室模型
	Collatz 等(1991)的模型	$R_h = f(T)$	SPOTS 的大叶模型
	Farquhar 模型	CENTURY	BEPS, In TEC 模型

资料来源：王绍强，2016

Farquhar 模型描述光合 CO_2 的固定主要受 2 个生物化学过程的影响，即由 Rubisco 活性限制的光合作用速率和 RuBP 再生速率（电子传递速率控制）限制的光合作用速率，实际光合作用速率取决于上述两个限制过程的最小值，即

$$A = \min(W_c, W_j) - R_d \tag{1-3}$$

式中，A 为叶片的光合速率 $[\mu mol/(m^2 \cdot s)]$；W_c 和 W_j 分别为受 Rubisco 活性和光限制（电子传递限制）的光合速率 $[\mu mol/(m^2 \cdot s)]$；R_d 为暗呼吸。W_c 和 W_j 的计算如下：

$$W_c = V_{cmax} \frac{C_i - \Gamma}{C_i + K_C(1 + \dfrac{O_i}{K_O})} \tag{1-4}$$

式中，V_{cmax} 为叶片最大羧化速率 $[\mu mol/(m^2 \cdot s)]$；C_i 为胞间 CO_2 浓度 (mol/mol)；K 为酶促反应常数 (mol/mol)；Γ 为 CO_2 补偿点 (mol/mol)。K 和 Γ 均为温度的响应函数 (Chen et al., 1999)。

$$W_J = J \frac{C_i - \Gamma}{4.5C_i + 10.5\Gamma} \tag{1-5}$$

式中，J 为电子传递速率 $[\mu mol/(m^2 \cdot s)]$，是 RuBP 的再生提供还原能力烟酰胺腺嘌呤二核苷酸磷酸 (nicotinamide adenine dinucleotide phosphate，NADPH) 和能量三磷酸腺苷 (adenosine triphosphate，ATP) (Niinemets and Keenan，2014)。假定不同的 NADPH 和 ATP 的限制，分母中的系数 (4.5 和 10.5) 会发生变化：若假定电子传递提供的 ATP 供应限制光合速率，则系数不变；若假定 NADPH 供应限制叶片光合速率，则系数变为 4 和 8 (Yin and Struik，2009)。

暗呼吸 R_d 计算如下：

$$R_d = 0.015V_{cmax} \tag{1-6}$$

V_{cmax} 计算公式为

$$V_{cmax} = V_{cmax25} f(T_c) f(N) \tag{1-7}$$

式中，V_{cmax25} 为 V_{cmax} 在温度 25℃ 下的最大值，通常被假设为与 PFT 相关的常数；$f(T_c)$ 为温度限制函数；$f(N)$ 为叶氮限制函数，通常用叶片碳氮比表示。

$$J = J_{max} \frac{I}{I + 2.1J_{max}} \tag{1-8}$$

式中，J 为电子传递速率，是最大电子传递速率 (J_{max}) 和入射的太阳辐射 (I) 的函数 (Chen et al.，1999)。J_{max} 通常表示为与 V_{cmax} 的经验函数：

$$J_{max} = 29.1 + 1.64V_{cmax} \tag{1-9}$$

机理性的光合模型是基于叶片生化过程建立起来的，较为真实地描述了植被光合作用过程，弥补了经验模型和光能利用率模型机理性不足的缺陷，但是这种过程模型结构复杂，参数较多，使得模型的参数化存在很大的不确定性，进而影响模型对陆地生态系统碳通量模拟的精度。

1.3　生态系统光谱观测

　　光谱是最初被用于描述通过色散系统(如光栅或棱镜)将光按照波长展开而获得的光的波长和强度分布的记录。植物的反射光谱曲线具有显著的特征,不同的植物及同一种植物的不同生长发育阶段,正常生长的植物和受病虫害的侵扰或患有缺素症的植物,其反射光谱曲线的形态和特征不同。此外,灌溉和施肥等条件及地下深部富集元素的不同也会引起植物反射光谱曲线的变化。因此,通过遥感技术对光谱进行观测是对生态系统监测的有效手段之一。

　　植被光谱的遥感观测在生态系统的研究方面已具有广泛的应用。根据植被在红色和近红外的反射光谱特征,与其他因子进行组合,可以获取各种植被指数,实现从高空对植被信息的检测和提取,如归一化植被指数(normalized difference vegetation index, NDVI)反映了绿色生物量、叶绿素含量和冠层水势的变化;利用植被的光谱遥感数据还可以进行陆地生态学等其他领域的研究,如洪涝、旱情监测,土壤状况、土地覆盖变化监测及景观多样性和生物多样性的监测和制图;遥感卫星数据宏观、综合、快速、动态的特点,使其得以方便地对植被长势进行动态监测,对植被的光合能力及叶片的生理特征参数进行估算,并能够预防病虫灾害的影响等。

　　高光谱遥感技术的出现实现了空间信息、光谱信息和辐射信息的综合观测,提升了遥感观测的信息维度,这进一步促进了对大气环境、水环境和生态环境的综合监测。高光谱遥感具有光谱分辨率高、图谱合一的独特优点,它提供的红色波段和近红外波段之外的其他波段,在反映植被的某些生物物理特性的细微变化时,起到了不可忽视的独特作用。随着高光谱遥感技术的发展,全球陆续发射或计划发射了一批以生态系统为对象、针对性更强的卫星传感器。以生态系统碳循环为研究对象的温室气体观测卫星 GOSAT、轨道碳观测卫星 OCO-2 和二氧化碳监测科学实验卫星 TanSat,可对全球二氧化碳和甲烷等温室气体进行监测;ESA 计划发射的 FLEX 卫星,以植被荧光为研究对象,能够提供群落和景观尺度范围的叶绿素荧光信号。这些新的卫星和传感器将为生态系统遥感提供全新的数据源,进一步推动生态系统研究的发展。

　　通量塔是获取生态系统碳通量的最重要的工具,涡度相关测量可以提供较好的生态系统水平的碳通量的时间分辨率,但是受空间分辨率及覆盖面的限制(Running et al., 1999)。相比而言,遥感数据可以提供很好的空间分辨率和覆盖面但是受时间分辨率的限制。这两种来源的数据的互补和协同作用是很明显的,但是由于尺度不匹配,两者的整合仍然存在挑战。只有通过地面光谱测量才能帮助我们解释和联系两种来源的数据信息:一方面,地面光谱测量与卫星相比可以提供同源的光学指数,地面光谱测量可以作为一个标志性的解释,校准和验证遥感数据产品;另一方面,地面光谱观测与涡度相关观测相比,有着相近的时间分辨率及比较相似的贡献区,这些可以用来关联两个信号进行模型量化发展。跨通量塔的光谱观测网络(SpecNet)近十年来迅速扩展,通过整合光学数据、通量数据及其他辅助数据集(如林分结构和物种组成),以加强对全球大气圈和生物圈间气体交换的认知。

　　光谱观测数据描述了重要地面参数的时间和空间形式,有助于进一步认识生物圈-大气圈气体交换的情况,也印证了正确理解通量和卫星数据的必要性。尽管光学测量提供的是一种具有持续性和非破坏性地,获取生态系统生物物理状态数据的方法,但是很多通量塔及其他生态研究网站近十年来才开始配备这些传感器。图 1-2 为光谱网络同时进行通量观测和光学采样的示意图。采样方法从卫星和高纬度飞机(顶)到低纬度飞机,通量塔和自动电车(中)再到室通量和叶片光学要素(底)。利用这种方法匹配通量塔足迹的空间尺度,有助于进行光学和通量数据的比较。通过整合多种空间尺度的光学和通量采样,光谱网络可以将采样点外推到大区域,提供关于有卫星采样探测的控制大空间形式的过程的认识。

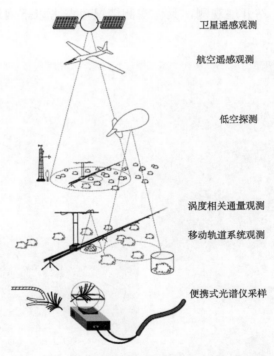

卫星遥感观测

航空遥感观测

低空探测

涡度相关通量观测

移动轨道系统观测

便携式光谱仪采样

图 1-2　光谱观测数据的获取(Estrin et al.,2003)

　　光谱网络将通量研究(如 FLUXNET、Chinaflux 等)和遥感研究(如 MODIS)之间技术和文化联系起来,特别注重跨学科和时空尺度的融合方法,其获得的数据可以让我们更好地理解碳水通量,对生态学研究有重要的意义。多种尺度的光谱网络网站的光学采样(图 1-2),可以为填补不同数据格式和尺度间的差异提供强有力的工具,也可以更好地解释重要的地球系统科学问题。

　　目前全球主要有 SpecNet、BioSpec、EUROSPEC 和 ChinaSpec 四个光谱网络系统。其中,SpecNet 是首个光谱网络,2000 年 3 月建立首个站点,截至 2017 年已有 55 个站点开展光谱观测，目前主要涉及的生态系统植被类型包括常绿阔叶林、常绿针叶林、农田等。BioSpec 于 2009 年 3 月开始建立，主要验证地中海气候地区的植被在不同空间尺度的遥感产品。EUROSPEC 于 2009 年开始建设，截至 2017 年共建立 40 个观测站点。ChinaSpec 全称中国生态系统光谱观测研究网络，是我国首个光谱观测网络，2017 年开始建设，截至目前(2020 年)共建立 15 个观测站点。

以 EUROSPEC 光谱网络为例，介绍光谱网络在实际研究中的应用。为了在欧洲进行通量塔的连续近地面遥感观测，EUROSPEC 定义了 4 种不同的高光谱系统(图 1-3)。

图 1-3(a) 为温度控制光谱系统(UNIEDI)，使用了双光谱仪(海洋光学光谱仪，USB2000+)的 DFOV 系统，其中一个分光计通过固定视场角(24.8°)的前视测量上行地物辐射，另一个使用余弦校正器进行下行天空辐照度测量，可以实现对冠层光谱辐亮度和反射率进行连续的无人值守的测量。该系统由爱丁堡大学(Drolet et al.，2014)发明，在芬兰南部的 Hyytiälä 站开展观测，具体观测情况可参考以下网址：http://fluxnet.ornl.gov/site/447。

图 1-3　EUROSPEC 光谱网络的 4 种观测系统

(a) 温度控制光谱系统(UNIEDI System)；(b) 多路复用器热红外辐射系统(MRI)；(c) 高光谱热红外辐射系统(HSI)；
(d) 自动多角度光谱观测系统(AMSPEC-MED 系统)

图 1-3(b)为多路复用器热红外辐射系统(MRI)，具有单传感器的单视场角系统，通过光学多路复用器将输入到光谱仪的下行辐射和下行辐射相互切换。下行辐射通过使用连接到余弦校正仪的光纤测量，上行辐射通过使用视角为 25°的裸光纤进行测量。由意大利的环境动力学遥感实验室发明，在不同观测项目的背景下，在相对短的时间内(数周)进行观测(Bresciani et al.，2013；Cogliati et al.，2015)。

图 1-3(c)为高光谱热红外辐射系统(HSI)，类似于 MRI 系统，二者的上行和下行观测之间有一定的时间延迟(几秒钟)。对于天空情况变化快的天气条件(如多云或阴天)，这些延迟可能增加一些观测的不确定性。

图 1-3(d)为 AMSPEC-MED 系统，基于商业的 Unispec 双通道可见光-近红外光谱仪(PPSystems，Amesbury，MA，USA)，与 UNIEDI 相似，该系统是一个双视野系统，且配备了电动云台，可以进行不同天顶角和方位角的上行辐射观测。该系统在自动多角度光谱仪系统 AMSPEC Ⅱ(Hilker et al.，2010)的版本基础上，由西班牙经济、地理与人口学研究所(IEGD-CCHS)环境遥感与光谱实验室(SpecLab)和西班牙的地中海环境研究中心(CEAM)进行改进，于西班牙拉斯马哈达斯通量网站点应用，具体的观测情况请参考以下网址：http://fluxnet.ornl.gov/site/440。

我国近几年也开始建立光谱网络，为涡度相关测量和遥感测量的研究构建良好的桥梁。我国目前已经在 15 个站点开展光谱观测，包括 5 个农田站点、4 个草地站点、4 个森林站点和 2 个湿地站点(图 1-4)。在 ChinaSpec 的网络中，主要使用高光谱仪进行原位连续高光谱测量，尤其是冠层日光诱导叶绿素荧光的测量，详细的观测说明见第 6 章。

图 1-4　ChinaSpec 光谱网络的部分观测站点

参 考 文 献

李少昆. 2000. 作物光合作用研究方法. 石河子大学学报(自然科学版), 4(4): 321-330.

宋霞, 于贵瑞, 刘允芬, 等. 2004. 开路与闭路涡度相关系统通量观测比较研究. 中国科学: 地球科学, 34(S2): 67-76.

孙鸿烈, 陈宜瑜, 于贵瑞, 等. 2014. 国际重大研究计划与中国生态系统研究展望——中国生态大讲堂百期学术演讲暨 2014 年春季研讨会评述. 地理科学进展, 33(7): 865-873.

王绍强. 2016. 基于遥感和模型模拟的中国陆地生态系统碳收支. 北京: 科学出版社.

于贵瑞, 孙晓敏. 2006. 陆地生态系统通量观测的原理与方法. 北京: 高等教育出版社.

于贵瑞, 王秋凤. 2010. 植物光合、蒸腾与水分利用的生理生态学. 核农学报, (3): 579.

于贵瑞, 王秋凤, 于振良. 2004. 陆地生态系统水-碳耦合循环与过程管理研究. 地球科学进展, 19(5): 831-839.

于贵瑞, 张雷明, 孙晓敏. 2014. 中国陆地生态系统通量观测研究网络(ChinaFLUX)的主要进展及发展展望. 地理科学进展, 33(7): 903-917.

于强, 谢贤群, 孙菽芬. 1999. 植物光合生产力与冠层蒸散模拟研究进展. 生态学报, 19(5): 744-753.

Aubinet M, Vesala T, Papale D. 2012. Eddy Covariance: a Practical Guide to Measurement and Data Analysis. Dordrecht: Springer: 365-376.

Baldocchi D D, Meyers H T P. 1988. Measuring biosphere-atmosphere exchanges of biologically related gases with micrometeorological methods. Ecology, 69(5): 1331-1340.

Baldocchi D, Falge E, Gu L, et al. 2001. FLUXNET: a new tool to study the temporal and spatial variability of ecosystem-scale carbon dioxide, water vapor, and energy flux densities. Bulletin of the American Meteorological Society, 82(11): 2415-2434.

Ball J T, Woodrow I E, Berry J A. 1987. A model predicting stomatal conductance and its contribution to the control of photosynthesis under different environmental conditions. Progress in Photosynthesis Research, 4(5): 221-224.

Beer C, Reichstein M, Tomelleri E, et al. 2010. Terrestrial gross carbon dioxide uptake: global distribution and covariation with climate. Science, 329(5993): 834-838.

Bingham G E, Gillespie C H, McQuaid J H. 1978. Development of a miniature, rapid response CO_2 sensor. Lawrence Livermore National Lab, Report UCRL-52440.

Brach E J, Desjardins R L, StAmour G T. 1978. Open path CO_2 analyser. Journal of Physics E: Scientific Instruments, 14(12): 1415-1419.

Bresciani M, Rossini M, Morabit G, et al. 2013. Analysis of within-and between-day chlorophyll-a dynamics in Mantua Superior Lake, with a continuous spectroradiometric measurement. Marine and Freshwater Research, 64(3): 303-316.

Calatayud A, Roca D, Martinez P F. 2006. Spatial-temporal variations in rose leaves under water stress conditions studied by chlorophyll fluorescence imaging. Plant Physiology and Biochemistry, 44(10): 564-573.

Chen J M, Liu J, Cihlar J, et al. 1999. Daily canopy photosynthesis model through temporal and spatial scaling for remote sensing applications. Ecological Modelling, 124(2-3): 99-119.

Chen J M, Croft H, Zheng T. 2016. Exploring the feasibility of global mapping of the leaf carboxylation rate.

IEEE International Geoscience and Remote Sensing Symposium(Igarss): 1703-1706.

Ciais P, Gasser T, Paris J D, et al. 2013. Attributing the increase in atmospheric CO_2 to emitters and absorbers. Nature Climate Change, 3(10): 926-930.

Cogliati S, Rossini M, Julitta T, et al. 2015. Continuous and long-term measurements of reflectance and sun-induced chlorophyll fluorescence by using novel automated field spectroscopy systems. Remote Sensing of Environment, 164: 270-281.

Collatz G J, Ball J T, Grivet C, et al. 1991. Physiological and environmental-regulation of stomatal conductance, photosynthesis and transpiration-a model that includes a laminar boundary-layer. Agricultural and Forest Meteorology, 54(2-4): 107-136.

Croft H, Chen J M, Luo X, et al. 2017. Leaf chlorophyll content as a proxy for leaf photosynthetic capacity. Global Change Biology, 23(9): 3513-3524.

Desjardins R L. 1974. A technique to measure CO_2 exchange under field conditions. International Journal of Biometeorology, 18: 76-83.

Drolet G, Wade T, Nichol C, et al. 2014. A temperature-controlled spectrometer system for continuous and unattended measurements of canopy spectral radiance and reflectance. International Journal of Remote Sensing, 35: 1769-1785.

Estrin D, Michener W, Bonito G. 2003. Environmental cyberinfrastructure needs for distributed sensor networks: a report from a national science foundation sponsored workshop. San Diego: Scripps Institution of Oceanography.

Farquhar G D, Caemmerer S V, Berry J A. 1980. A biochemical-model of photosynthetic CO_2 assimilation in leaves of C_3 Species. Planta, 149(1): 78-90.

Gregory F G. 1917. Physiological conditions in cucumber housed. Third Ann Rep Exp, and Res Sta, Cheshunt, 19: 353-360.

Gregory F G. 1926. Determination of net assimilation rate (NAR). Annals of Botany, 40(165): 26.

Hilker T, Nesic Z, Coops N C, et al. 2010. A new, automated, multiangular radiometer instrument for tower-based observations of canopy reflectance(AMSPEC II). Instrumentation Science and Technology, 38(5): 319-340.

Jones E P, Zwick H, Ward T V. 1978. A fast response atmospheric CO_2 sensor for eddy correlation flux measurement. Atmos pheric Environment, 12(4): 845-851.

Leuning R. 1995. A critical appraisal of a combined stomatal-photosynthesis model for C_3 plants. Plant, Cell and Environment, 18(4): 339-355.

Leuning R, Moncrieff J. 1990. Eddy-covariance CO_2 flux measurements using open and close-path CO_2 analyzers: corrections for analyzer water vapor sensitivity and damping of fluctuations in air sampling tubes. Boundary-Layer Meteorology, 53(1): 63-76.

Li Y, Liu C C, Zhang J H, et al. 2018. Variation in leaf chlorophyll concentration from tropical to cold-temperate forests: association with gross primary productivity. Ecological Indicators, 85: 383-389.

Monteith J L. 1972. Solar-radiation and productivity in tropical ecosystems. Journal of Applied Ecology, 9(3): 747-766.

Niinemets U, Keenan T. 2014. Photosynthetic responses to stress in Mediterranean evergreens: mechanisms and models. Environmental and Experimental Botany, 103: 24-41.

Ohtaki E, Matsui T. 1982. Infrared device for simultaneous measurements of fluctuations of atmospheric CO_2 and water vapor. Boundary-Layer Meteorology, 24(1): 109-119.

Rogers A. 2014. The use and misuse of Vc, max in Earth System Models. Photosynthesis Research, 119(1-2): 15-29.

Rogers A, Medlyn B E, Dukes J S, et al. 2017. A roadmap for improving the representation of photosynthesis in Earth system models. New Phytologist, 213(1): 22-42.

Running S, Baldocchi D, Turner D, et al. 1999. A global terrestrial monitoring network integrating tower fluxes, flask sampling, ecosystem modeling and EOS satellite data. Remote Sensing of Environment, 70(1): 108-127.

von Caemmerer S, Farquhar G D. 1981. Some relationships between the biochemistry of photosynthesis and the gas-exchange of leaves. Planta, 153(4): 376-387.

Wofsy S C, Goulden M L, Munger J W, et al. 1993. Net exchange of CO_2 in a mid-latitude forest. Science, 260(5112): 1314-1317.

Yin X, Struik P C. 2009. C_3 and C_4 photosynthesis models: an overview from the perspective of crop modelling. Njas-Wageningen Journal of Life Sciences, 57(1): 27-38.

Zhang Q Y, Middleton E M, Margolis H A, et al. 2009. Can a satellite-derived estimate of the fraction of PAR absorbed by chlorophyll(FAPAR(chl))improve predictions of light-use efficiency and ecosystem photosynthesis for a boreal aspen forest. Remote Sensing of Environment, 113(4): 880-888.

第 2 章　陆地生态系统光能利用效率观测与模拟

2.1　生态系统光能利用效率概念

物理学和化学对系统效率的定义是指该系统输出的有效能量与接收的总输入能量之比，为无量纲的百分数，即计算系统效率时，其分子和分母具有相同的单位（一般为焦耳）(Grace et al.，2007)。然而，生物学中常见的系统效率的概念，其定义相对宽泛，不同研究人员往往根据研究对象的特点来定义相应系统的效率(Ruimy et al.，1994；Gower et al.，1999；Gilmanov et al.，2005；Grace et al.，2007；Kergoat et al.，2008)。文献报道中常采用的光能利用效率主要包括表观量子效率、辐射利用效率和光能利用效率这几类。

2.1.1　表观量子效率

开展植物生理生态研究的植物学家往往采用叶片水平的量子效率来表征植物对太阳辐射的利用效率。所谓量子效率，是指光合机构每吸收 1 mol 光量子时所释放的 O_2 或同化固定的 CO_2 的物质的量，其倒数为光量子需要量(Emerson et al.，1957)；而表观量子效率(AQY)是指在光强低于植物光饱和点的条件下，植物叶片净光合速率(P_n)随光量子通量密度(PPFD)而变化的线性关系的斜率，可根据 P_n 对 PPFD 的响应曲线进行参数拟合而获得(Ehleringer et al.，1997；Gilmanov et al.，2005)，其单位为 μmol CO_2/(m^2·s)/[μmol Photons/(m^2·s)]，或简记为 mol/mol。量子效率反映了植物光合作用的生物物理特性，表征了相应植物物种的耐阴性(耐阴植物往往具有较高的量子效率)。此外，生态系统模型研究人员往往认为 AQY 是表征自然状态下植被光合作用最大光能利用效率(LUE_{max})的重要的生理特征参数(Ehleringer et al.，1997；Xiao et al.，2005；Reynolds et al.，2009)。

2.1.2　辐射利用效率

关注作物或木材产量的农林学家一般采用单位时间内单位面积上农田或森林植被利用太阳辐射生产作物（或木材）产量的多少来表示农田（或森林）的辐射利用效率(RUE)(Monteith and Moss，1977；Runyon et al.，1994)。因此，农林学家更多地研究群落水平的辐射利用效率(Grace et al.，2007)，其单位一般为 gDM/MJ(DM：干物质)，部分学者根据不同器官含碳率的不同将 gDM/MJ 转换成为 gC/MJ，又或者进一步根据每克干物质燃烧所释放能量的多少将 gDM/MJ 转换为以能量为核算基础的百分比形式的效率(%)。早期关于生态系统净初级生产力(net primary prodution，NPP)及生态系统能量流动的研究由于与植物群落生物量直接相关而多采用这种定义生态系统 RUE(Gower et al.，1999；Ruimy et al.，1999)。

2.1.3　光能利用效率

对于生态系统碳循环研究而言，人们更关注生态系统或植被与大气之间碳交换的时空格局特征。因此，光能利用效率被定义为生态系统或植物群落每吸收 1 mol 光量子而固定的大气中 CO_2 的物质的量，其单位为 $\mu mol\ CO_2/(m^2 \cdot s)/[\mu mol\ Photons/(m^2 \cdot s)]$。尽管 LUE 与 AQY 的定义相似、单位一样，但二者的生态学含义截然不同，前者主要表征了生态系统水平植物群落对光能的利用效率；而后者主要反映叶片水平气体交换速率随光强变化而变化的速率（Runyon et al.，1994；Ehleringer et al.，1997；Grace et al.，2007）。碳循环研究中采用的 LUE 的定义避免了将 CO_2 转化为不同植被生物量时必须考虑的植物器官含碳率不同的问题，更加有利于分析生态系统水平植被碳固定过程的生物和环境控制要素（Garbulsky et al.，2010）。

根据 LUE 计算过程中采用植被吸收 APAR 或者入射光合有效辐射（photosynthetically active radiation，PAR）的不同，Gilmanov 等（2005）又进一步将 LUE 分为生态光能利用效率（LUE_{eco}= GPP/PAR）和生理光能利用效率（LUE_{phy}=GPP/APAR）两类，并认为对于生态系统水平碳循环研究而言，采用 LUE_{eco} 更为适宜，因为它不仅反映了整个生态系统植物生理过程对光能的利用效率，还反映了群落结构特征（如植物种群密度、地上生物量及 LAI 等）对生态系统光能利用的影响。实际上，对分析不同生态系统光能利用效率的环境控制机制而言，LUE_{eco} 包含了过多的环境影响要素从而相较 LUE_{phy} 具有更大程度的变异性且控制机制更为复杂；因此，目前的研究仍以分析 LUE_{phy} 的变异性及其控制机制为主。

三种定义下植物的光能利用效率不仅空间尺度不同（分别从叶片、群落到生态系统），而且时间尺度也有差异（Grace et al.，2007）。叶片水平 AQY 的研究主要为瞬时测定，时间尺度在秒到分之间，AQY 主要反映植物叶片生理水平对光强变化的快速响应特征，而无法描述整个植物群落或生态系统对辐射环境变化的响应过程。RUE 的研究多采用生物量收获法进行，时间尺度往往在一个生长季以上，反映了植物群落对环境中太阳辐射的长期利用特征，主要表征不同植物群落对当地环境的适应特性。而碳循环研究中所指的 LUE 的测定一般采用微气象观测方法，由于仪器具有连续自动观测的特点，其时间尺度可以从小时直到年际尺度不等，其空间范围也根据生态系统植被状况、下垫面特征不同而发生变化。此外，利用多个站点不同生态系统进行联网监测可以实现对不同生态系统之间 LUE 空间变化格局的深入分析。这些显著优势使得基于微气象观测方法的 LUE 研究近年来在全球各地广泛开展（Turner et al.，2003b；Schwalm et al.，2006；Garbulsky et al.，2010）。

综上，为了便于分析，本书中统一采用如下 LUE 定义：

$$LUE = \frac{GPP}{APAR} \tag{2-1}$$

式中，GPP 为相应时间段生态系统的总初级生产力；APAR 为相应时间段生态系统吸收的光合有效辐射的总量。

2.2　光能利用效率的测定与计算方法

根据 LUE 的定义可知，测定生态系统 LUE 实际上是同时测定其固碳能力（GPP）和 APAR 两个组分，对这两个组分进行测定的方法随理论的发展、技术的进步而不断革新，当前对生态系统光能利用效率进行测定的方法主要包括生物量收获法、涡度相关实测法、便携式光合仪测定法、量子效率修正法、模型反演法和间接估测法。

2.2.1　生物量收获法

对于农田和草地生态系统而言，通过直接收获整个生长季样地中全部植株并烘干至恒重即可获得植物群落的干物质产量，再根据不同器官含碳率则可将收获的生物量转换为整个样地整个生长季内碳固定量，即测定出群落的 NPP；如果收获时仅包含地上部分，则为地上部分净初级生产力（ANPP）。为了获得 GPP，还需要辅以对样地进行呼吸观测或者根据不同生态系统 NPP 与 GPP 之间的比例关系进行推算（Landsberg and Waring，1997），最后结合同时测定的环境中光合有效辐射的收支状况可进一步计算出 APAR 与 LUE（Field and Mooney，1983；Monteith and Moss，1977；陈雨海等，2003）。

森林生态系统的 LUE 测算由于生物量调查工作量巨大而相对复杂，一般需要对样地内所有木本植物进行调查，用标准木进行树干解析，获得单株器官生物量和测树因子（包括树高、胸径和基径等）之间的相互关系，建立生长方程，最后依据生长方程和测树因子对样地生物量进行反算。由于森林生态系统地下生物量调查过于耗时费力，目前的研究大多没有包含地下部分，所以获得的生物量仅为地上部分生物量，地下生物量一般根据地上部分与地下部分之比进行粗略估算（Gower et al.，1999）。最后根据一定时间内生物量的变化及不同植物器官的含碳率、总初级生产力与净初级生产力之比进行换算获得样地尺度的 GPP，结合辐射观测最终实现生态系统 LUE 的测定（Ahl et al.，2004；Balandier et al.，2007；Runyon et al.，1994；彭少麟和张祝平，1994）。

作为最传统的调查方法，生物量收获法到目前为止一直被广泛采用，其主要优点在于所需仪器设备简单、理论可靠、方法可行，而且多数研究人员认为生物量收获法所获取的数据具有很高的可信度。但是，收获法工作量大、耗时费力、对植被的采样具有破坏性，不太适宜于森林等具有高大冠层的生态系统；更为重要的是，收获法仅能获得较长时间尺度的数据，不可能据之分析短时间尺度上 LUE 的变异特征。

2.2.2　涡度相关实测法

近几十年来，随着涡度相关（EC）技术的发展，使用该技术测定陆地生态系统与大气之间 CO_2 净交换通量的研究有了长足进步，并逐渐形成了覆盖全球主要气候区和生态系统类型的洲际和全球通量观测研究网络（Baldocchi et al.，2001；Wofsy et al.，1993）。作为目前唯一的直接测定植被冠层与大气之间 CO_2、水和能量交换通量的方法，涡度相关技术为研究生态系统水平植被光合生产过程的特征参数提供了重要途径，使得人们可以从冠层水平研究不同时间尺度下 LUE 的变异特征。更为重要的是，EC 测定计算的 LUE 的时空尺度可以与当前常用的卫星遥感数据（如 Terra/Aqua-MODIS，Spot-Vegetation 等）相匹配（Ruimy et al.，1996），从而实现从冠层到景观的尺度转换（Turner et al.，2003a）。

利用涡度相关技术对生态系统进行长期连续自动观测可以获取从秒到年等不同时间尺度的 LUE。Turner 等（2003a）率先利用 EC 测定的逐日 GPP 数据和样地调查的 LAI 数据对生态系统逐日 LUE 的季节动态及环境控制机制进行了分析，结果发现对于北美四类典型生态系统（草地、农田、落叶林和针叶林），除了草地生态系统在生长季内逐日 GPP 和 APAR 表现为典型的线性关系（LUE 趋于常数）以外，其他三类植被逐日 GPP 和 APAR 都表现为非线性相关关系，而且随着 APAR 增加，GPP 增加速率变小，即高 APAR 情境下植被的 LUE 反而低于低 APAR 情境下的 LUE，而这种变化不仅受到不同生态系统植被特征本身（包括 LAI 及物种组成）的影响，还与冠层氮素含量、辐射环境与天气状况等密切相关，因此，Turner 等（2003a）认为目前多数遥感生产效率模型仅考虑温度和水分状况对生态系统实际 LUE 产生影响可能是模型模拟效果欠佳的主要原因。

2.2.3　便携式光合仪测定法

涡度相关技术适宜于对满足观测条件的典型生态系统进行长期的连续自动监测，但其显著缺点在于建设及维持费用较高，而且并非所有生态系统都可以进行 EC 观测（Goulden et al.，1996；Massman and Lee，2002）。对冠层较低矮的生态系统（如草地和农田），便携式光合仪成为继生物量收获法之后最为广泛采用的测定生态系统净光合速率，并进一步估算其瞬时光能利用效率的主要方法（彭少麟和张祝平，1994；崔骁勇等，2001）。便携式光合仪可根据一定时间内单位面积上植物叶片测定室与参比室中 CO_2 的浓度变化及空气流速、温度和大气压等环境参数计算植物叶片净光合速率。植物生理学家广泛采用的美国 LI-COR 公司生产的便携式光合作用测定仪 LI-6400 就可以即时测定叶片净光合速率、呼吸速率、蒸腾速率、总气孔导度、气孔阻力及胞间 CO_2 浓度等多达 60 余项的常用的植物生理生态学参数或变量，并同时记录相应环境要素的变化特征。结合不同辐射状况开展光合速率测定，则可推算叶片光能利用效率的变异特征（崔骁勇等，2001）。根据群落结构实施多次的分层或随机采样，则可估算出整个植物群落的光能利用效率。

2.2.4　量子效率修正法

表观量子效率的数值代表自然状态下植被光合作用的最大光能利用效率（LUE_{max}）（Xiao，2006）。根据光合作用过程中电子传递的过程推算，固定 1 mol CO_2 需要传递 4 mol 电子，又由于电子传递过程涉及两个光系统，那么至少需要 8 mol 光量子（Bjorkman and Demmig，1987），因此，表观量子效率的上限为 0.125 mol/mol。换言之，绿色植物叶片水平最大光能利用效率（LUE_{max}）的上限为 0.125 mol/mol，而生态系统水平的 LUE 理论上必然低于该上限值。

研究表明，当植物没有受到环境胁迫时，光合碳同化途径（C_3、C_4 或者 CAM）相同的植物其表观量子效率相对恒定。温度、水分等环境条件适宜而 CO_2 达到植物生理饱和点的情况下，C_3 植物的表观量子效率平均值为（0.106±0.001）mol/mol（对应光量子需要量大约为 9.43），C_4 植物的表观量子效率平均值为（0.0692±0.004）mol/mol（对应光量子需要量大约为 14.45）；由于 C_3 植物光呼吸速率随温度升高而显著增加，在光呼吸强烈而能量有额外损失时，C_3 植物的量子效率在 0.050～0.055 mol/mol（光量子需要量大约为 19），而 C_4 植物的量子效率在 0.060～0.070 mol/mol（光量子需要量大约为 16）（Bjorkman and Demmig，1987），即自然状态下大部分 C_3 植物的量子效率低于 C_4 植物。而当环境条件不适于植物以最大效率进行光合作用时（如高/低温、水分过多/过少、O_2 浓度偏高、CO_2 浓度偏低或矿质营养缺乏），植物表观量子效率将显著降低。

对于生态系统而言，其光合过程实际上包括三个阶段（于沪宁和赵丰收，1982）：①能量和原料的输送阶段，光能及 CO_2 通过辐射和扩散过程进入冠层直到叶绿素的光合作用反应中心；到达冠层的光能一部分反射回空间，一部分漏射到地面，还有一部分照射到非光合器官，因此，群落结构特征将显著影响截获光能的多少，进而影响 LUE；同时，植物接收到的光能还有一小部分被用于蒸腾作用和湍流过程的热交换；②能量转化阶段，无机物转化为有机物，光能转化为生物化学能，这一阶段植物的量子效率和光呼吸消耗均影响光能利用效率；③生物化学阶段，光合作用初步合成的碳水化合物将用于生长发育或转运到其他器官进行储藏。

表观量子效率实际上是生态系统光合过程中第二阶段能量效率的最大值，为获得实际的光能利用效率，同时还需要考虑上述三个阶段不同过程的能量损失。事实上，大多数生产效率模型正是基于该思路进行群落水平 LUE 的模拟，但由于 LUE_{max} 的取值要么源于生态系统过程模型模拟（Running et al.，2004），要么源于生物量收获法间接校准（Potter et al.，1993），所以生产效率模型对短时间尺度植被光合能力模拟的效果并不佳，尤其需要高时间覆盖度的微气象观测数据对其进行校准（Heinsch et al.，2006）。

2.2.5　模型反演法

上述基于收获或观测等的方法都受时空尺度的约束，为了反映较大空间范围内 LUE 的时空动态特征，利用遥感数据结合地理信息系统（GIS）技术，采用模型模拟的方法对地表 LUE 进行反演，可以间接反映陆地生态系统 LUE 的现状，具有重要的参考价值。张娜等（2003）采用 EPPML 模型模拟了长白山自然保护区景观尺度上主要植被类型的 NPP 和太阳总辐射量，进而间接刻画了景观尺度上 LUE 的季节动态特征，结果表明 EPPML 模型模拟获得的 LUE 与样地实测的 LUE 在大小及季节动态方面都比较一致，表明模型在反演景观尺度 LUE 方面具有可行性。朱文泉等（2006）利用遥感数据、气象数据及全国实测 NPP 资料对我国典型植被的最大 LUE 进行了模拟，并对不同植被分类精度可能带来的误差进行了敏感性分析，结果表明我国典型植被的最大 LUE 介于常用的生产效率模型（CASA）和生理生态过程模型（BIOME-BGC）的模拟结果之间，如落叶针叶林最大 LUE 为 0.159～2.453 gC/MJ，常绿针叶林为 0.204～2.553 gC/MJ，常绿阔叶林为 0.407～2.194 gC/MJ 等。彭少麟等(2000)利用 GIS 技术和遥感数据对广东植被 LUE 的分析结果也表明，CASA 模型中使用的全球植被最大光能利用效率(0.389 gC/MJ)针对大多数广东植被来讲偏低，广东省全省植被的年均 LUE 为 0.691～1.047 gC/MJ，而且即使植被类型相似，不同地区植被的最大 LUE 依然存在差异，这一点与生产效率模型"相同植被类型最大 LUE 相等"的假设(Running et al.，2004)刚好相反。在区域尺度上，Still 等(2004)用全球不同地点大气 CO_2 浓度测定数据、卫星遥感监测数据及大气传输反演模型对基于 NPP 的 LUE 进行了模拟。结果发现北方针叶林地区及北半球热带地区 LUE 最高，而欧亚大陆北方针叶林 LUE 高于北美大陆，并且欧亚大陆北方针叶林 LUE 存在明显的季节变化特征。这类研究为辨识陆地生态系统 LUE 在大尺度上的空间格局奠定了基础，同时也为校验生态系统模型提供了重要的参考标准(Ruimy et al.，1999)。

2.2.6　间接估测法

除了上述方法以外，根据光合机构对光能的利用途径，人们发展了间接估测 LUE 的方法。光能被植物叶片光合机构吸收后，有三个主要去向：一是推动光化学反应；二是转变成热耗散掉；三是以叶绿素荧光的形式发射出来(陈晋等，2008)。当叶绿素吸收的光能超过自身光合作用利用能力时将会导致激发能过剩，在环境胁迫条件下，如果这部分过剩激发能不能及时耗散将造成对植物光合机构的不可逆伤害；在长期适应进化过程中植物形成了依赖叶黄素循环的热耗散过程以释放过剩激发能的机制(Gamon et al.，1997)。叶黄素循环是指光能过剩时，紫黄质在紫黄质脱环氧酶的催化下，经过花药黄质转化为玉米黄质；而在光能不足时，则在环氧酶的作用下朝相反的方向进行，形成一个循环：整个过程可耗散过剩的激发能。Gamon 等(1997)证明叶黄素循环色素间的相互转换可以在完整叶片对 531 nm 波段的反射光谱的敏感变化中检测出来，并建立了基于 531 nm 波段反射光谱的光化学反射指数(PRI)。

$$PRI = \frac{R_{531} - R_{570}}{R_{531}+R_{570}} \tag{2-2}$$

式中，R_{531} 和 R_{570} 分别为植被 531 nm 和 570 nm 波段光谱的反射率，一般将 531 nm 称为测量波段，570 nm 称为参照波段，该波段反射率随叶黄素循环不产生明显变化。

由于叶黄素循环能量耗散与光合作用过程密切相关(当植物 LUE 较高时，热耗散相对较少，对应 531 nm 波段处反射率下降程度较低，PRI 相应较高，即 LUE 与 PRI 呈正相关关系)，PRI 在直接估计植被实际的 LUE 方面显示了极大的潜力。大量研究从叶片尺度(Gamon et al.，1997；Penuelas et al.，1995)到冠层尺度(Gamon et al.，1992)及景观尺度(Drolet et al.，2008；Nichol et al.，2000)都证实 PRI 与 LUE 之间存在良好的正线性相关关系。

目前来看，利用便携式光谱仪测定的叶片尺度的 PRI 与 LUE 相关关系最佳，但受到叶片色素含量变化、光照强度等生物或环境要素的干扰，针对不同物种、叶龄和生育期

需要建立特定的 PRI-LUE 关系，以实现对 LUE 的间接估算。而冠层、景观尺度的 PRI
则由于观测条件限制，以及群落结构、天气条件等导致的干扰或影响，只有在较高 LAI
且物种单一的条件下，二者的关系才足以用于间接估算 LUE，相关的经验关系还有待进
一步验证(陈晋等，2008)。尽管存在这些问题，未来从地面测量到机载、星载高精度高
光谱传感器的发展，将使得利用 PRI 估算区域 LUE 具有最引人注目的吸引力，而且可能
在大面积作物估产、精准农业、森林健康状况评价及区域碳循环研究等方面产生广泛的
应用价值(Drolet et al.，2008；Grace et al.，2007)。

2.3　光能利用效率影响因素及其模型

2.3.1　光能利用效率影响因素

影响光能利用效率的因素有很多，不仅包括内在生物要素，还包括外在环境因素(李
宗南，2014)。这些影响因素在时间和空间上有很大的异质性(Hilker et al.，2008；Goerner
et al.，2011)，导致不同生态系统之间的 LUE 及其控制机制的差异。

1. 生物要素

影响 LUE 的生物要素主要包括：植物的碳同化途径、群落的结构特征及植物的生长
发育阶段等。

1)碳同化途径

大量研究证实 C_4 植物光能利用效率高于 C_3 植物。其主要原因在于自然条件下 C_3 植
物的光呼吸过程导致了额外的能量损耗，使得 C_3 植物表观量子效率较 C_4 植物低 30%左
右，进而使得其群落 LUE 相对偏低(Ehleringer et al.，1997)。

崔骁勇等(2001)对内蒙古半干旱草原 6 种主要植物的光合和水分利用特征的观测结
果表明：C_4 植物的 LUE 较相同环境下生长的 C_3 植物高，并且对土壤水分条件的变化不
敏感，在干旱条件下依然能够维持较高的 LUE，而多数 C_3 植物往往因为干旱胁迫而降
低 LUE。Turner 等(2002)对美国伊利诺伊州中部玉米和大豆农田研究结果发现在区域尺
度上 C_3 作物 LUE 依然低于 C_4 作物。高阳等(2009)通过长达两个生长季(2006~2007 年)
的大田试验，研究了 1∶3 和 2∶3 两种间作模式和单作种植模式对玉米和大豆群体光能
利用效率的影响，结果表明玉米/大豆 1∶3 和 2∶3 间作群体的 LUE 约为单作大豆 LUE
的 2.8 倍，均低于单作玉米的 LUE，充分说明了 C_3 与 C_4 植物之间 LUE 的差异。此外，
植物的耐阴性也会影响生态系统的 LUE，耐阴植物的光补偿点和光饱和点都较阳生植物
低，其量子效率因此往往较阳生植物高，因而 LUE 也相对较高(许大全，1988)。

2)群落结构特征

群落结构特征主要通过影响生态系统尺度光合作用碳固定过程的能量和原料的传输
来影响生态系统的光能利用效率(于沪宁和赵丰收，1982)。在较长时间尺度上(一个生长
季或以上)，植物群落可以通过调整冠层分布特征、叶面积指数及阴叶和阳叶的位置使整

个生态系统充分利用光能,进而使生态系统 LUE 趋于常数(Field,1991)。在长期适应进化过程中,生态系统通过叶面积指数的季节性变化来适应当地不同季节光照环境的变化,从而充分利用光能资源。然而,整个生态系统的光照环境往往在较短的时间内就发生显著变化,不仅具有明显的季节变化特征,还具有显著的日变化,因此,短时间尺度上群落结构往往来不及对光照环境的快速变化产生及时的响应,这导致 LUE 在短时间尺度上存在较大变异。

Pangle 等(2009)利用生物量收获法研究了落叶混交林和白皮松人工林的 LUE 的差异,发现尽管两类森林所处环境条件相似,ANPP 比较接近,但 LUE 差异显著。LUE 的差异主要源于不同森林 APAR 存在显著差异,而 APAR 的差异主要源于两类森林最大叶面积指数(LAI_{max})的显著不同。也有研究发现 LAI 升高与 ANPP 及 LUE 增加的关系在不同树种之间并不一致,并且在不同环境条件下对针阔混交林的影响也不一样(Allen et al.,2005)。

3)生长发育阶段

Field 和 Mooney(1983)在自然生境下对山羊角树灌丛的研究发现,随着灌丛叶龄增加,其光合速率、叶片 N 含量、气孔导度等都会显著下降,尽管表观量子效率没有明显变化,但生态系统 LUE 却显著降低,说明灌丛叶龄增加主要通过影响群落水平的光捕获能力而非生理水平的光能转化能力使得 LUE 下降。Hember 等(2010)利用涡度相关技术对三个不同林龄的加拿大花旗松林 LUE 的分析表明,即使气候环境条件相似,不同林龄样地间最大 LUE 的差异受到林龄的显著影响。尽管多数研究表明植物成熟之后随着叶龄或林龄的增加,其 LUE 会降低;但 LUE 与叶龄或林龄的关系却并非一直呈负相关,在生态系统达到稳定以前,LUE 会随叶龄或林龄增加而增加。同小娟等(2009)利用涡度相关通量观测对华北平原夏玉米-冬小麦复种农田生态系统 LUE 及其影响要素进行分析,发现玉米在营养生长阶段 LUE 随 LAI 增加先增后降,而生殖生长阶段 LUE 随 LAI 减少而线性降低,在相同 LAI 情况下,玉米生殖生长阶段的 LUE 明显低于营养生长阶段。

不同生长发育阶段(叶龄、林龄或生育期等)植被 LUE 的差异源于多个方面,包括植物生理水平量子效率的变化,或者植物群落水平叶面积指数、群落结构等的改变,或者不同时期叶绿素、叶 N 含量甚至环境条件变化而导致的影响。在当前的研究中,还无法进一步区分究竟是生育阶段本身或是其他环境要素影响了生态系统的 LUE。

2. 环境要素

影响 LUE 的环境要素主要包括:光照、温度、水分、CO_2 和 O_2 浓度、养分状况等。

1)光照

量子效率的高低与光质有关(Emerson et al.,1957),如白光的量子效率大约仅是橙光的 75%,而且在可见光与远红光同时存在的条件下,量子效率可大幅提高,这种现象被称为双光增益效应。已有观测亦表明森林冠层顶部叶片的量子效率高于森林冠层基部叶片的,其可能原因在于冠层上、下方光质的不同(Wofsy et al.,1993)。

此外，大量研究还证实整个植物群落的光能利用效率与入射 PAR 中直射和散射辐射的比例有关：植被冠层对散射辐射的利用效率显著高于直射辐射（Gu et al.，2002；Baldocchi，2008）。在相同辐射总量的情况下，多云天气下生态系统的光合作用要强于晴天（Gu et al.，2002；Urban et al.，2007），其光能利用效率也更高，主要因为：①晴天冠层上部叶片的光合作用容易在高光强下出现饱和现象（许大全，1988）；②晴天太阳光主要以平行光的形式到达叶片，冠层下方接受的辐射量相对偏少，从而导致整个生态系统 LUE 降低；而阴天散射辐射比例大，进入冠层下部的光显著增加，群落内部光能分布更加均衡：冠层上部叶片不至于光饱和，而下部叶片有光可用（Gu et al.，2002）；③阴天蓝光和红光之比相对晴天有所增加进而促进了光化学反应及植物叶片气孔的打开（Urban et al.，2007）；④阴天环境中温度和饱和水汽压差（vapor pressure deficit，VPD）相对较低；而在晴天较高的气温和较大的 VPD 环境下，植物为了减少水分散失不得不关闭气孔使得气孔导度降低，这些过程一方面降低了胞间 CO_2 浓度，减小了叶片对 CO_2 的吸收，另一方面还刺激了植物的光呼吸作用，降低了光合作用过程中 CO_2 的有效固定（Gu et al.，2002；Baldocchi，2008）。

当光强过高、植物叶片接受的光能超过其利用能力时，可能发生光抑制现象，从而降低量子效率，因此光照强度也影响生态系统的光能利用效率。大量观测证实植物光合"午休"现象与光强过高存在密切联系。黄成林等（2005）利用便携式光合仪对安徽休宁倭竹光合作用日变化的观测研究表明：在植被生长季，全天 LUE 日变化表现为凹形，与光强呈显著负相关。Turner 等（2003b）利用涡度相关数据对北美四个典型生态系统逐日 LUE 的分析也证实，在植被生长季（每年 6～9 月），逐日 LUE 也随 APAR 的增加而显著下降。这些结果说明在较短时间尺度上（小时到天），生态系统 LUE 表现出随环境条件改变出现较大程度的变异性（Hember et al.，2010）。

光合作用的碳固定是绿色植物叶绿体在光照的作用下，将 CO_2 和水同化为碳水化合物，并释放出氧气的过程，没有光照植物光合作用就无法进行；而光照不仅是光合作用的动力，也是形成叶绿素、叶绿体及正常叶片的必要条件，光照还显著地调节光合酶的活性与气孔的开度，因此在一定程度上直接制约着光合速率以及 LUE 的高低；但光照过强一方面降低了叶片水平的量子效率，另一方面也通过影响冠层能量分布而降低生态系统水平的 LUE。

2）温度

温度不仅影响光合作用过程中各种酶的催化反应速率，而且也影响植物体内物质扩散过程，因此，不适宜的温度往往成为限制植物光合作用碳固定过程进而影响 LUE 的重要环境条件。植物光合作用对温度的响应曲线通常为抛物线，表现出明显的最低、最适和最高三基点温度。在极端低温条件下，叶绿体组织结构解体，光系统Ⅱ失活，一般认为大多数绿色植物的光合作用最低温度在–10～10℃（Long and Woolhouse，1978；Running et al.，2004）；而最适温度往往随植物对温度的适应过程而产生变化，具有较大程度的变异范围。利用 EC 数据分析发现植被冠层光合作用最适温度和当地夏季平均气温相当，欧洲多数生态系统的光合作用最适温度为 15～20℃，而北美典型生态系统的光合作用最适温度为 20～30℃(Baldocchi et al., 2001)。而温度过高将会破坏植物类囊体膜上的叶绿素蛋白，使光系统Ⅱ活动能力降低，同时增强光合器官的呼吸作用，进一步显著降低整个生态系统的光合作用速率(Bjorkman and Demmig, 1987)。

光能利用效率是植物光合作用过程与辐射吸收过程的综合体现，由于光合作用受到温度的显著影响，因此 LUE 也与温度存在密切关系。例如，当温度由 6℃升高到 18℃时，紫花苜蓿的 LUE 由 0.6 gC/MJ 增加到 1.6 gC/MJ(Brown et al., 2006)；但当水分受限时，LUE 随温度升高而降低(Kumar et al., 1996)。这是由于高温加剧了作物的干旱胁迫，促使叶片衰亡，而且温度较高时，植物光呼吸作用增加使光合产物损耗加速。黄成林等(2005)对安徽休宁倭竹的研究表明，当温度在 28℃以下时，生态系统 LUE 较高，温度超过 28℃之后，LUE 开始下降；尽管午后 LUE 缓慢回升，但依然保持在较低水平，到傍晚温度为 30.3℃时，LUE 较上午 28℃时略高。此外，温度过低，叶片中光合色素含量将下降，造成叶片光合速率和净同化速率的同时降低，而且低温还会使得气孔导度降低，从而影响 CO_2 同化，因此温度过低也会降低 LUE(Long, 1983)。Bell 等(1992)在其他环境条件适宜的情况下，对花生进行了两年的控制实验，发现夜间温度每降低 1℃，其生长季 LUE 就减小 6%～12%。

相比之下，较大空间尺度上植被 LUE 随温度变化而变化的特征目前还存在争议(Kergoat et al., 2008；Garbulsky et al., 2010)。部分全球尺度的生态模型模拟结果显示 LUE 随纬度增加而增加(Ruimy et al., 1999)，即温度降低时 LUE 反而升高，这与 Still 等(2004)大气传输模型反演的中高纬度地区的结果一致。但另一些模型模拟的结果却相反。可见，这些全球尺度的生态模型对区域尺度上 LUE 空间格局的基本变异特征还缺乏共识(Ruimy et al., 1999)。Garbulsky 等(2010)发现尽管温度会影响部分站点(尤其是受到低温限制的中高纬度站点)生态系统短时间尺度上(8 天)的 LUE 变化，但生态系统年尺度上 LUE 的空间变异格局则主要受到水分条件的影响，而与温度不存在任何显著相关性。

3) 水分

水分供应不足对植物光合作用的显著影响，按照气孔开闭特征可分为气孔限制和非气孔限制两类。所谓气孔限制是指在水分亏缺时，气孔局部关闭、导度下降，致使通过气孔进入叶片的 CO_2 减少，从而降低光合速率；而非气孔限制则是由于水分亏缺导致光合产物输出变慢、光合机构受损、光合作用有效叶面积扩展受到抑制等导致群落光合速率的降低。同样，水分过多也会使光合作用受到限制，其主要原因包括：植物根际缺氧导致其生理生化过程受阻；水分附着于叶面导致其气体交换过程受到抑制、叶肉细胞处于低渗状态等，这些特征都不同程度降低光合速率和叶片及生态系统水平的 LUE(张雷明, 2006)。

通常情况下，水分亏缺、干旱胁迫会促使植物衰亡，降低植物干物质的积累，但由于环境条件的差异，不同研究得出的表征环境水分状况的参数(如饱和水汽压差、年降水量或土壤水分含量等)与 LUE 的相关关系并不相同。Kumar 等(1996)发现雨养条件下蓖麻 LUE 与 VPD 正相关;而大麦、玉米和高粱的 LUE 却随 VPD 的增加而降低(Kemanian et al.，2004);也有研究表明 LUE 不随 VPD 的变化而明显变化(Kiniry et al.，2005;Muchow and Sinclair，1994;O'Connell et al.，2004)。

利用北美和欧洲通量观测网络的涡度相关观测数据分析发现,虽然 VPD 对各个站点短时间尺度上 LUE 的影响并不相同(对于热带雨林、萨瓦拉草原、亚热带常绿林、地中海森林,LUE 与 VPD 呈负相关;而对于温带落叶林、温带常绿林,LUE 与 VPD 呈正相关),但不同站点之间全年降水的差异却是年尺度 LUE 站点差异的主要环境控制因子,实际蒸散与潜在蒸散之比可作为 LUE 季节和站点间变异性的最佳表征指标(Garbulsky et al.，2010)。

4)CO_2 和 O_2 浓度

CO_2 和 O_2 分别是光合作用的反应物和产物,其浓度大小必定影响到相应环境条件下光合作用的速率及 LUE。大气 CO_2 浓度增加,除了通过温室效应导致全球气候变暖进而对植物产生影响以外,还直接影响植物的生长发育。目前大气中 CO_2 的浓度低于 C_3 植物的生理饱和点,因此 CO_2 依然是 C_3 植物光合作用的限制因子,对其光合作用的生理生化过程有制约作用。自 20 世纪 70 年代以来,大量关于大气 CO_2 浓度加富的控制实验发现大气 CO_2 浓度增加对植物光合作用、蒸腾作用及气孔运动等过程都会产生较为显著的影响。Drake 等(1997)总结了文献报道的结果发现,大气 CO_2 浓度增加提升了植物的资源利用效率,包括水分利用效率、光能利用效率及氮素利用效率。大气 CO_2 浓度增加将使得植物气孔导度降低,减少蒸腾,并激发更高的光合速率,因此增加了水分和光能利用效率。相比之下,C_4 作物对环境中 CO_2 和 O_2 浓度变化的响应不明显。在西北高原观测的小麦、红豆草等的表观量子效率较上海为低,与西北高原空气中 CO_2 和 O_2 浓度偏低有关,在高 CO_2 浓度下降低 O_2 浓度也会降低棉花等作物的量子效率,这说明 C_4 作物与 C_3 作物对 CO_2 和 O_2 浓度变化的响应并不一致(许大全,1988)。

Dermody 等(2008)利用自由大气浓度加富控制实验(SoyFACE)发现大气 CO_2 浓度 550 ppm(1 ppm=10^{-6})条件下大豆产量相对于大气 CO_2 浓度 380 ppm 下增加了 15%,截获的光合有效辐射提高了 12%,但 LUE 仅提高了 3%;而增加 O_3 浓度尽管加速了冠层的衰亡,但截获的光合有效辐射却仅降低了 3%,产量的大幅降低主要源于 LUE 降低了 11%。这些观测或实验研究说明大气 CO_2、O_2 或 O_3 浓度的变化对植被生产力的影响源于不同方面,包括植物生理功能的变化,也包括植物群落结构的变化。

5)养分状况

良好的土壤养分状况有利于植物的生长与发育,促进生态系统的光能利用效率。施加 N 肥将促进植物叶片叶绿素的形成,在适宜范围内,N 素水平提高将显著提高植物的光合速率,进而提高 LUE。吴朝阳等(2009)利用控制实验发现,增施 N 肥小麦叶片 LUE 增加,主要原因在于施加 N 肥后叶片叶绿素含量增加,使得光合器官占叶片比例增加,因而增加了 LUE。Green 等(2003)对各种植物类型的 LUE 进行综合分析后发现,植物

LUE 与叶 N 含量呈正相关，并基于叶 N 含量、年均空气温度构建了表征不同站点之间 LUE 差异的冠层植被指数。Kergoat 等(2008)进一步利用涡度相关通量观测证实，对于温带和寒带生态系统而言，植物最大 LUE 差异的 71%可由叶 N 含量差异进行解释，而整合空气温度与叶 N 含量的线性函数可解释其变异性的 80%，说明叶 N 含量在决定 LUE 站点差异方面具有重要的意义。Turner 等(2003b)的研究也显示，生育期后期玉米田 LUE 的下降可能主要由叶片 N 含量降低而引起，表明叶 N 含量在影响 LUE 季节动态方面也同样具有重要作用。

　　LUE 随叶 N 含量的降低而降低，主要是较低叶 N 含量将导致叶片光合能力的显著下降(Kemanian et al.，2004)。然而，同样有研究证实施 N 过多时 LUE 也会降低(Olesen et al.，2000)，这是因为 N 施加量过多时，植物光呼吸作用增强，同时植物光合产物向营养器官分配转移的压力也有所增加。除了 N 元素含量显著影响植物的 LUE，对土壤施加 K 肥也会直接影响植物叶片的叶绿素含量，进而提高其 LUE(吴朝阳等，2009)。施加 K 肥，一方面不但提高了叶片叶绿素的含量，增强了光合作用反应酶的活性，促使叶片 LUE 提高，另一方面还使得植株茎秆抗倒伏能力增加，增强了群落的光捕获能力，因此提高了生态系统水平的 LUE。

2.3.2　生态系统光能利用效率变异特征

　　在 Potter 等(1993)开发的 CASA 模型中，全球不同生态系统逐月 LUE 通过式(2-3)进行计算：

$$LUE=LUE_{max} \times f(T_{opt}) \times f(T) \times f(W) \tag{2-3}$$

式中，LUE_{max} 为植被潜在的最大光能利用效率；$f(T_{opt})$、$f(T)$、$f(W)$ 分别为植物最适温度、环境空气温度及依据蒸散计算的环境水分条件对 LUE_{max} 的影响。全球所有不同类型植被的 LUE_{max} 根据仅有的 17 个实测 NPP 利用模型本身进行校准，在误差最小情况下界定为 0.389 gC/MJ。部分根据生物量收获法、模型反演法和涡度相关实测法的研究均已经指出，CASA 模型中全球不同植被都采用同一个固定不变的 LUE_{max} 存在明显偏差，而且基本偏小(彭少麟等，2000；Running et al.，2004；Yuan et al.，2007)。

　　涡度相关(EC)技术可以提供生态系统水平的总初级生产力，结合同时观测的生态系统水平 PAR 的收支状况，可以实现对生态系统 LUE 的准确测算(Turner et al.，2003a)。Turner 等(2003b)率先利用 EC 观测对北美四种典型生态系统的 LUE 进行了分析，结果发现整个生长季(6~9 月)农田 LUE 显著高于森林和草地生态系统；而森林生态系统中落叶林 LUE 又高于常绿林。Kergoat 等(2008)对全球温带和寒带典型生态系统全年最大光能利用效率(LUE_{max})的分析发现，草地和农田高于森林；而落叶阔叶林 LUE_{max} 较常绿阔叶林高 50%以上；主要植被类型 LUE_{max} 均值为 18.2 mmol/mol，变异系数为 37%(表 2-1)。

表 2-1　温带和寒带典型陆地生态系统最大光能利用效率（LUE$_{max}$）变异特征

植被类型	LUE$_{max}$/(mmol/mol)	变异系数 CV/%	样本量 n
落叶阔叶林	22.5	10	7
常绿阔叶林	14.4	43	3
混交林	18.7	17	3
常绿针叶林	15.5	32	19
苔原和湿地	11.6	41	3
C$_3$ 草地和作物	27.0	42	3
C$_4$ 草地和作物	24.5	28	4
全部草地和作物	25.6	32	7
全部植被类型	18.2	37	42

资料来源：Kergoat et al.，2008

　　Garbulsky 等（2010）综合利用北美和欧洲通量观测数据分析了主要陆地生态系统 LUE 的大小和变异特征（图 2-1），结果发现不论是年均 LUE 还是 LUE$_{max}$，草地和农田都相对较高，与热带雨林相当甚至超过热带雨林，分别为约 1.0 gC/MJ（年均 LUE）和 2.0～

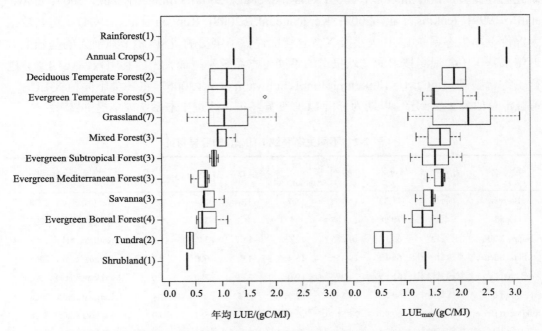

图 2-1　不同植被类型基于涡度相关 GPP 的年均 LUE（年均 LUE）(gC/MJ) 和全年最大逐日 LUE（LUE$_{max}$）(gC/MJ) 的大小及差异

Rainforest. 热带雨林；Annual Crops. 一年生作物；Deciduous Temperate Forest. 温带落叶林；Evergreen Temperate Forest. 温带常绿林；Grassland. 草地；Mixed Forest. 混交林；Evergreen Subtropical Forest. 亚热带常绿林；Evergreen Mediterranean Forest. 地中海常绿林；Savanna. 萨瓦拉稀树草原；Evergreen Boreal Forest. 寒带常绿林；Tundra. 苔原；Shrubland. 灌丛；括号内数字表示每类生态系统类型样本数量；改自 Garbulsky 等（2010）

3.0 gC/MJ（LUE$_{max}$）；而森林生态系统中，热带森林 LUE 高于温带和寒带森林，落叶林 LUE 高于常绿林，森林年均 LUE 为 0.7～1.5 gC/MJ，LUE$_{max}$ 为 1.3～2.3 gC/MJ；而苔原和灌丛 LUE 相对最小，但灌丛 LUE$_{max}$ 却与寒带常绿森林相当。由于不同生态系统类型所包含的样本数量并不一致，该研究所反映的不同生态系统 LUE 的变异性差异可能存在偏差，但整体来看，草地生态系统 LUE 变异最为强烈，而森林 LUE 变异相对较小。

　　为了探索全球或区域尺度 LUE 的变化特征，Ruimy 等（1999）利用 12 个全球尺度的不同生态模型进行了对比研究，这些模型不仅包括基于 LUE 的生态系统生产力诊断模型，亦包括基于生理生态过程的预测模型，结果发现不同模型对全球陆地植被计算的全年平均 LUE 为 0.302～0.671 gC/MJ，均值为（0.427±0.126）gC/MJ；而尽管 NPP 和 APAR 在全球不同纬度均表现为双峰的地理分布格局，LUE 在不同纬度之间的变异性却相对较小，不同纬度 LUE 变异的程度仅与不同模型之间 LUE 的变异程度相当，说明基于模型的区域 NPP 格局主要受到 APAR 变化的影响，而不同模型之间全球 NPP 总量的差异则源自 LUE 的不同。

　　无论是基于生物量收获法或是基于涡度相关实测法等方法的生态系统水平的 LUE 研究已经比较广泛（Ahl et al.，2004；Chasmer et al.，2008；Gilmanov et al.，2007；Gower et al.，1999；Jenkins et al.，2007；Kergoat et al.，2008；Runyon et al.，1994），这些数据为评价不同生态系统 LUE 大小及其变异特征提供了宝贵的资料。本节在前人的基础上对近年来基于 EC 观测技术的文献报道的不同生态系统类型最大光能利用效率（LUE$_{max}$）进行了综合整理（1 gC/MJ=18.08 mmol/mol，Schwalm et al.，2006），将各类不同植被 LUE$_{max}$ 特征汇总如表 2-2 所示，以期为分析 LUE 变异特征、改进生态系统模型提供参考。

表 2-2　不同生态系统 LUE$_{max}$ 的变异特征

站点名	站点类型	纬度/(°)	经度/(°)	LUE$_{max}$ /(mmol/mol)	MAT/℃	MAP/mm	LAI$_{max}$ /(m²/m²)	参考文献
Barrow	苔原	71.32	−156.62	15.7	−12.4	124	1.5	Kergoat et al.，2008
Upad	苔原	70.28	−148.88	6.5	−8.2	345	1.5	Kergoat et al.，2008
Happy Valley	苔原	69.15	−148.85	12.6	−11.7	345	1.5	Kergoat et al.，2008
Flakaliden	常绿针叶林	64.12	19.45	18.4	1.0	600	2.2	Kergoat et al.，2008
Hyytiala	常绿针叶林	61.85	24.28	19.0	3.2	700	4.0	Markkanen et al.，2001
Zotino	常绿针叶林	60.75	89.38	12.9	−1.5	—	2.4	Kergoat et al.，2008
Joikonnen Barley	C₃作物	60.90	23.51	2.6	3.9	581	5.0	Kergoat et al.，2008
Norunda	常绿针叶林	60.00	17.50	9.9	5.5	520	4.0	Lindroth et al.，1998
Fyodorovskoye	常绿针叶林	56.50	−32.90	19.0	3.8	—	4.3	Kergoat et al.，2008
BN-OBS	常绿针叶林	55.88	98.48	12.8	−2.9	—	3.9	Goulden et al.，1997
BN-YJP	常绿针叶林	56.00	—	11.4	−2.9	—	2.1	Kergoat et al.，2008
BN-OJP	常绿针叶林	56.00	—	6.8	−2.9	—	2.9	Kergoat et al.，2008
Soroe	落叶阔叶林	55.50	11.65	23.4	8.1	510	4.8	Kergoat et al.，2008
Western Peatland	湿地	54.90	−112.47	16.5	5.8	910	2.0	Connolly et al.，2009

续表

站点名	站点类型	纬度/(°)	经度/(°)	LUE$_{max}$ /(mmol/mol)	MAT/℃	MAP/mm	LAI$_{max}$ /(m²/m²)	参考文献
BS-OA	落叶阔叶林	53.63	−106.20	18.9	1.0	403	4.6	Kergoat et al.，2008
BS-OBS	常绿针叶林	53.99	−104.69	13.1	1.0	448	3.8	Jarvis et al.，1997
BS-OJP	常绿针叶林	53.92	−104.69	10.6	1.0	398	3.0	Baldocchi et al.，1997
SOA	落叶阔叶林	53.70	−106.20	31.5	0.5	406	5.0	Barr et al.，2007
Loobos	常绿针叶林	52.20	5.74	23.2	10.3	786	3.0	Kergoat et al.，2008
Braschaat	混交林	51.30	—	17.0	10.2	—	3.1	Kergoat et al.，2008
Tharandt	常绿针叶林	50.30	13.50	27.6	8.0	823	6.0	Kergoat et al.，2008
Vielsalm	混交林	50.30	6.00	22.4	7.0	—	4.5	Aubinet et al.，2001
Weidenbrunnen	常绿针叶林	50.00	—	15.7	5.8	—	5.3	Kergoat et al.，2008
Hesse	落叶阔叶林	48.00	7.08	25.8	9.2	820	5.0	Granier et al.，2000
Park Fall	混交林	45.90	−90.27	16.8	6.6	—	5.0	Davis et al.，2003
Mer Bleue Bog	湿地	45.40	−75.50	14.1	2.1	504	2.0	Connolly et al.，2009
Howland	常绿针叶林	45.20	68.67	19.4	6.7	988	5.3	Hollinger et al.，1999
Landes	常绿针叶林	44.70	−0.77	17.6	12.5	—	3.1	Berbigier et al.，2001
Metolius-old	常绿针叶林	44.70	121.50	17.1	7.6	350	2.1	Law et al.，2001
Metolius-young	常绿针叶林	44.40	121.50	12.3	7.6	350	2.1	Yuan et al.，2007
Metolius-mid	常绿针叶林	44.40	121.50	11.2	7.6	350	2.1	Yuan et al.，2007
Japan Forest	落叶阔叶林	43.00	141.50	21.7	6.5	1100	4.5	Kergoat et al.，2008
Collelongo	落叶阔叶林	41.87	13.63	23.8	7.0	—	4.5	Valentini et al.，1996
Harvard Forest	落叶阔叶林	42.54	−72.17	23.4	8.5	1000	3.4	Wofsy et al.，1993
Castelporziano	常绿阔叶林	41.70	12.30	21.2	15.5	740	3.5	Reichstein et al.，2002
Bondville	C$_4$作物	40.00	−88.29	32.6	11.2	990	5.5	Turner et al.，2003b
Bondville	C$_3$作物	40.00	−88.29	16.2	11.2	990	6.7	Turner et al.，2003b
Niwot	常绿针叶林	40.00	−105.53	12.6	4.0	800	4.2	Monson et al.，2002
Blodgett	常绿针叶林	38.88	−120.63	12.7	10.4	1630	3.1	Goldstein et al.，2000
Mitra	常绿阔叶林	38.48	−8.00	8	15.5	669	2.3	Pereira et al.，2007
Tojal	草地	38.50	−8.03	18	15.5	669	4.5	Pereira et al.，2007
Shidler	草地	36.93	−96.68	26.6	14.7	942	2.8	Suyker and Verma，2001
Ponca City	C$_3$作物	37.00	−97.08	22.7	15.3	942	5.0	Kergoat et al.，2008
Walker Branch	落叶阔叶林	35.58	−84.17	20.7	14.5	1372	6.0	Wilson and Baldocchi，2000
Duke	常绿针叶林	36.00	−79.80	14.6	15.5	1064	5.2	Kergoat et al.，2008
Little Washita	草地	34.97	−97.98	16.3	16.3	750	2.5	Meyers，2001
Sky Oaks-young	灌丛	33.38	−116.62	12.8	12.2	491	1.1	Stylinski et al.，2002
Sky Oaks-old	灌丛	33.37	−116.62	9.2	12.2	491	3.0	Stylinski et al.，2002
Rice	C$_3$作物	29.20	−96.50	38.6	20.0	—	5.5	Campbell et al.，2001

注：MAT 表示多年平均气温；MAP 表示多年平均降水量；LAI$_{max}$ 表示最大叶面积指数；—表示缺乏数据，表格按照各个站点的纬度降序排列

2.3.3　光能利用效率模型

　　光能利用率模型是目前广泛应用的一种遥感模型，其理论基础就是 Monteith（Monteith and Moss，1977；Monteith，1972）提出的光能利用率理论及后来 Field（1991）提出的资源平衡理论。即植物生产力与截获的太阳入射光合有效辐射成正比，并且陆地生态系统在长期的适应进化过程中趋于根据当地资源的可利用性（如辐射、温度、水分、和营养状况等）调整系统群落结构以达到固碳能力的最优化。

　　光能利用效率模型的一般形式可用下式表示：

$$GPP = \varepsilon \times PAR \times FPAR \tag{2-4}$$

$$GPP = \varepsilon_{max} \times Fs \times PAR \times FPAR \tag{2-5}$$

式中，GPP 为总初级生产力；ε_{max} 为理想环境条件下，植被冠层将吸收的光合有效辐射能转化为自身生物化学能的效率，表征潜在的最大光能利用率；ε 为 ε_{max} 在受到环境限制因子的限制下，光化学过程受到影响后的实际光能利用率，基于各个植被类型发生时空变化（Prince and Goward，1995；Turner et al.，2003b）；Fs 为现实环境条件（如低温、高温、水分匮缺等）对最大光能利用率的限制作用；PAR 为到达冠层的 0.4～0.7 μm 波段范围内的太阳辐射，即光合有效辐射（McCallum et al.，2009）；FPAR 为植被冠层吸收的光合有效辐射占总光合有效辐射的比例，是估算冠层生产力、蒸散和能量平衡中的一个重要变量（Turner et al.，1999）。Kumar 和 Monteith（1981）提出了一种经验关系，认为 FPAR 可能与归一化植被指数线性相关：

$$FPAR = a \times NDVI + b \tag{2-6}$$

式中，a 和 b 为特定于某个站点下的常量，同时也与许多其他环境因子有关，如与森林生态系统的林龄、物种构成、土壤肥力、干旱、辐射、物候相、气候状况和温度相关（McCallum et al.，2009）；NDVI 为利用近红外波段（0.7～1.3 μm）和红光波段（0.4～0.5 μm）的反射率计算得到的一个比率（Lillesand et al.，2004）。这两个波段的反射率的鲜明对比是由于叶绿素的光学属性和绿叶细胞的内部结构使得 NDVI 成为研究植被一个非常有效的指标（Zhao and Running，2008）。Goward 在 1985 年基于北美不同植被类型研究第一次直接阐述了 NDVI 与实测森林生产力的线性关系（Goward et al.，1985）。在没有考虑其他任何可能限制最大生产力的环境因子（如温度、湿度）的情况下，Fung 在 1987 年第一次提出了基于 NDVI 的全球尺度的年际 NPP 的研究。除了 NDVI 以外，增强型植被指数（enhanced vegetation index，EVI）已经在许多森林和农田生态系统中得到应用（Gitelson et al.，2008；Wu et al.，2012）。EVI 包含一个大气校正的蓝光波段（Xiao et al.，2005），且对气溶胶的敏感度低于 NDVI。因此，在基于遥感的生产力模型（如 vegetation photosynthesis model，temperature and greenness model 和 vegetation index model）中，EVI 越来越多地被用于估算 FPAR。

　　多数现存的 LUE 模型都是利用与植被指数（如 NDVI、EVI）的经验关系来估算 FPAR。

尽管这些经验关系被广泛使用，但是有些研究也表明这种假设并不在所有区域适用（Gitelson et al.，2008）。与定量化某些生理参数（如 FPAR）相比，植被指数更适合用来定义植被健康度或覆盖度。另外，植被指数容易被大气状况和土壤背景值影响（Xiao et al.，2003）。由于 NDVI 的测量值是基于特定站点的而不是具体区域的，所以在大区域上将遥感卫星反照率转换成 FPAR 是困难的（Hilker et al.，2008）。不同于经验方法，MOD 17（MODIS 卫星影像的 GPP 产品）根据全球不同的生物群系采用一个三维的鲁棒算法，该算法基于辐射传输理论（Knyazikhin et al.，1999）。

图 2-2 展示了基于遥感估算 GPP 的不同方式（LUE 模型）。PAR 主要来源于大气顶层的反射率；FPAR 的获取技术主要可以分为经验法和物理法；ε 可以直接或间接地取决于限制因子。

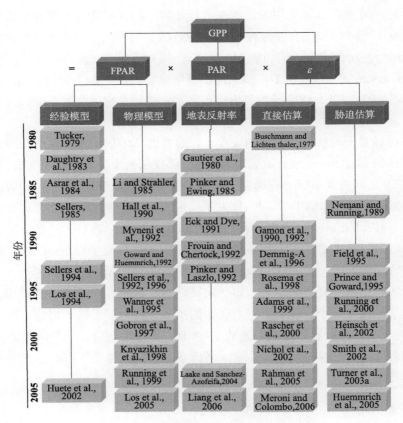

图 2-2　基于遥感的估算 GPP 的主要方法

光能利用率模型的关键参数如下所示。

1. 最大光能利用率

ε_{max} 是光能利用率模型的重要参数，也是引起 GPP 估算误差的主要原因之一（Gower et al.，1999；Ruimy et al.，1999）。已有研究表明，ε_{max} 在不同植被类型间存在差异

(Garbulsky et al., 2010; Kergoat et al., 2008)。Kergoat 等(2008)系统分析了全球温带和寒带典型生态系统 LUE_{max}，结果表明，草地和农田生态系统的 LUE_{max} 要高于森林、苔原和湿地，各植被类型 LUE_{max} 的变异系数高达 37%。Garbulsky 等(2010)对北美和欧洲地区主要陆地生态系统 LUE_{max} 的研究表明，农田生态系统的 LUE_{max} 最高，其次是热带雨林和草地，苔原最低。由于物种组成和植物功能型的高度空间异质性，即使是同一土地覆盖类型的 ε_{max} 也存在变化。

目前，GPP 遥感估算模型对 ε_{max} 的设置主要有两种方式。一种是将 ε_{max} 看作是一个定值。CASA 模型在估算生态系统净初级生产力(NPP)时将所有植被类型的 ε_{max} 统一取值为 0.389 gC/$(m^2 \cdot MJ)$ APAR(Potter et al., 1993)。但是有学者指出，这一数值明显低于我国的实际情况(彭少麟等，2000；朱文泉等，2006)。GLO-PEM 模型将植被区分为 C_3 和 C_4 两类，前者的 ε_{max} 利用量子产率进行计算，后者则直接设置为定值(Prince and Goward，1995)。3-PG 模型在模拟森林生态系统 GPP 时将 ε_{max} 取值为 1.8 gC/$(m^2 \cdot MJ)$ APAR(Landsberg and Waring，1997)。C-Fix 模型假设 ε_{max} 为 1.1 gC/$(m^2 \cdot MJ)$ APAR(Veroustraete et al.，2002)。EC-LUE 模型将 ε_{max} 设置为 2.14 gC/$(m^2 \cdot MJ)$ APAR(Yuan et al.，2007)。以上研究虽然普遍将 ε_{max} 看作是一个定值，但是取值大小存在较大差异。

另一种是针对不同植被类型分别设置 ε_{max} 的数值。MODIS GPP 算法利用查表法确定不同生物群区的 ε_{max}(Running et al.，2004)。VPM 模型基于文献调查或 NEE 与光量子通量密度(PPFD)之间的光响应方程确定不同植被类型的 ε_{max}(Xiao et al.，2004a)。但是有研究指出，利用 NEE 与 PPFD 之间函数关系确定的 ε_{max} 在很大程度上取决于线性或非线性模型的选择(Frolking et al.，1998；Xiao，2006)。Ruimy 等(1996)基于发表的 126 个数据集的 GPP 和 PPFD 数据，利用线性方程估算的 ε_{max} 约为 0.020 mol/mol，而利用非线性双曲线方程估算的 ε_{max} 约为 0.044 mol/mol，两者的数值差别很大。

此外，还有个别研究考虑了 ε_{max} 的空间异质性。Wang 等(2010)利用中国东部 14 个通量站的 ε_{max} 构建了一个表征 ε_{max} 空间变化的指数方程，基于这一指数方程模拟的中国北方地区 GPP 的空间分布与地面观测的 GPP 具有很好的吻合，并且清晰地反映了湿度和土地利用强度等对 GPP 的影响。因此，考虑 ε_{max} 的空间异质性可能是光能利用率模型未来研究的一个重要方向。

2. 环境影响因子

不同的 GPP 遥感估算模型考虑的环境限制因子存在差异。大多数模型将温度和水分作为影响 ε_{max} 的主要环境因素。此外，个别模型还进一步考虑了物候、林龄等的影响。例如，GLO-PEM 模型考虑了低温、高 VPD 和土壤湿度对光合同化的影响(Prince and Goward，1995)。MODIS GPP 算法选取低温和高 VPD 作为调节 ε_{max} 的环境因子(Running et al.，2004)。3-PG 模型考虑了土壤干旱度、VPD 和林龄对森林生态系统 ε_{max} 的影响(Landsberg and Waring，1997)。C-Fix 模型包含了温度和 CO_2 施肥效应的影响(Veroustraete et al.，2002）。VPM 模型将温度、陆地表面水分条件和物候作为影响 ε_{max} 的主要因子（Xiao et al.， 2004a）。EC-LUE 模型根据 Liebig 定律，选取表征温度和土壤湿度的指数的最小值来调节 ε_{max}（Yuan et al.，2007）。但是，各模型即使考虑了相同的环境影响因子，其算法也有所不同。表 2-3 汇总了不同模型在表征环境因子对 ε_{max} 影响时所采用的方程形式。

表 2-3　ε_{max} 的影响因子及其方程形式

影响因素	算法	所属模型	参考文献
温度	$f_t = 1 - \dfrac{D_{frost}}{D_0}$ ，D_{frost} 为每月的有霜日；D_0 为每月的日数	3-PG	Landsberg and Waring，1997
	$p(T_{atm}) = \dfrac{e^{\left(C_1 - \frac{\Delta H_{a,P}}{R_g T}\right)}}{1 + e^{\left(\frac{\Delta S T - \Delta H_{d,P}}{R_g T}\right)}}$ C_1 为常数；$\Delta H_{a,P}$ 为活化能；R_g 为气体常数；ΔS 为 CO_2 变性平衡熵；$\Delta H_{d,P}$ 为去活化能；T 为空气温度	C-Fix	Veroustraete et al.，2002
	$T_{scalar} = \dfrac{(T - T_{min})(T - T_{max})}{[(T - T_{min})(T - T_{max})] - (T - T_{opt})^2}$ T_{min}、T_{max} 和 T_{opt} 分别为植物光合作用最低、最高和最适温度	VPM、EC-LUE	Xiao et al.，2004a；Yuan et al.，2007
	$\text{scaledLST} = \min\left[\left(\dfrac{LST}{30}\right); (2.5 - (0.05 \times LST))\right]$ LST 为陆地表面温度	TG	Sims et al.，2008
水分	$f_w = \min\left[e^{-k_g D}, \dfrac{1}{1 + \left(\dfrac{1 - r_\theta}{c_\theta}\right)n_\theta}\right]$ k_g 为系数，描述气孔导度与 VPD 之间的关系；D 为 VPD；c_θ、n_θ 为系数，随土壤类型变化而变化；r_θ 为湿度比	3-PG	Landsberg and Waring，1997
	$W_{scalar} = \dfrac{1 + LSWI}{1 + LSWI_{max}}$ ，LSWI 和 $LSWI_{max}$ 分别为陆地表面水分指数和最大陆地表面水分指数	VPM	Xiao et al.，2004a
	$W_s = EF = \dfrac{1}{1 + \beta}$ ，EF 和 β 分别为蒸发比和波文比 $W_s = \dfrac{LE}{R_n}$ ，LE 和 R_n 分别为潜热（等于蒸散）和净辐射	EC-LUE	Yuan et al.，2007；Yuan et al.，2010
物候	$P_{scalar} = \dfrac{1 + LSWI}{2}$ ，叶片萌生到完全伸展期 $P_{scalar} = 1$，叶片完全伸展之后	VPM	Xiao et al.，2004a
林龄	$f_a = \dfrac{1}{1 + \left(\dfrac{F_a}{0.95}\right)^4}$ ，F_a 为相对林龄（实际林龄和最大林龄的比率）	3-PG	Landsberg and Waring，1997
CO_2 施肥	$CO_2 fert = \dfrac{[CO_2] - \dfrac{[O_2]}{2s}}{[CO_2]^{ref} - \dfrac{[O_2]}{2s}} \dfrac{K_m\left(1 + \dfrac{[O_2]}{K_0}\right) + [CO_2]^{ref}}{K_m\left(1 + \dfrac{[O_2]}{K_0}\right) + [CO_2]}$ K_m 和 K_0 分别为温度依赖性	C-Fix	Veroustraete et al.，2002

3. 植被吸收的光合有效辐射的比例

在叶片水平，FPAR 主要受叶绿素含量和干物质含量的影响；在冠层和生态系统水平，则主要受 Chl 含量、叶面积指数和植被覆盖度等的影响。Ogutu 和 Dash（2013）对比了来源于光合作用组分的 FPAR（$FPAR_{ps}$）和来源于冠层的 FPAR（$FPAR_{canopy}$），结果表明 $FPAR_{ps}$ 的数值要小于 $FPAR_{canopy}$。Zhang 等（2005）估算了冠层水平 $FPAR_{canopy}$、叶片水平 FPAR（$FPAR_{leaf}$）和叶绿素水平 FPAR（$FPAR_{chl}$），结果表明三者存在较大差异，且基于 $FPAR_{Chl}$ 计算的 $APAR_{Chl}$ 与通量观测 GPP 的相关关系明显高于基于 $FPAR_{canopy}$ 计算的 $APAR_{canopy}$（Zhang et al.，2009）。只有叶绿素吸收的 PAR 参与了植被的光合作用，因此，FPAR 的计算方法会对 GPP 遥感估算模型的模拟精度产生较大影响。当前，只有个别模型在计算 FPAR 时对其来源进行了区分。例如，VPM 模型在概念上区分了植被光合有效成分（PAV）和非光合有效成分（NPV），并在模型构建过程中利用 EVI 表征来源于 PAV 部分的 FPAR（$FPAR_{PAV}$）（Xiao et al.，2004a）。SCARF 模型考虑了光合作用组分的 $FPAR_{ps}$，并利用 MERIS 陆地叶绿素指数（MERIS terrestrial chlorophyll index, MTCI）的线性方程表征其变化（Ogutu and Dash，2013）。表 2-4 汇总了不同模型利用植被指数反演 FPAR 的经验方程。

表 2-4　FPAR 与植被指数的经验方程

模型	算法	参考文献
GLO-PEM	FPAR=1.67×NDVI−0.08	Prince and Goward，1995
C-Fix	FPAR=0.8642×NDVI−0.0814	Veroustraete et al.，2002
MODIS GPP	MOD15 FPAR	Running et al.，2004
VPM	$FPAR_{PAV}$= EVI	Xiao et al.，2004a
EC-LUE	FPAR= 1.24×EVI−0.168	Yuan et al.，2007
SCARF	$FPAR_{ps}$= 0.76×MTCI+0.07	Ogutu and Dash，2013

4. 光合有效辐射

光合有效辐射是植物进行光合作用的能量来源，也是光能利用率模型的主要输入变量。当前，除了 GLO-PEM 模型利用遥感数据反演 PAR（Prince and Goward，1995）和 TG 模型在一定程度上利用陆地表面温度（LST）来表征 PAR 的变化（Sims et al.，2008），其余的 GPP 遥感估算模型主要依赖于地面观测的辐射数据来获取 PAR，其获取途径可以分为以下三种方式：一是利用直接观测的 PAR（Xiao et al.，2004a；Yuan et al.，2007）；二是利用 PAR 与短波辐射或太阳辐射的比例关系计算 PAR（Running et al.，2004；Veroustraete et al.，2002），这是因为目前尚未形成全球或区域尺度的 PAR 观测网络，而短波辐射或太阳辐射的观测站点较多，易于进行空间尺度的插值，并且有多个数据集可供下载，如 DAO 数据集、NLDAS-2 等；三是利用潜在 PAR（Gitelson et al.，2012；Peng et al.，2013）

估算，因为有研究表明基于潜在 PAR 模拟的 GPP 精度要高于基于入射 PAR 模拟的。

5. 叶绿素含量

在光能利用率模型中，叶绿素含量不仅为 FPAR 紧密相关，而且 LUE 同样具有很好的相关关系（Peng and Gitelson，2011；Wu et al.，2010b）。因此，部分研究以式(2-4)为基础，从 Chl 含量的角度对 LUE 模型进行简化，由此形成了仅由 Chl 含量和 PAR 驱动的 GPP 模型形式。尽管 Chl 含量可以应用辐射传输模型进行模拟，但是由于这一方法的复杂性和不易操作性，现有的 GPP 遥感估算模型主要利用植被指数（VI）来表征 Chl 含量的变化。例如，VI 模型形式为 VI×VI×PAR（Wu et al.，2010b）、GR 模型形式为 VI×PAR（Gitelson et al.，2006a，2012；Wu et al.，2011）。

当前构建的 GPP 遥感估算模型大体上可以分为两类。一类是以式(2-5)为基础的模型形式，如 GLO-PEM、C-Fix、VPM 和 EC-LUE 模型。这类模型需要事先确定最大光能利用率，并且需要地面观测数据作为模型的输入变量。由于地面观测数据较粗的空间分辨率容易给区域尺度 GPP 的模拟带来模拟误差（Rahman et al.，2005；Sims et al.，2008），所以，这类模型对地面观测数据的依赖在一定程度上限制了其在空间尺度的应用。另一类是以式(2-4)为基础的简化形式，如 VI 和 GR 模型。这类模型不需要设置 ε_{max}，并且减少或者避免了模型对地面观测数据的依赖，这在一定程度上有利于模型在区域和全球尺度的应用，但是模型参数通常不具有明确的生态学含义（Yang et al.，2007）。表 2-5 汇总了常用的以遥感数据为驱动变量的 GPP 模型。

表 2-5　常用的 GPP 遥感估算模型

模型	算法	参考文献
GLO-PEM	$$GPP = \sum_t [(\sigma_{T,t} \times \sigma_{e,t} \times \sigma_{s,t} \times \varepsilon_{g,t}^*) \times (N_t \times S_t)]$$ $\varepsilon_{g,t}^*$ 即 ε_{max}；$\sigma_{T,t}$，$\sigma_{e,t}$ 和 $\sigma_{s,t}$ 分别为低温、高 VPD 和土壤湿度对光合作用的影响；N_t 为 FPAR；S_t 为入射 PAR	Prince and Goward, 1995
3-PG	$$GPP = \alpha_c \phi_{p,a} f_t f_w f_a$$ α_c 为冠层量子利用效率；$\Phi_{p,a}$ 为吸收的 PAR；f_t、f_w 和 f_a 分别为温度、湿度和林龄对光合作用的影响	Landsberg and Waring, 1997
C-Fix	$$GPP = p(T_{atm}) \times CO_2fert \times \varepsilon \times fAPAR \times c \times S_{g,d}$$ ε 为光能利用率；$p(T_{atm})$ 为标准化气温依赖因子；CO_2fert 为标准化 CO_2 施肥效应因子；$S_{g,d}$ 为入射的太阳辐射；c 为 PAR 与 $S_{g,d}$ 的转化系数，0.48	Veroustraete et al., 2002
MODIS GPP	$$GPP = \varepsilon_{max} \times m(T_{min}) \times m(VPD) \times FPAR \times SWrad \times 0.45$$ $m(T_{min})$ 和 $m(VPD)$ 分别为低温和高 VPD 对 ε_{max} 的影响；SWrad 为太阳短波辐射	Running et al., 2004
VPM	$$GPP = (\varepsilon_0 \times T_{scalar} \times W_{scalar} \times P_{scalar}) \times FAPAR_{PAV} \times PAR$$ ε_0 即 ε_{max}；T_{scalar}、W_{scalar} 和 P_{scalar} 分别为温度、水分和物候对 ε_0 的调节；$FAPAR_{PAV}$ 为植被光合有效部分吸收的 PAR 的比例	Xiao et al., 2004b
EC-LUE	$$GPP = \varepsilon_{max} \times \min(T_s, W_s) \times fPAR \times PAR$$ T_s 和 W_s 分别为温度和湿度对 ε_{max} 的影响	Yuan et al., 2007

模型	算法	参考文献
TG	$GPP = (scaledEVI \times scaledLST) \times m$ m 为模型系数	Sims et al., 2008
VI	$GPP \propto VI \times VI \times PAR$	Wu et al., 2010a
GR	$GPP \propto VI \times PAR_{in}$ $GPP \propto VI \times PAR_p$ PAR_{in} 和 PAR_p 分别为入射 PAR 和潜在 PAR	Gitelson et al., 2012，2006b

参 考 文 献

陈晋, 唐艳鸿, 陈学泓, 等. 2008. 利用光化学反射植被指数估算光能利用率研究的进展. 遥感学报, 12(2): 331-336.

陈雨海, 余松烈, 于振文. 2003. 小麦生长后期群体光截获量及其分布与产量的关系. 作物学报, 29(5): 730-734.

崔骁勇, 陈佐忠, 杜占池. 2001. 半干旱草原主要植物光能和水分利用特征的研究. 草业学报, 10(2): 14-21.

高阳, 段爱旺, 刘祖贵, 等. 2009. 单作和间作对玉米和大豆群体辐射利用率及产量的影响. 中国生态农业学报, 17(1): 7-12.

黄成林, 赵昌恒, 傅松玲, 等. 2005. 安徽休宁倭竹光合生理特性的研究. 安徽农业大学学报, 32(2): 187-191.

李宗南. 2014. 基于光能利用率模型和定量遥感的玉米生长监测方法研究. 北京: 中国农业科学院博士学位论文.

彭少麟, 郭志华, 王伯荪. 2000. 利用 GIS 和 RS 估算广东植被光利用率. 生态学报, 20(6): 903-909.

彭少麟, 张祝平. 1994. 鼎湖山地带性植被生物量、生产力和光能利用效率. 中国科学(B 辑:化学), 24(5): 497-502.

同小娟, 李俊, 于强. 2009. 农田生态系统光能利用效率及其影响因子分析. 自然资源学报, 24(8): 1393-1401.

吴朝阳, 牛铮, 汤泉, 等. 2009. 不同氮、钾施肥处理对小麦光能利用率和光化学植被指数(PRI)关系的影响. 光谱学与光谱分析, 29(2): 455-458.

许大全. 1988. 光合作用效率. 植物生理学通讯, (5): 1-7.

于沪宁, 赵丰收. 1982. 光热资源和农作物的光热生产潜力——以河北省栾城县为例. 气象学报, 40(3): 327-334.

张雷明. 2006. 中国东部南北森林样带典型生态系统碳收支特征及其生理生态学机制. 北京: 中国科学院研究生院博士学位论文.

张娜, 于贵瑞, 于振良, 等. 2003. 基于 3S 的自然植被光能利用率的时空分布特征的模拟. 植物生态学报, 27(3): 325-336.

朱文泉, 潘耀忠, 何浩, 等. 2006. 中国典型植被最大光利用率模拟. 科学通报, 51(6): 700-706.

Adams III W W, Demmig - Adams B, Logan B A, et al. 1999. Rapid changes in xanthophyll cycle -

dependent energy dissipation and photosystem II efficiency in two vines, Stephania japonica and Smilax australis, growing in the understory of an open Eucalyptus forest. Plant, Cell and Environment, 22(2): 125-136.

Ahl D E, Gower S T, Mackay D S, et al. 2004. Heterogeneity of light use efficiency in a northern Wisconsin forest: implications for modeling net primary production with remote sensing. Remote Sensing of Environment, 93(1-2): 168-178.

Allen C B, Will R E, Jacobson M A. 2005. Production efficiency and radiation use efficiency of four tree species receiving irrigation and fertilization. Forest Science, 51(6): 556-569.

Asrar G Q, Fuchs M, Kanemasu E T, et al. 1984. Estimating absorbed photosynthetic radiation and leaf area index from spectral reflectance in wheat 1. Agronomy Journal, 76(2): 300-306.

Aubinet M, Chermanne B, Vandenhaute M, et al. 2001. Long term carbon dioxide exchange above a mixed forest in the Belgian Ardennes. Agricultural and Forest Meteorology, 108(4): 293-315.

Balandier P, Sinoquet H, Frak E, et al. 2007. Six-year time course of light-use efficiency, carbon gain and growth of beech saplings (Fagus sylvatica) planted under a Scots pine (Pinus sylvestris) shelterwood. Tree Physiology, 27(8): 1073-1082.

Baldocchi D. 2008. Breathing of the terrestrial biosphere: lessons learned from a global network of carbon dioxide flux measurement systems. Australian Journal of Botany, 56(1): 1-26.

Baldocchi D D, Vogel C A, Hall B. 1997. Seasonal variation of carbon dioxide exchange rates above and below a boreal jack pine forest. Agricultural and Forest Meteorology, 83(1-2): 147-170.

Baldocchi D, Falge E, Gu L H, et al. 2001. FLUXNET: a new tool to study the temporal and spatial variability of ecosystem–scale carbon dioxide, water vapor, and energy flux densities. Bulletin of the American Meteorological Society, 82(11): 2415-2434.

Barr A G, Black T A, Hogg E H, et al. 2007. Climatic controls on the carbon and water balances of a boreal aspen forest, 1994–2003. Global Change Biology, 13(3): 561-576.

Bell M J, Wright G C, Hammer G L. 1992. Night temperature affects radiation - use efficiency in peanut. Crop Science, 32(6): 1329-1335.

Berbigier P, Bonnefond J M, Mellmann P. 2001. CO_2 and water vapour fluxes for 2 years above Euroflux forest site. Agricultural and Forest Meteorology, 108(3): 183-197.

Bilger W, Bjorkman O. 1990. Role of the xanthophyll cycle in photoprotection elucidated by measurements of light-induced absorbency changes, fluorescence and photosynthesis in leaves of Hedera-Canariensis. Photosynthesis Research, 25(3): 173-185.

Bilger W, Bjorkman O, Thayer S S. 1989. Light-induced spectral absorbance changes in relation to photosynthesis and the epoxidation state of xanthophyll cycle components in cotton leaves. Plant Physiology, 91(2): 542-551.

Bjorkman O, Demmig B. 1987. Photon yield of O_2 evolution and chlorophyll fluorescence characteristics at 77K among vascular plants of diverse Origins. Planta, 170(4): 489-504.

Brown H E, Moot D J, Teixeira E I. 2006. Radiation use efficiency and biomass partitioning of lucerne (Medicago sativa) in a temperate climate. European Journal of Agronomy, 25(4): 319-327.

Buschmann C, Lichtenthaler H K. 1977. Hill-activity and P700 concentration of chloroplasts isolated from radish seedlings treated with-indoleacetic acid, kinetin or gibberellic acid. Zeitschrift für Naturforschung

C, 32(9-10): 798-802.

Campbell C S, Heilman J L, McInnes K J, et al. 2001. Seasonal variation in radiation use efficiency of irrigated rice. Agricultural and Forest Meteorology,110(1): 45-54.

Campbell J, Alberti G, Martin J, et al. 2009. Carbon dynamics of a ponderosa pine plantation following a thinning treatment in the northern Sierra Nevada. Forest Ecology and Management, 257(2): 453-463.

Chasmer L, McCaughey H, Barr A, et al. 2008. Investigating light-use efficiency across a jack pine chronosequence during dry and wet years. Tree Physiology, 28(9): 1395-1406.

Connolly J, Roulet N T, Seaquist J W, et al. 2009. Using MODIS derived f PAR with ground based flux tower measurements to derive the light use efficiency for two Canadian peatlands. Biogeosciences, 6(2): 225-234.

Daughtry C S T, Gallo K P, Bauer M E. 1983. Spectral estimates of solar radiation intercepted by corn canopies 1. Agronomy Journal, 75(3): 527-531.

Davis K J, Bakwin P S, Yi C, et al. 2003. The annual cycles of CO_2 and H_2O exchange over a northern mixed forest as observed from a very tall tower. Global Change Biology, 9(9): 1278-1293.

Demmig-Adams B, Adams III W W, Barker D H, et al. 1996. Using chlorophyll fluorescence to assess the fraction of absorbed light allocated to thermal dissipation of excess excitation. Physiologia Plantarum, 98(2): 253-264.

Dermody O, Long S P, McConnaughay K, et al. 2008. How do elevated CO_2 and O_3 affect the interception and utilization of radiation by a soybean canopy. Global Change Biology, 14(3): 556-564.

Drake B G, Gonzàlez-Meler M A, Long S P. 1997. More efficient plants: a consequence of rising atmospheric CO_2. Annual Review of Plant Biology, 48(1): 609-639.

Drolet G G, Middleton E M, Huemmrich K F, et al. 2008. Regional mapping of gross light-use efficiency using MODIS spectral indices. Remote Sensing of Environment, 112(6): 3064-3078.

Eck T F, Dye D G. 1991. Satellite estimation of incident photosynthetically active radiation using ultraviolet reflectance. Remote Sensing of Environment, 38(2): 135-146.

Ehleringer J R, Cerling T E, Helliker B R. 1997. C_4 photosynthesis, atmospheric CO_2 and climate. Oecologia, 112(3): 285-299.

Emerson R, Chalmers R, Cederstrand C. 1957. Some factors influencing the long-wave limit of photosynthesis. Proceedings of the National Academy of Sciences of the United States of America, 43(1): 133-143.

Field C. 1991. Ecological scaling of carbon gain to stress and resource availability. Response of Plants to Multiple Stresses, 36(7): 35-65.

Field C, Mooney H A. 1983. Leaf age and seasonal effects on light, water, and nitrogen use efficiency in a california shrub. Oecologia, 56(2-3): 348-355.

Field C B, Randerson J T, Malmström C M. 1995. Global net primary production: Combining ecology and remote sensing. Remote Sensing of Environment, 51(1): 74-88.

Frolking S E, Bubier J L, Moore T R, et al. 1998. Relationship between ecosystem productivity and photosynthetically active radiation for northern peatlands. Global Biogeochemical Cycles, 12(1): 115-126.

Frouin R, Chertock B. 1992. A technique for global monitoring of net solar irradiance at the ocean surface.

Part I: Model. Journal of Applied Meteorology, 31(9): 1056-1066.

Fung I Y, Tucker C J, Prentice K C. 1987. Application of advanced very high-resolution radiometer vegetation index to study atmosphere-biosphere exchange of CO_2. Journal of Geophysical Research: Atmospheres, 92 (D3): 2999-3015.

Gamon J A, Field C B, Bilger W, et al. 1990. Remote sensing of the xanthophyll cycle and chlorophyll fluorescence in sunflower leaves and canopies. Oecologia, 85(1): 1-7.

Gamon J A, Penuelas J, Field C B. 1992. A narrow-waveband spectral index that tracks diurnal changes in photosynthetic efficiency.Remote Sensing of Environment, 41 (1): 35-44.

Gamon J A, Serrano L, Surfus J S. 1997. The photochemical reflectance index: an optical indicator of photosynthetic radiation use efficiency across species, functional types, and nutrient levels. Oecologia, 112 (4): 492-501.

Garbulsky M F, Penuelas J, Papale D, et al. 2010. Patterns and controls of the variability of radiation use efficiency and primary productivity across terrestrial ecosystems. Global Ecology and Biogeography, 19 (2): 253-267.

Gautier C, Diak G, Masse S. 1980. A simple physical model to estimate incident solar radiation at the surface from GOES satellite data. Journal of Applied Meteorology, 19(8): 1005-1012.

Gilmanov T G, Tieszen L L, Wylie B K, et al. 2005. Integration of CO_2 flux and remotely-sensed data for primary production and ecosystem respiration analyses in the Northern Great Plains: potential for quantitative spatial extrapolation. Global Ecology and Biogeography, 14 (3): 271-292.

Gilmanov T G, Soussana J E, Aires L, et al. 2007. Partitioning European grassland net ecosystem CO_2 exchange into gross primary productivity and ecosystem respiration using light response function analysis. Agriculture, Ecosystems and Environment, 121 (1-2): 93-120.

Gitelson A A, Keydan G P, Merzlyak M N. 2006a. Three-band model for noninvasive estimation of chlorophyll, carotenoids, and anthocyanin contents in higher plant leaves. Geophysical Research Letters, 3311: 431-433.

Gitelson A A, Viña A, Verma S B, et al. 2006b. Relationship between gross primary production and chlorophyll content in crops: implications for the synoptic monitoring of vegetation productivity. Journal of Geophysical Research: Atmospheres, 111: D08S11.

Gitelson A A, Vina A, Masek J G, et al. 2008. Synoptic monitoring of gross primary productivity of maize using Landsat data. IEEE Geoscience and Remote Sensing Letters, 5 (2): 133-137.

Gitelson A A, Peng Y, Masek J G, et al. 2012. Remote estimation of crop gross primary production with Landsat data. Remote Sensing of Environment, 121: 404-414.

Gobron N, Pinty B, Verstraete M M, et al. 1997. A semidiscrete model for the scattering of light by vegetation. Journal of Geophysical Research: Atmospheres, 102(D8): 9431-9446.

Goerner A, Reichstein M, Tomelleri E. 2011. Remote sensing of ecosystem light use efficiency with MODIS-based PRI. Biogeosciences, 8 (1): 189-202.

Goldstein A H, Hultman N E, Fracheboud J M, et al. 2000. Effects of climate variability on the carbon dioxide, water, and sensible heat fluxes above a ponderosa pine plantation in the Sierra Nevada (CA). Agricultural and Forest Meteorology, 101 (2-3): 113-129.

Goulden M L, Daube B C, Fan S M, et al. 1997. Physiological responses of a black spruce forest to weather.

Journal of Geophysical Research: Atmospheres, 102 (D24): 28987-28996.

Goulden M L, Munger J W, Fan S M, et al. 1996. Measurements of carbon sequestration by long-term eddy covariance: methods and a critical evaluation of accuracy. Global Change Biology, 2 (3): 169-182.

Goward S N, Huemmrich K F. 1992. Vegetation canopy PAR absorptance and the normalized difference vegetation index: an assessment using the SAIL model. Remote Sensing of Environment, 39(2): 119-140.

Goward S N, Tucker C J, Dye D G. 1985. North-American vegetation patterns observed with the NOAA-7 advanced very high-resolution radiometer. Vegetatio, 64 (1): 3-14.

Gower S T, Kucharik C J, Norman J M. 1999. Direct and indirect estimation of leaf area index, f(APAR), and net primary production of terrestrial ecosystems. Remote Sensing of Environment, 70 (1): 29-51.

Grace J, Nichol C, Disney M, et al. 2007. Can we measure terrestrial photosynthesis from space directly, using spectral reflectance and fluorescence. Global Change Biology, 13 (7): 1484-1497.

Granier A, Ceschia E, Damesin C, et al. 2000. The carbon balance of a young beech forest. Functional Ecology, 14 (3): 312-325.

Green D S, Erickson J E, Kruger E L. 2003. Foliar morphology and canopy nitrogen as predictors of light-use efficiency in terrestrial vegetation. Agricultural and Forest Meteorology, 115 (3-4): 163-171.

Gu L H, Baldocchi D, Verma S B, et al. 2002. Advantages of diffuse radiation for terrestrial ecosystem productivity. Journal of Geophysical Research: Atmospheres, 107 (D6): 1-23.

Hall F G, Huemmrich K F, Goward S N. 1990. Use of narrow-band spectra to estimate the fraction of absorbed photosynthetically active radiation. Remote Sensing of Environment, 32(1): 47-54.

Heinsch F A, Kimball J S, Oakins A J, et al. 2002. Intercomparison of MODIS and Tower Eddy-flux Based Estimates of Gross and Net Primary Production. US: AGUFM.

Heinsch F A, Zhao M S, Running S W, et al. 2006. Evaluation of remote sensing based terrestrial productivity from MODIS using regional tower eddy flux network observations. IEEE Transactions on Geoscience and Remote Sensing, 44 (7): 1908-1925.

Hember R A, Coops N C, Black T A, et al. 2010. Simulating gross primary production across a chronosequence of coastal Douglas-fir forest stands with a production efficiency model. Agricultural and Forest Meteorology, 150 (2): 238-253.

Hilker T, Coops N C, Schwalm C R. 2008. Effects of mutual shading of tree crowns on prediction of photosynthetic light-use efficiency in a coastal Douglas-fir forest. Tree Physiology, 28 (6): 825-834.

Hollinger D Y, Goltz S M, Davidson E A, et al. 1999. Seasonal patterns and environmental control of carbon dioxide and water vapour exchange in an ecotonal boreal forest. Global Change Biology, 5 (8): 891-902.

Huemmrich K F, Middleton E M, Drolet G, et al. 2005.Determining ecosystem light use efficiency for carbon exchange from satellite. Boston: Conference on Optical Sensors and Sensing Systems for Natural Resources and Food Safety and Quality.

Huemmrich K F, Privette J L, Mukelabai M, et al. 2005. Time-series validation of MODIS land biophysical products in a Kalahari woodland, Africa. International Journal of Remote Sensing, 26(19): 4381-4398.

Huete A, Didan K, Miura T, et al. 2002. Overview of the radiometric and biophysical performance of the MODIS vegetation indices. Remote Sensing of Environment, 83(1-2): 195-213.

Jarvis P G, Massheder J M, Hale S E, et al. 1997. Seasonal variation of carbon dioxide, water vapor, and energy exchanges of a boreal black spruce forest. Journal of Geophysical Research: Atmospheres,

102(D24): 28953-28966.

Jenkins J P, Richardson A D, Braswell B H, et al. 2007. Refining light-use efficiency calculations for a deciduous forest canopy using simultaneous tower-based carbon flux and radiometric measurements. Agricultural and Forest Meteorology, 143(1-2): 64-79.

Kemanian A R, Stöckle C O, Huggins D R. 2004. Variability of barley radiation - use efficiency. Crop Science, 44(5): 1662-1672.

Kergoat L, Lafont S, Arneth A, et al. 2008. Nitrogen controls plant canopy light-use efficiency in temperate and boreal ecosystems. Journal of Geophysical Research: Biogeosciences, 113(G4): G04017.

Kiniry J R, Simpson C E, Schubert A M, et al. 2005. Peanut leaf area index, light interception, radiation use efficiency, and harvest index at three sites in Texas. Field Crops Research, 91(2-3): 297-306.

Knyazikhin Y, Glassy J, Privette J, et al. 1999. MODIS leaf area index(LAI)and fraction of photosynthetically active radiation absorbed by vegetation(FPAR)product(MOD15)algorithm theoretical basis document. Theoretical Basis Document, NASA Goddard Space Flight Center, Greenbelt, MD 20771.

Knyazikhin Y, Martonchik J V, Myneni R B, et al. 1998. Synergistic algorithm for estimating vegetation canopy leaf area index and fraction of absorbed photosynthetically active radiation from MODIS and MISR data. Journal of Geophysical Research: Atmospheres, 103(D24): 32257-32275.

Kumar M, Monteith J. 1981. Plants and the daylight spectrum. //Smith H. Remote Sensing of Crop Growth. London: Academic Press.

Kumar P V, Srivastava N, Victor U. 1996. Radiation and water use efficiencies of rainfed castor beans(Ricinus communis L.)in relation to different weather parameters. Agricultural and Forest Meteorology, 81(3): 241-253.

Landsberg J J, Waring R H. 1997. A generalised model of forest productivity using simplified concepts of radiation-use efficiency, carbon balance and partitioning. Forest Ecology and Management, 95(3): 209-228.

Law B E, Thornton P E, Irvine J, et al. 2001. Carbon storage and fluxes in ponderosa pine forests at different developmental stages. Global Change Biology, 7(7): 755-777.

Li X, Strahler A H. 1985. Geometric-optical modeling of a conifer forest canopy. IEEE Transactions on Geoscience and Remote Sensing, (5): 705-721.

Liang S, Zheng T, Liu R, et al. 2006. Estimation of incident photosynthetically active radiation from Moderate Resolution Imaging Spectrometer data. Journal of Geophysical Research: Atmospheres, 111: D15208.

Lillesand T M, Kiefer R W, Chipman J W. 2004. Remote Sensing and Image Interpretation. Chichester: John Wiley and Sons Ltd.

Lindroth A, Grelle A, Morén A S. 1998. Long - term measurements of boreal forest carbon balance reveal large temperature sensitivity. Global Change Biology, 4(4): 443-450.

Long S P. 1983. C_4 photosynthesis at low temperatures. Plant Cell and Environmen, 6(4): 345-363.

Long S P, Woolhouse H W. 1978. The responses of net photosysthesis to light and temperature in Spartina townsendii(sensu lato), a C_4 species from a cool temperate climate. Journal of Experimental Botany, 29(4): 803-814.

Los S O, Justice C O, Tucker C J. 1994. A global 1 by 1 NDVI data set for climate studies derived from the

GIMMS continental NDVI data. International Journal of Remote Sensing, 15(17): 3493-3518.

Los S O, North P R J, Grey W M F, et al. 2005. A method to convert AVHRR Normalized Difference Vegetation Index time series to a standard viewing and illumination geometry. Remote Sensing of Environment, 99(4): 400-411.

Markkanen T, Rannik Ü, Keronen P, et al. 2001. Eddy covariance fluxes over a boreal Scots pine forest. Boreal Environment Research, 6(1): 65-78.

Massman W J, Lee X. 2002. Eddy covariance flux corrections and uncertainties in long-term studies of carbon and energy exchanges. Agricultural and Forest Meteorology, 113(1-4): 121-144.

McCallum I, Wagner W, Schmullius C, et al. 2009. Satellite-based terrestrial production efficiency modeling. Carbon Balance and Management, 4(1): 8.

Meroni M, Colombo R. 2006. Leaf level detection of solar induced chlorophyll fluorescence by means of a subnanometer resolution spectroradiometer. Remote Sensing of Environment, 103(4): 438-448.

Meyers T P. 2001. A comparison of summertime water and CO_2 fluxes over rangeland for well watered and drought conditions. Agricultural and Forest Meteorology, 106(3): 205-214.

Monson R K, Turnipseed A A, Sparks J P, et al. 2002. Carbon sequestration in a high-elevation, subalpine forest. Global Change Biology, 8(5): 459-478.

Monteith J L. 1972. Solar radiation and productivity in tropical ecosystems. Journal of Applied Ecology, 9(3): 747-766.

Monteith J, Moss C. 1977. Climate and the efficiency of crop production in Britain [and discussion]. Philosophical Transactions of the Royal Society of London. B, Biological Sciences, 281(980): 277-294.

Muchow R C, Sinclair T R. 1994. Nitrogen response of leaf photosynthesis and canopy radiation use efficiency in field-grown maize and sorghum. Crop Science, 34(3): 721-727.

Myneni R B, Asrar G, Hall F G. 1992. A three-dimensional radiative transfer method for optical remote sensing of vegetated land surfaces. Remote Sensing of Environment, 41(2-3): 105-121.

Nemani R R, Running S W. 1989. Estimation of regional surface resistance to evapotranspiration from NDVI and thermal-IR AVHRR data. Journal of Applied Meteorology, 28(4): 276-284.

Nichol C J, Huemmrich K F, Black T A, et al. 2000. Remote sensing of photosynthetic-light-use efficiency of boreal forest. Agricultural and Forest Meteorology, 101(2-3): 131-142.

Nichol C J, Lloyd J O N, Shibistova O, et al. 2002. Remote sensing of photosynthetic-light-use efficiency of a Siberian boreal forest. Tellus B: Chemical and Physical Meteorology, 54(5): 677-687.

O'Connell M G, O'leary G J, Whitfield D M, et al. 2004. Interception of photosynthetically active radiation and radiation-use efficiency of wheat, field pea and mustard in a semi-arid environment. Field Crops Research, 85(2-3): 111-124.

Ogutu B O, Dash J. 2013. An algorithm to derive the fraction of photosynthetically active radiation absorbed by photosynthetic elements of the canopy (FAPAR (ps)) from eddy covariance flux tower data. New Phytologist, 197(2): 511-523.

Olesen J E, Jørgensen L N, Mortensen J V. 2000. Irrigation strategy, nitrogen application and fungicide control in winter wheat on a sandy soil. II. Radiation interception and conversion. The Journal of Agricultural Science, 134(1): 13-23.

Pangle L, Vose J M, Teskey R O. 2009. Radiation use efficiency in adjacent hardwood and pine forests in the southern Appalachians. Forest Ecology and Management, 257(3):1034-1042.

Peng Y, Gitelson A A. 2011. Application of chlorophyll-related vegetation indices for remote estimation of maize productivity. Agricultural and Forest Meteorology, 151(9): 1267-1276.

Peng Y, Gitelson A A, Sakamoto T. 2013. Remote estimation of gross primary productivity in crops using MODIS 250 m data. Remote Sensing of Environment, 128: 186-196.

Penuelas J, Filella I, Gamon J A. 1995. Assessment of photosynthetic radiation-use efficiency with spectral reflectance. New Phytologist, 131(3): 291-296.

Pereira J S, Mateus J A, Aires L M, et al. 2007. Net ecosystem carbon exchange in three contrasting mediterranean ecosystems. The effect of drought. Biogeosciences, 4(5):791-802.

Pinker R T, Ewing J A. 1985. Modeling surface solar radiation: Model formulation and validation. Journal of Climate and Applied Meteorology, 24(5): 389-401.

Pinker R T, Laszlo I. 1992. Modeling surface solar irradiance for satellite applications on a global scale. Journal of Applied Meteorology, 31(2): 194-211.

Potter C S, Randerson J T, Field C B, et al. 1993. Terrestrial ecosystem production— A process model-based on global satellite and surface data. Global Biogeochemical Cycles, 7(4): 811-841.

Prince S D, Goward S N. 1995. Global primary production: a remote sensing approach. Journal of Biogeography, 22: 815-835.

Rahman A F, Sims D A, Cordova V D, et al. 2005. Potential of MODIS EVI and surface temperature for directly estimating per-pixel ecosystem C fluxes. Geophysical Research Letters, 32(19): L19404.

Rascher U, Liebig M, Lüttge U. 2000. Evaluation of instant light‐response curves of chlorophyll fluorescence parameters obtained with a portable chlorophyll fluorometer on site in the field. Plant, Cell and Environment, 23(12): 1397-1405.

Reichstein M, Tenhunen J D, Roupsard O, et al. 2002. Severe drought effects on ecosystem CO_2 and H_2O fluxes at three Mediterranean evergreen sites: revision of current hypotheses. Global Change Biology, 8(10): 999-1017.

Reynolds M, Foulkes M J, Slafer G A, et al. 2009. Raising yield potential in wheat. Journal of Experimental Botany, 60(7): 1899-1918.

Rosema A, Snel J F H, Zahn H, et al. 1998. The relation between laser-induced chlorophyll fluorescence and photosynthesis. Remote Sensing of Environment, 65(2): 143-154.

Ruimy A, Kergoat L, Bondeau A. 1999. Comparing global models of terrestrial net primary productivity(NPP): analysis of differences in light absorption and light‐use efficiency. Global Change Biology, 5(S1): 56-64.

Ruimy A, Kergoat L, Field C B, et al. 1996. The use of CO_2 flux measurements in models of the global terrestrial carbon budget. Global Change Biology, 2(3): 287-296.

Ruimy A, Saugier B, Dedieu G. 1994. Methodology for the estimation of terrestrial net primary production from remotely sensed data. Journal of Geophysical Research: Atmospheres, 99(D3): 5263-5283.

Running S W, Baldocchi D D, Turner D P, et al. 1999. A global terrestrial monitoring network integrating tower fluxes, flask sampling, ecosystem modeling and EOS satellite data. Remote Sensing of Environment, 70(1): 108-127.

Running S W, Nemani R R, Heinsch F A, et al. 2004. A continuous satellite-derived measure of global terrestrial primary production. Bioscience, 54(6): 547-560.

Running S W, Thornton P E, Nemani R, et al. 2000. Global Terrestrial Gross and Net Primary Productivity from the Earth Observing System.//Methods in Ecosystem Science. New York: Springer: 44-57.

Runyon J, Waring R H, Goward S N, et al. 1994. Environmental limits on net primary production and light-use efficiency across the Oregon Transect. Ecological Applications, 4(2): 226-237.

Schwalm C R, Black T A, Arniro B D, et al. 2006. Photosynthetic light use efficiency of three biomes across an east-west continental-scale transect in Canada. Agricultural and Forest Meteorology, 140(1-4): 269-286.

Sellers P J. 1985. Canopy reflectance, photosynthesis and transpiration. International Journal of Remote Sensing, 6(8): 1335-1372.

Sellers P J, Berry J A, Collatz G J, et al. 1992. Canopy reflectance, photosynthesis, and transpiration. III. A reanalysis using improved leaf models and a new canopy integration scheme. Remote Sensing of Environment, 42(3): 187-216.

Sellers P J, Randall D A, Collatz G J, et al. 1996. A revised land surface parameterization (SiB2) for atmospheric GCMs. Part I: Model formulation. Journal of Climate, 9(4): 676-705.

Sellers P J, Tucker C J, Collatz G J, et al. 1994. A global 1 by 1 NDVI data set for climate studies. Part 2: The generation of global fields of terrestrial biophysical parameters from the NDVI. International Journal of Remote Sensing, 15(17): 3519-3545.

Sims D A, Rahman A F, Cordova V D, et al. 2008. A new model of gross primary productivity for North American ecosystems based solely on the enhanced vegetation index and land surface temperature from MODIS. Remote Sensing of Environment, 112(4): 1633-1646.

Smith M L, Ollinger S V, Martin M E, et al. 2002. Direct estimation of aboveground forest productivity through hyperspectral remote sensing of canopy nitrogen. Ecological Applications, 12(5): 1286-1302.

Still C J, Randerson J T, Fung I Y. 2004. Large-scale plant light-use efficiency inferred from the seasonal cycle of atmospheric CO_2. Global Change Biology, 10(8): 1240-1252.

Stylinski C, Gamon J, Oechel W. 2002. Seasonal patterns of reflectance indices, carotenoid pigments and photosynthesis of evergreen chaparral species. Oecologia, 131(3): 366-374.

Suyker A E, Verma S B. 2001. Year‐round observations of the net ecosystem exchange of carbon dioxide in a native tallgrass prairie. Global Change Biology, 7(3): 279-289.

Tucker C J. 1979. Red and photographic infrared linear combinations for monitoring vegetation. Remote sensing of Environment, 8(2): 127-150.

Turner D P, Cohen W B, Kennedy R E, et al. 1999. Relationships between leaf area index and Landsat TM spectral vegetation indices across three temperate zone sites. Remote Sensing of Environment, 70(1): 52-68.

Turner D P, Gower S T, Cohen W B, et al. 2002. Effects of spatial variability in light use efficiency on satellite-based NPP monitoring. Remote Sensing of Environment, 80(3): 397-405.

Turner D P, Ritts W D, Cohen W B, et al. 2003a. Scaling gross primary production(GPP)over boreal and deciduous forest landscapes in support of MODIS GPP product validation. Remote Sensing of Environment, 88(3): 256-270.

Turner D P, Urbanski S, Bremer D, et al. 2003b. A cross-biome comparison of daily light use efficiency for gross primary production. Global Change Biology, 9(3): 383-395.

Urban O, Janouš D, Acosta M, et al. 2007. Ecophysiological controls over the net ecosystem exchange of mountain spruce stand. Comparison of the response in direct vs. diffuse solar radiation. Global Change Biology, 13(1): 157-168.

Valentini R, De Angelis P, Matteucci G, et al. 1996. Seasonal net carbon dioxide exchange of a beech forest with the atmosphere. Global Change Biology, 2(3): 199-207.

Van Laake P E, Sanchez-Azofeifa G A. 2004. Simplified atmospheric radiative transfer modelling for estimating incident PAR using MODIS atmosphere products Remote Sensing of Environment, 91(1): 98-113.

Veroustraete F, Sabbe H, Eerens H. 2002. Estimation of carbon mass fluxes over Europe using the C-Fix model and Euroflux data. Remote Sensing of Environment, 83(3): 376-399.

Wang Z, Xiao X M, Yan X D. 2010. Modeling gross primary production of maize cropland and degraded grassland in northeastern China. Agricultural and Forest Meteorology, 150(9): 1160-1167.

Wanner W, Li X, Strahler A H. 1995. On the derivation of kernels for kernel-driven models of bidirectional reflectance. Journal of Geophysical Research: Atmospheres, 100(D10): 21077-21089.

Wilson K B, Baldocchi D D. 2000. Seasonal and interannual variability of energy fluxes over a broadleaved temperate deciduous forest in North America. Agricultural and Forest Meteorology, 100(1): 1-18.

Wofsy S C, Goulden M L, Munger J W, et al. 1993. Net exchange of CO_2 in a mid-latitude forest. Science, 260(5112): 1314-1317.

Wu C, Han X, Ni J, et al. 2010a. Estimation of gross primary production in wheat from in situ measurements. International Journal of Applied Earth Observation and Geoinformation, 12(3):183-189.

Wu C Y, Chen J M, Huang N. 2011. Predicting gross primary production from the enhanced vegetation index and photosynthetically active radiation: evaluation and calibration. Remote Sensing of Environment, 115(12): 3424-3435.

Wu C Y, Niu Z, Gao S A. 2010b. Gross primary production estimation from MODIS data with vegetation index and photosynthetically active radiation in maize. Journal of Geophysical Research: Atmospheres, 115: D12127.

Wu C Y, Niu Z, Gao S. 2012. The potential of the satellite derived green chlorophyll index for estimating midday light use efficiency in maize, coniferous forest and grassland. Ecological Indicators, 14(1): 66-73.

Xiao X M. 2006. Light absorption by leaf chlorophyll and maximum light use efficiency. IEEE Transactions on Geoscience and Remote Sensing, 44(7): 1933-1935.

Xiao X M, Braswell B, Zhang Q Y, et al. 2003. Sensitivity of vegetation indices to atmospheric aerosols: Continental-scale observations in Northern Asia. Remote Sensing of Environment, 84(3): 385-392.

Xiao X M, Hollinger D, Aber J, et al. 2004a. Satellite-based modeling of gross primary production in an evergreen needleleaf forest. Remote Sensing of Environment, 89(4): 519-534.

Xiao X M, Zhang Q, Braswell B, et al. 2004b. Modeling gross primary production of temperate deciduous broadleaf forest using satellite images and climate data. Remote Sensing of Environment, 91(2): 256-270.

Xiao X M, Zhang Q Y, Hollinger D, et al. 2005. Modeling gross primary production of an evergreen needleleaf forest using modis and climate data. Ecological Applications, 15(3): 954-969.

Yuan W P, Liu S, Zhou G S, et al. 2007. Deriving a light use efficiency model from eddy covariance flux data for predicting daily gross primary production across biomes. Agricultural and Forest Meteorology, 143 (3-4): 189-207.

Yuan W P, Liu S G, Yu G R, et al. 2010. Global estimates of evapotranspiration and gross primary production based on MODIS and global meteorology data. Remote Sensing of Environment, 114(7): 1416-1431.

Zhang Q Y, Xiao X M, Braswell B, et al. 2005. Estimating light absorption by chlorophyll, leaf and canopy in a deciduous broadleaf forest using MODIS data and a radiative transfer model. Remote Sensing of Environment, 99(3): 357-371.

Zhang Q Y, Middleton E M, Margolis H A, et al. 2009. Can a satellite-derived estimate of the fraction of PAR absorbed by chlorophyll (FAPAR (chl)) improve predictions of light-use efficiency and ecosystem photosynthesis for a boreal aspen forest. Remote Sensing of Environment, 113(4): 880-888.

Zhao M S, Running S W. 2008. Remote sensing of terrestrial primary production and carbon cycle. //Liang S L. Advances in Land Remote Sensing: System, Modeling, Inversion and Application. New York: Springer.

第 3 章　植被冠层多角度高光谱观测：多角度观测和 PRI

3.1　冠层光谱多角度观测必要性

遥感技术因其连续(空间和时间)观测的能力被广泛应用于植被监测，而随着定量遥感研究的深入，森林郁闭度、生物量和生产力等定量参数的估算和反演研究已取得一定的成果。结合植被冠层尺度的碳水通量观测，研究者进行了许多近地面高光谱观测实验，以期提升航空或航天遥感定量研究的能力。从简单地在支架或通量塔架设光谱仪进行单一角度的冠层光谱观测，至铺设轨道获取线状冠层的光谱数据，再到利用旋转设备转动光谱仪探头以获取冠层多角度光谱信息，为近地面遥感提供了多种手段。

单角度的遥感只能得到地面目标一个方向的投影，缺乏足够的信息来推断目标的空间动态结构。而自然界绝大部分的物体均具有各向异性的反射特性，其反射率随传感器的观测角和太阳入射角的变化而变化，称为二向性反射。多角度遥感能够从不同方向观测地表，有助于对二向性反射特性的理解，增强定量反演植被结构和生理参数的能力。相比单一角度的观测方法，多角度遥感更利于定量化研究(张乾等，2016)。Hilker 等(2010)将卫星观测数据与自动多角度光谱观测系统(AMSPEC)的站点观测数据比较，借助双向反射率分布函数(bidirectional reflectance distribution function，BRDF)模型，调整太阳和传感器的几何位置以转换 AMSPEC 数据，使方向散射的影响最小化。可见，多角度光谱观测具有多个观测角度的优势，结合 BRDF 模型可以在一定程度上减小卫星观测和站点尺度之间的差异。因此，基于通量塔的多角度光谱观测系统可获取连续的植被冠层光谱信息，结合卫星和通量观测数据，有助于发展利用多角度卫星遥感数据定量研究的新方法。

3.2　冠层光谱多角度观测方法

3.2.1　自动多角度光谱观测系统

自动多角度光谱观测系统(Hilker et al.，2010)用于观测植被冠层光谱反射率，具有多观测角度、高时间分辨率、连续自动观测的特点。AMSPEC 系统可以自动连续地获取多角度的植被冠层光谱。同时，利用 Matlab 软件设定程序、采集数据，根据研究需要提取光谱曲线、计算植被指数；利用 TeamViewer 软件进行远程操作、传输数据，实现对光谱观测系统的实时监控和光谱数据的信息化管理。

1. 自动多角度光谱观测系统概况

自动多角度光谱观测系统可实现植被冠层光谱反射率的自动多角度连续观测（图 3-1）。系统的光谱采集范围是 300～1100 nm，光谱分辨率为 3.3 nm；观测角范围在水平上观测方位角为 10°～160°、190°～340°，间隔为 10°；垂直上观测天顶角为 42°～62°，间隔为 10°。系统每 5 s 变化一次观测角度，每 15 min 完成一个观测周期，每天共可完成 96 个观测周期，每天的数据量大小约为 10 Mb。当温度低于 0℃时应关闭系统停止观测，避免对光谱仪造成损坏。

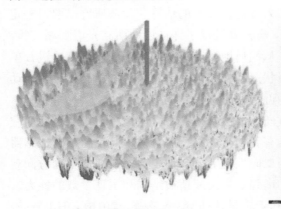

(a) 冠层多角度观测(根据 Hall et al.，2008)　　　　　　　　(b) 长白山站光谱观测设备

图 3-1　自动多角度光谱观测系统示意图

系统主要由塔上观测部分和塔下计算机部分组成（图 3-2），上下部分通过电源线和网线连接。主要仪器和配件包括双通道光谱仪主机（UniSpec-DC，PP Systems，USA）、余弦接收器连接朝上光纤（测定天空光强）、视角调制管连接朝下光纤（采集冠层反射光强）、倾斜旋转云台（PTU-D46-17，Directed Perception Inc.，USA）、云台控制器、信号传输转换器（RS232 转 RJ45、RS232 转 USB）、计算机、网线、串口线等零配件。将光谱仪主机、云台控制器、信号转换器等塔上设备置于户外专用不锈钢防水集成箱中，再将集成箱固定于塔身，避免设备或线路受损。

其中，系统所使用的光谱观测设备——UniSpec-DC 光谱仪，主要应用于小群体水平上测定冠层反射光谱，通过对反射光谱的分析可以了解植物的生理状态。UniSpec-DC 双通道光谱仪克服了所有单通道光谱仪的不足，可同时测定天空的光强和植被的反射，无论自然光强如何变化，均能随时对测定数据进行自动校正，自动将植被反射光谱转换成当时实际光强的反射率，可以全天候进行冠层光谱反射的测定，尤其适合在光强多变的自然条件中。

另外，根据不同野外台站的实际情况，应适当添加辅助设备以保证系统正常运行。例如，①对于夏季高温地区，可在塔上箱子内安装散热风扇，防止温度过高影响仪器运作；②对于供电不稳定的站点，可使用不间断电源（UPS）保证持续供电，一般选择在线

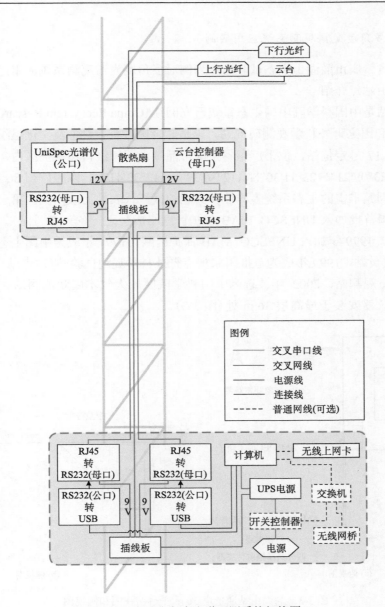

图 3-2　自动多角度光谱观测系统架构图

互动式不间断电源，外接蓄电池供电；若采用后备式不间断电源(与蓄电池一体)，停电短时间内将会使得电源电量耗尽，市电恢复后 UPS 未能自动开启，造成计算机与系统电源也无法开启，观测受影响；③对于通量塔可达性差、进行人工重启电源不方便而又因天气原因需频繁重启的情况，可安装网络智能开关控制器。将系统电源线其中的火线剪断，一头接入控制器公共端，另一头接入控制器常闭端(正常情况下为闭合电路)，设置控制器 IP 地址，并将控制器与交换机相连，即可远程通过 4 路网络控制程序控制系统断电(全开)/供电(全关)。

2. 自动多角度光谱观测系统应用实例

以广东省肇庆市鼎湖山生态试验站点为例对多角度光谱观测系统应用进行描述。

1) 鼎湖山站点介绍

鼎湖山站是中国科学院中国生态系统研究网络(China Ecosystem Research Network, CERN)台站和国家野外科学观测研究站,也是联合国教育、科学及文化组织人与生物圈(MAB)的第 17 号定位站,位于广东省肇庆市鼎湖山国家级自然保护区内,地处南亚热带北缘,居 23°09′21″~23°11′30″N 112°30′39″~112°33′41″E,东距广州 86 km,西离肇庆 18 km。因其丰富的生态系统多样性和典型的区域代表性而成为我国第一个自然保护区,也是我国首批加入 UNESCO MAB 保护区网络成员之一(第 17 号站)。鼎湖山站于 1978 年建站,1979 年加入 UNESCO MAB 保护区网,1991 年成为中国生态系统研究网络(CERN)成员站,1999 年成为首批国家重点野外科学观测试验站(试点站),2002 年成为全国碳通量观测站,2002 年被选为中国科学院区域大气本底观测网站。通量塔平台呈正方形,仪器安装于最高层 36 m 处(图 3-3)。

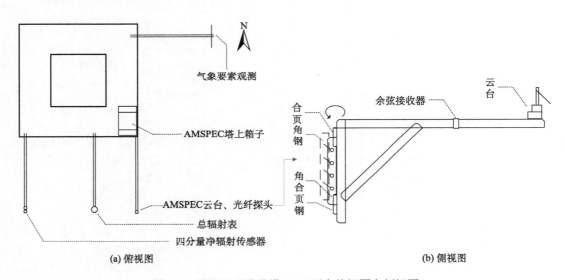

图 3-3　鼎湖山站通量塔 36 m 平台俯视图和侧视图

2) 系统观测程序运行

AMSPEC 系统运行程序在 Matlab 平台编写,由 Hilker Thomas 教授完成并授权。对不同的站点需要对"GetUserData.m"文件中的实际参数进行修改,包括连接云台、光谱仪的串口序号、积分时间、站点经纬度、仪器安装海拔、朝下探头与正南方向的夹角及数据输出路径。

系统线路按照图连接完毕后,打开所有电源开关,光谱仪线路中的塔上转换器的发送信号灯亮起,塔下转换器接收信号灯亮起。此时在 Matlab 界面中点击工具栏"GUIDE"

按钮，在"Open Existing GUI"对话框中选择打开"AmspecController"文件，在"AmspecController.fig"窗口中点击工具栏"Run figure"按钮。云台及光谱仪两个通道（CH1、CH2）初始化成功后即会自动弹出实时窗口（图 3-4），左侧显示植被反射辐射曲线（蓝）、太阳辐射曲线（红）和植被反射率曲线（绿），右上方显示观测方位角（bearing）和观测天顶角（zenith）数据；若系统安装有与朝下光纤同步的摄像头，则右下方显示实时监控画面。

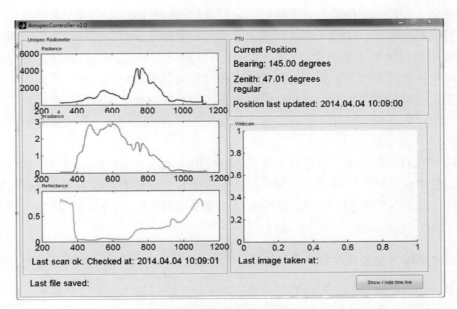

图 3-4 自动多角度光谱观测系统实时窗口界面

3）观测前白板校正

正式观测前需在塔上对光谱仪作白板校正观测。将连接余弦接收器的朝上探头水平固定接受太阳光，将白色参比板垂直对准套有视角调制管的朝下探头，距离大约 5 cm，确保参比板不受遮挡，连续观测 15 min。根据白板校正观测数据，计算中心波长 λ nm 处的白板校正参数 ρ'_λ：

$$\rho'_\lambda = \frac{CH2_\lambda}{CH1_\lambda} \tag{3-1}$$

式中，$CH2_\lambda$ 为中心波长 λ nm 处的白板反射辐射；$CH1_\lambda$ 为同一时刻同一波段的太阳辐射。所有光谱反射率数据在使用前都需要除以对应波段的白板校正参数值。

4）系统数据储存

自动多角度光谱观测系统每 15 min 一个观测周期的数据将自动保存至一个".mat"文件，利用 Matlab 软件打开。每一个".mat"文件由 Amspec、Log 结构体组成。进入 Amspec 结构体，系统数据记录的变量包括 CHL1（下行辐射）、CHL2（上行辐射）、时间、太阳天顶角、太阳方位角、月亮天顶角、月亮方位角、观测天顶角、观测方位角、云台内部观测天顶角、云台内部观测方位角、光合有效辐射、光谱仪电压、光谱仪温度。双击可读取各个变量矩阵的数值，矩阵每一行记录不同时刻的数据，另外 CHL1 和 CHL2 矩阵中每一列记录各个波段在不同时刻的数据值，256 个波段共计 256 列。

5）系统数据处理

利用 Matlab 软件编写程序可处理系统采集的所有变量，提取每个观测周期内、各观测角度下、300～1100 nm 每 3.3 nm 间隔的各波段经过白板参数校正的反射率值。程序内容主要包括：①调用结构体中太阳辐射、冠层反射辐射矩阵，逐一提取各波段的太阳辐射和冠层反射辐射值；②输入各波段预先计算的白板校正参数，根据太阳辐射值、冠层反射辐射值和白板校正参数值，由此逐一计算各波段白板校正后的冠层光谱反射率；③调用结构体观测天顶角、观测方位角矩阵和仪器内置天顶角、内置方位角矩阵，提取每条观测记录对应的观测天顶角和观测方位角，若有缺省数据则根据仪器内置天顶角与内置方位角计算还原。据此，可获得带有角度信息的全波段（300～1100 nm）冠层光谱反射率值。

针对不同的研究对象，可提取光谱曲线或提取全波段光谱反射率信息中的中心波长与指数反射率波段相接近的波段反射率。例如，计算某一观测角度下的光化学植被指数 PRI 瞬时值，式（2-2）中 531 nm 和 570 nm 处的光谱反射率（R_{531}、R_{570}）采用的光谱仪波段分别为 529.2～532.5 nm、569.3～572.6 nm。

3.2.2 双光谱仪自动多角度观测系统

用于获取植被指数的 AMEPEC 系统固定架设于通量塔上，在此基础上，新增加了一个更高光谱分辨率的传感器协同观测。已有传感器（$SPEC_{Full}$）覆盖 300～1100 nm 的光谱范围，光谱分辨率达到 3.0 nm，主要用来探测可见-近红外反射率光谱，并提取对植被光合敏感光谱指数；新增传感器（$SPEC_{Fluo}$）覆盖 650～800 nm 的光谱范围，光谱分辨率达到亚纳米级别，为 0.3～0.4 nm，主要覆盖大气氧吸收波段，用来估算日光诱导叶绿素荧光（sun-induced chlorophyll fluorescence，SIF）等。

整套光谱观测系统（图 3-5）包括：①与 $SPEC_{Fluo}$ 连接的上视 CC-3 余弦校正辐照度探测仪（Ocean Optics Inc.，USA）和与 $SPEC_{Full}$ 连接的装有余弦矫正器（UNI435；PP Systems）的光纤探头（UNI686；PP Systems）；②与 $SPEC_{Fluo}$ 连接的下视裸露光纤探头和与 $SPEC_{Full}$ 连接的装有 15°视场角限制器（UNI688；PPSystems）的光纤探头（UNI684；PP Systems）；③$SPEC_{Full}$ 光纤探头上装载的 PTUD46 高精度云台（FLIR Systems Inc.，USA），实现自动倾斜旋转和角度数据实时传输；④a UniSpec-DC 双通道便携式光谱分析仪（PP Systems Inc.，USA）；④b QE Pro 高灵敏度光谱仪（Ocean Optics Inc.，USA）；⑤控制计算机与多路转换器间使用 RS232 串口线连接，光谱仪与计算机之间使用 USB2.0 接口连接；⑥冷却降温系统能有效控制箱子中的温度，减少光谱漂移和探测器噪声。其详细搭设架构如图 3-5 所示。

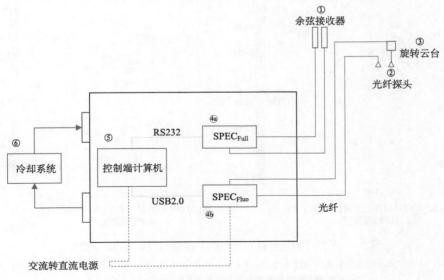

图 3-5　双光谱仪自动多角度观测系统架构

3.3　基于多角度观测的 PRI 角度效应

3.3.1　PRI 的角度效应分析

本节研究以鼎湖山站为研究区，植被冠层光谱数据由上述多角度光谱观测系统获得。首先，检索光谱仪数据。然后，使用白板校正参数和中心波长值来控制数据质量，白板是用于测量的标准漫反射参考。除去异常值后，从数据中提取 531 nm 和 570 nm 波长的树冠反射率，计算不同观测角度下的 PRI 值。

多角度观测结果表明，PRI 随观测角度变化而变化，它与在不同观察角度下产生的植被冠层结构和不同的环境因素有关。图 3-6(a) 显示了 2014 年 7 月 13 日 10：30～10：45 的光谱观测结果，当时太阳方位角为 111°，太阳天顶角约为 21°。图 3-6(b) 显示了 2014 年 11 月 13 日 10：30～10：45 的光谱观测结果，当时太阳方位角约为 160°，太阳天顶角约为 51°。图 3-6(a) 显示 PRI 在几乎彼此接近的不同观察角度下没有显著变化。图 3-6(b) 显示了 PRI 从不同角度观察的变化。后向散射方向上的 PRI 值通常高于前向散射方向。当 VAA 约为 135°时，它接近太阳入射方位角（后向散射方向），并且 PRI 的值大于 315°的 VAA（此时为前向散射方向）。

3.3.2　多角度观测 PRI 与 LUE

鼎湖山站的涡度通量观测系统安装于通量塔 27 m 处，以 10 Hz 的频率自动存储 CO_2 和 H_2O 通量数据，并以 30 min 为间隔计算平均通量数据。此外，植被冠层上方的气象测量包括冠层入射辐射、空气温度、饱和水蒸气压、降水和土壤湿度等。净 CO_2 交换量

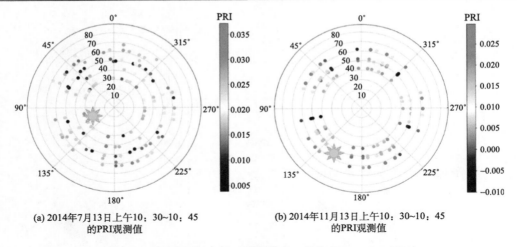

(a) 2014年7月13日上午10：30~10：45　　　　　(b) 2014年11月13日上午10：30~10：45
　　　的PRI观测值　　　　　　　　　　　　　　　　　的PRI观测值

图 3-6　不同时刻极坐标下观测的 PRI 分布 (Ma et al.，2020)

黄色符号表示半球中的太阳位置，用太阳方位角 (SAA) 和太阳天顶角 (SZA) 描述。PRI 是在不同的观测天顶角 (VZA 范围为
0°~90°) 和不同的观测方位角 (VAA 范围为 0°~360°) 下获得的

(NEE) 根据 CO_2 储存通量和通量观测值获得的湍流来计算，而 R_e 是白天的生态系统呼吸，通过夜间 NEE 与 5 cm 深度的土壤温度之间的经验关系计算获得。GPP 和 LUE 使用以下公式估算：

$$GPP = R_e - NEE \tag{3-2}$$

$$LUE = \frac{GPP}{PAR \times FPAR} \tag{3-3}$$

PAR 是指植被冠层顶部的入射辐射，通常可以从气象观测中获得。FPAR 的一部分是指植被冠层的绿色部分吸收的 PAR 与总 PAR 的比率。它可以从遥感数据中获得。FPAR 可以计算如下 (Liu et al.，2017)：

$$FPAR = \frac{(NDVI - NDVI_{min})(FPAR_{max} - FPAR_{min})}{NDVI_{max} - NDVI_{min}} + FPAR_{min} \tag{3-4}$$

式中，$NDVI_{min}$ 和 $NDVI_{max}$ 分别为 5% 和 98% 的植被覆盖率的 NDVI 值，根据观测区植被冠层结构特征，$NDVI_{min}=0.01$，$NDVI_{max}=0.5$ (江东等，2002)；$FPAR_{min}$ 和 $FPAR_{max}$ 分别为最小和最大 FPAR 值，通常分别假定为 0.001 和 0.95 (Sellers et al.，1994)；FPAR 为通过 NDVI 估算方法获得的，而每个波段的植被反射率是通过自动多角度光谱系统获得的。NDVI 可以计算如下：

$$NDVI = \frac{R_{850} - R_{680}}{R_{850} + R_{680}} \tag{3-5}$$

式中，R_{850} 和 R_{680} 为通过自动多角度光谱系统观察到的植物叶片在 850 nm 和 680 nm 处的反射率。

1. $R_{531}+R_{570}$、$R_{531}-R_{570}$、PRI 与 LUE 的变化情况

基于鼎湖山生态试验站于 2014 年 4 月至 2015 年 3 月期间观测的光谱数据和通量数

据，我们将 $R_{531}+R_{570}$、$R_{531}-R_{570}$、PRI 与 LUE 的变化情况统计如图 3-7 和图 3-8 所示。
图 3-7 横坐标表示由 2014 年 4 月开始计算的日序数，左侧纵坐标表示 531 nm 和 570 nm
两波段处光谱反射率的和与差，右侧纵坐标表示 PRI 的数值。由图片可知，$R_{531}-R_{570}$ 的
变化较小，$R_{531}+R_{570}$ 和 PRI 的数值有一定的波动。在日序数为 110～160，即对应的日期
为 2014 年 7～8 月的生长季时，PRI 的波动较小。在日序数为 220～250，以及 300～350，
即对应的日期为 11～12 月，以及次年 2～3 月时，PRI 的波动较大，且当日序数为 220
和 340 左右时，$R_{531}+R_{570}$ 的波动也最为强烈。

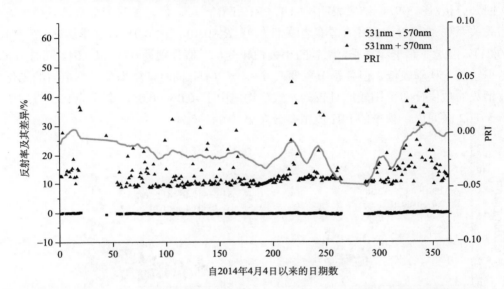

图 3-7　2014 年 4 月至 2015 年 3 月期间 $R_{531}+R_{570}$、$R_{531}-R_{570}$ 与 PRI 的变化情况

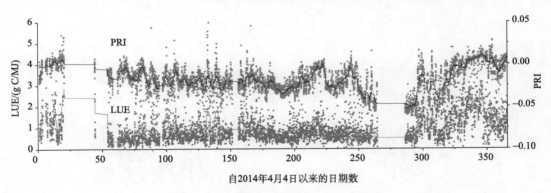

图 3-8　2014 年 4 月至 2015 年 3 月期间 PRI 与 LUE 的变化情况

由图 3-8 可知，LUE 和 PRI 的变化趋势大体上较为一致，波动情况略有不同。但是
在日序数为 0～20 即 2014 年 4 月时，PRI 和 LUE 的变化趋势相反，这可能是仪器刚假
设好的阶段数据不够稳定造成的。在日序数为 130～150 和 330～350 即对应日期为 2014
年 8 月和 2015 年 3 月时，LUE 的变化波动比 PRI 的变化波动更加显著。

2. LUE-PRI 关系的分析

　　遵循鼎湖山生态试验站冬夏季较长、春秋季较短的特殊气候特征，参考我国华南地区根据温度、降水量及温度-降水量矢量场所形成的划分方法，将季节划分如下（简茂球，1994）：4月为春季，5～9月为夏季，10月为秋季，11月至次年3月为冬季。以涡度相关通量观测获取的 LUE 数据和自动多角度光谱观测系统获取的 PRI 数据为基础，在经过 LUE 异常值剔除、白板校正光谱反射率等数据质量控制之后，对 LUE 和 PRI 进行一元二次回归分析（图3-9），结果表明：LUE-PRI 在春、夏、秋、冬四个季节具有极显著的正相关关系（$p<0.01$），其中冬季的相关性最好（$R^2=0.40$，$p<0.01$），秋季次之（$R^2=0.16$，$p<0.01$），但是在春季和夏季，两者的相关性较弱，R^2值分别为0.09和0.04。同时，LUE 在冬季较高，秋季较低，但各季节主要在0～4 gC/MJ。同时，夏季和冬季植被的光化学植被指数的数值分布范围较广且较为一致，均集中于−0.06～0.02，春季的 PRI 值主要分布于±0.02区间内，秋季的 PRI 值主要分布于−0.04～0.00。

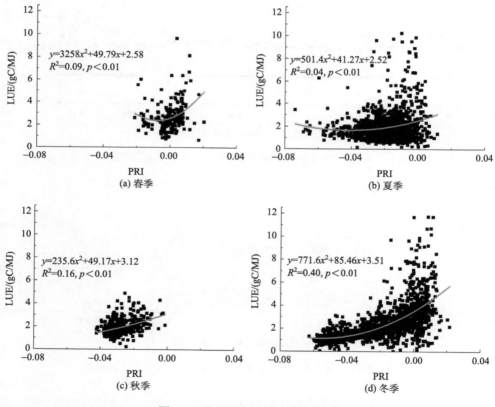

图3-9　季节尺度 LUE-PRI 相关性

　　其次，对2014年4月至2015年3月期间月尺度 PRI 对 LUE 的表征能力进行分析（图3-10），发现 PRI 表征 LUE 的能力各月份差异较明显，其中，在11月和次年1月表征能

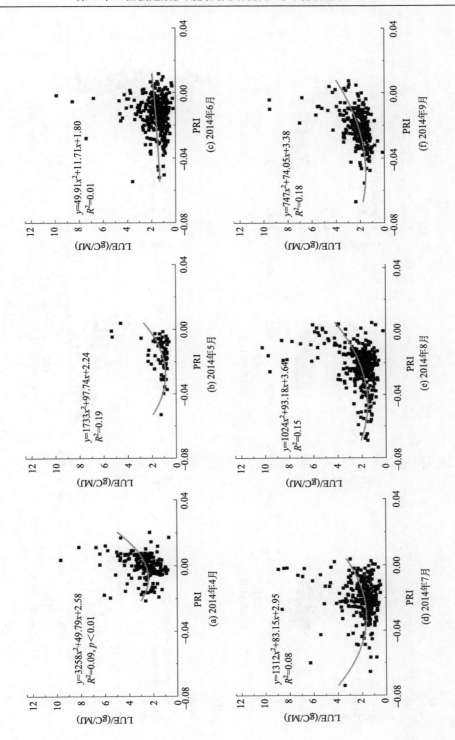

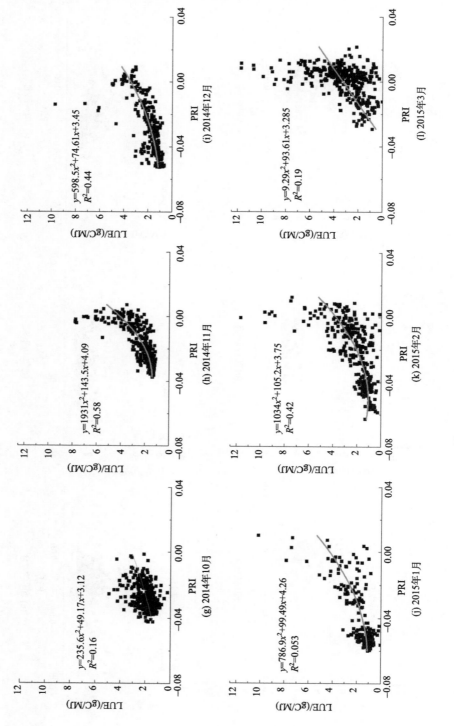

图 3-10　月尺度 LUE-PRI 相关性

力较强(分别为 58%、53%)，在 12 月和次年 2 月次之(表征能力分别为 44%和 42%)，然而在其他月份，PRI 对 LUE 的表征能力较弱(表征能力均在 20%以下)。结合鼎湖山生态试验站的气候情况(表 3-1)，4～9 月为雨季，VPD 的平均值在 0.5 左右，而在这期间的 4～8 月，LUE-PRI 的相关关系较弱。尤其是在 6～7 月的梅雨季节，VPD 值均高达 0.62 左右，同时 LUE-PRI 的相关性达到低谷，直至 9 月降雨逐渐减少，VPD 值下降为 0.36，两者的相关性才有所提高。而在降水相对较少，VPD 均值在 0.35 左右的 11 月至次年 1 月，LUE-PRI 的相关关系显著增强，PRI 可以表征 44%～58%的 LUE 动态变化情况。过多的降水会导致光纤光谱仪的光谱观测结果发生重大误差，这可能是降水对 LUE-PRI 的相关性产生影响的重要原因。但是，在 VPD 相近的 4 月和 2 月，LUE-PRI 的相关性却相差较大，R^2 值分别为 0.09 和 0.42。从表 3-1 可以看出这两月的 PAR 值相差较小，但平均温度却相差 7 ℃，这可能是导致这两个月 LUE-PRI 的相关性差异大的重要原因，也说明 T_a 是影响 LUE-PRI 之间相关性程度的要素之一。此外，在邻近的 5 月和 6 月，PRI 对 LUE 的表征程度相差近 20 倍。从环境因子的变化来看，这两个月的 T_a 和 VPD 都比较相近，而 PAR 值相差了 20 J，这说明 PRI 对 LUE 的表征程度对 PAR 的动态变化同样十分敏感。

表 3-1　2014 年 4 月至 2015 年 3 月各环境因子平均值

月份	PAR/J	T_a/℃	VPD
4	134	21.19	0.30
5	284	27.71	0.60
6	262	27.09	0.62
7	254	28.28	0.62
8	223	27.28	0.47
9	240	26.33	0.36
10	250	23.39	0.45
11	156	18.11	0.20
12	168	11.54	0.36
1	201	13.35	0.49
2	124	14.28	0.32
3	80	14.72	0.16

3. LUE、PRI 与环境因素的关系

影响 LUE 和 PRI 关系的因素有很多，包括环境因素和非环境因素。本节基于 PAR、T_a 和 VPD 三个环境要素，探讨在鼎湖山站其对 LUE-PRI 相关性的影响情况，同时对比了各环境要素分别与 PRI 和 LUE 的相关性情况。结果表明，不同环境变量对 LUE-PRI 的影响差异较大，其中 PAR 对 PRI 和 LUE 的影响较为明显，并且在冬季 1 月 PRI-PAR 的相关性达到峰值。而在温度较高、降水较多的夏季，LUE-PRI 和 LUE-PAR 的相关性在 6 月均出现最低值，PRI-PAR 的相关性在 7 月也处于低谷，同期 LUE-PRI、PRI-VPD、LUE-VPD、LUE-T_a 相关性均较差。从各曲线的变化趋势来看，无论是季节尺度还是月尺度，PRI-PAR 和 LUE-PAR 相关性大小的变化趋势与 LUE-PRI 的相关性大小变化趋势基本一致。结合鼎湖山生态试验站环境因素的观测情况，我们发现冬季的 PAR 值较低，植被对 PAR 的变化较敏感，叶黄素循环更易进行，导致 PRI 发生了变化，同时光能利用效率增强，LUE-PRI 及其与环境变量的相关关系均较显著(图 3-11)。

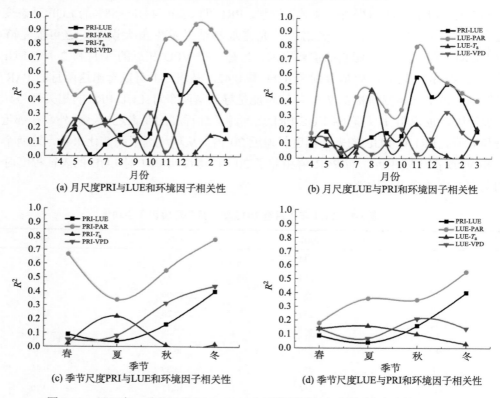

图 3-11　月尺度、季节尺度 PRI、LUE 与环境因子的相关性(李焱沐等，2017)

从季节角度来看，PRI-VPD、LUE-VPD 的相关性变化趋势与 PRI-LUE 变化趋势也基本吻合，且两者的相关性大小数值十分接近，但从月尺度角度出发，两者的变化趋势和相关性大小差异较大。联系鼎湖山地区的气候情况，4~9 月为鼎湖山地区的雨季，雨量较充沛，雨季的 LUE-PRI 相关性与旱季相比较差，且 PRI、LUE 与各环境变量的 R^2 值均处于较低水平。且夏季温度较高，光合作用有关酶的催化活性降低，持续的降雨造成 VPD 较大，导致大气湿度饱和，叶片表皮细胞吸水膨胀，挤压了保卫细胞，促使气孔关闭，从而限制了 CO_2 的供应，使得光合作用能力下降(王三根，2013)，光能利用效率降低，导致 LUE-T_a、LUE-VPD 相关性较弱。而 PRI-T_a 和 LUE-T_a 相关性的变化趋势及其 R^2 值大小与 LUE-PRI 的情况均有较大差异。由此推断，温度对 PRI 表征 LUE 的能力的影响小于前两者。

总之，PRI 能够在一定程度上追踪 LUE 的动态变化，但是 LUE-PRI 相关性季节差异较大，在秋冬季节相关性较强，夏季较弱。LUE-PRI 相关性的变化趋势与 PRI-PAR 和 LUE-PAR 的变化趋势基本一致，与 PRI-VPD 和 LUE-VPD 的变化趋势和 R^2 值大小较吻合，与 PRI-T_a 和 LUE-T_a 的相关性情况存在较大差异。因此，LUE-PRI 的相关性受 PAR 影响最大，VPD 次之，T_a 对其影响最小。

3.3.3 角度校正的 PRI 与 LUE

1. BRDF 校正的 PRI 与 LUE

核驱动的 BRDF 模型已广泛用于地面测量和卫星遥感观测。植被冠层 BRDF 的半经验核驱动模型通常包括描述各向同性、几何光学散射和体积散射效应的三个核的线性组合（Roujean et al.，1992）。各向同性散射假设冠层中的叶片是随机分布的，并具有朗伯表面的特征。几何光学散射归因于植被冠层的形状，体积散射描述了由树冠内部引起的散射效果（Roujean et al.，1992）。BRDF 模型可以分解为各向同性散射、体积散射和几何光学散射三个权重的总和。其中，Ross-Thick 核用于描述体积散射，Li-Sparse 核用于描述几何光学散射。BRDF 模型可以表示为

$$R(\theta_s, \theta_v, \phi) = k_0 + k_1 F_1(\theta_s, \theta_v, \phi) + k_2 F_2(\theta_s, \theta_v, \phi) + \cdots + k_n F_n(\theta_s, \theta_v, \phi) + \cdots \quad (3-6)$$

式中，θ_s、θ_v 和 ϕ 分别为太阳天顶角、观测天顶角和相对方位角；F_i 为基于物理或经验考虑的先验核函数，而 k_i 为基于观测值的系数（Hilker et al.，2008；Jia et al.，2018）。使用最小二乘法计算每个 F_i 对应的系数 k_i。

本小节利用 2014 年 4 月至 2015 年 3 月在鼎湖山针阔混交林的多角度光谱观测数据进行了基于 BRDF 模型的 PRI 角度校正，结果表明，使用 BRDF 模型校正后的 PRI 与通

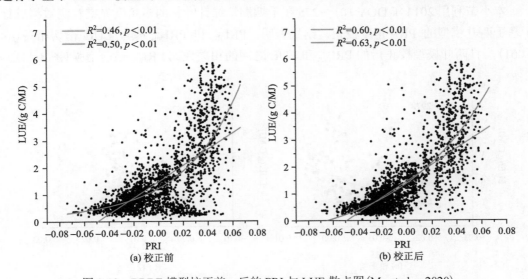

图 3-12 BRDF 模型校正前、后的 PRI 与 LUE 散点图（Ma et al.，2020）

量观测的 LUE 线性相关关系($R^2 = 0.46$, $p < 0.01$)相比于校正前的 PRI($R^2 = 0.60$, $p < 0.01$)提高了 30%。此外，相比于线性拟合(红线)，指数函数(绿线)可以更好地拟合 PRI 与 LUE 的相关关系(图 3-12)。

2. 两叶模型校正的 PRI 与 LUE

区别于常见的大叶模型，将植被冠层视为光照叶片(阳叶)和阴影叶片(阴叶)两部分。根据四尺度模型(Chen and Leblanc，1997)，在不同角度观测到的冠层反射率由 4 个组分构成：

$$R_{can} = R_T \times P_T + R_G \times P_G + R_S \times P_S + R_Z \times P_Z \tag{3-7}$$

式中，P_T 和 P_S 分别为阳叶和阴叶所占比例；P_G 和 P_Z 分别为光照背景和阴影背景的比例；R_T 和 R_S 分别为阳叶和阴叶的反射率；R_G 和 R_Z 分别为光照背景和阴影背景的反射率。其中阳叶比例 P_T 可近似于叶片反射率，则阴叶比例 P_S 可表示为

$$P_S = 1 - P_T - P_{VG} \tag{3-8}$$

式中，P_{VG} 为在观测视角(θ_v)下的光照和阴影背景所占比例，可由下式计算：

$$P_{VG} = e^{-0.5\Omega \times LAI / \cos\theta_v} \tag{3-9}$$

由于土壤背景的 PRI 可以忽略，那么不同观测角度下的 PRI 可以分为两部分：

$$PRI_{obs} = P_T \times PRI_{sun} + P_S \times PRI_{sh} \tag{3-10}$$

利用短时间内的多角度 PRI 观测数据，基于式(3-10)利用最小二乘法计算出阳叶的 PRI(PRI_{sun})和阴叶的 PRI(PRI_{sh})。那么冠层总的 PRI_{can} 可以计算获得：

$$PRI_{can} = PRI_{sun} \times \frac{LAI_{sun}}{LAI} + PRI_{sh} \times \frac{LAI_{sh}}{LAI} \tag{3-11}$$

本小节利用 2014 年 DOY 101～275 在千烟洲常绿针叶林的多角度光谱观测数据进行了基于两叶模型的 PRI 角度校正，结果表明，PRI_{obs} 和 PRI_{can} 都与 LUE 密切相关($p < 0.001$)，且两叶模型校正后的 PRI_{can} 和 LUE 之间的相关性比 PRI_{obs} 显著增强(图 3-13)。

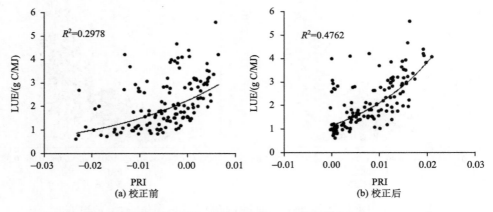

图 3-13　两叶模型校正前、后的 PRI 与 LUE 散点图(Zhang et al., 2017)

参 考 文 献

简茂球. 1994. 华南地区气候季节的划分. 中山大学学报: 自然科学版, 33(2): 131-133.

江东, 王乃斌, 杨小唤, 等. 2002. 吸收光合有效辐射的时序变化特征及与作物产量的响应关系. 农业系统科学与综合研究, 18(1): 51-54.

李焱沐, 王绍强, 钱钊晖, 等. 2017. 亚热带针阔混交林光化学植被指数与光能利用效率关系研究. 地理研究, 36(11): 2239-2250.

王三根. 2013. 植物生理生化. 北京: 中国林业出版社.

张乾, 居为民, 杨风亭. 2016. 森林冠层多角度高光谱观测系统的实现与分析. 南京林业大学学报: 自然科学版, 40(3): 107.

Chen J M, Leblanc S G. 1997. A four-scale bidirectional reflectance model based on canopy architecture. IEEE Transactions on Geoscience and Remote Sensing, 35(5): 1316-1337.

Hall F G, Hilker T, Coops N C, et al. 2008. Multi-angle remote sensing of forest light use efficiency by observing PRI variation with canopy shadow fraction. Remote Sensing of Environment, 112(7): 3201-3211.

Hilker T, Coops N C, Hall F G, et al. 2008. Separating physiologically and directionally induced changes in PRI using BRDF models. Remote Sensing of Environment, 112(6): 2777-2788.

Hilker T, Nesic Z, Coops N C, et al. 2010. A new, automated, multiangular radiometer instrument for tower-based observations of canopy reflectance (AMSPEC II). Instrumentation Science and Technology, 38(5): 319-340.

Jia W, Coops N C, Tortini R, et al. 2018. Remote sensing of variation of light use efficiency in two age classes of Douglas-fir. Remote Sensing of Environment, 219: 284-297.

Liu L, Guan L, Liu X. 2017. Directly estimating diurnal changes in gpp for c3 and c4 crops using far-red sun-induced chlorophyll fluorescence. Agricultural and Forest Meteorology, 232: 1-9.

Ma L, Wang S Q, Chen J H, et al. 2020. Relationship between light use efficiency and photochemical reflectance index corrected using a BRDF model at a subtropical mixed forest. Remote Sensing, 12(3): 550.

Roujean J L, Leroy M, Deschamps P Y. 1992. A bidirectional reflectance model of the Earth's surface for the correction of remote sensing data. Journal of Geophysical Research: Atmospheres, 97(D18): 20455-20468.

Sellers P J, Tucker C J, Collatz G J, et al. 1994. A global 1-degrees-by-1-degrees ndvi data set for climate studies. 2. The generation of global fields of terrestrial biophysical parameters from the NDVI. International Journal of Remote Sensing, 15(17): 3519-3545.

Zhang Q, Chen J, Ju W, et al. 2017. Improving the ability of the photochemical reflectance index to track canopy light use efficiency through differentiating sunlit and shaded leaves. Remote Sensing of Environment, 194: 1-15.

第 4 章　植被冠层日光诱导叶绿素荧光近地面观测技术及规范

4.1　植被叶绿素荧光遥感原理介绍

日光诱导叶绿素荧光(SIF)是指叶绿素分子吸收光量子(主要是指蓝光和红光)，被激发的叶绿素重新发射光子回到基态而产生的一种光信号，光谱范围为 650～800 nm，并且在 685 nm 和 740 nm 处各有一个峰值(Baker，2008)。在自然光条件下，植被释放叶绿素荧光只占植被反射太阳辐射的 1%～5%，是非常微弱的光学信号，难以准确测量(Grace et al.，2007；Zarco-Tejada et al.，2013)。然而，由于太阳大气层中存在许多从太阳中蒸发出来的大量元素气体，因此当太阳光经过太阳与地球的大气层到达地球时，太阳光中与这些元素特征谱线相同的光都被吸收，导致在地球表面上观察到的太阳光谱在连续光谱背景下有许多波段宽度为 0.1～10 nm 的暗线，即夫琅禾费暗线和地球大气吸收暗线。在红光与近红外波段，存在 3 条较为显著的暗线：氢吸收在 656 nm 形成的 Hα 暗线，地球大气氧分子吸收在 760 nm 和 687 nm 附近形成的 O_2-A 和 O_2-B 暗线。当太阳光照射到植被并被反射出来时，在夫琅禾费暗线和地球大气吸收暗线波段，植被反射光也很微弱，而植被发射的 SIF 可以对某些波段的暗线进行一定的填充，产生明显的反射峰(Schlau-Cohen and Berry，2015)。荧光遥感的技术方法就是比较太阳辐射光谱线深度与植物辐射光谱线深度，测量来自植物的荧光辐射将暗线填充的程度。通过比较暗线处太阳辐射值与植被反射辐亮度值差异得出 SIF 值，就是夫琅禾费暗线填充法(Fraunhofer line discriminator，FLD)(刘良云等，2006)。因此，对到达冠层顶部的入射太阳辐射和植被反射辐射进行观测，采用一定的反演方法即可求出冠层顶部 SIF 值。

SIF 可以反映植被的光合作用状态，被誉为"光合探针"。植被吸收的光能有三个去向，分别是光合作用、热耗散和荧光。植被用于光合作用的能量不足吸收光能的 20%，而大部分能量通过热耗散释放，少部分能量通过荧光形式释放。由于这三种能量紧密相关，存在着此消彼长的关系，因此在吸收太阳辐射能量一定的情况下，可以通过观测荧光更为直接地探测植被的光合作用等有关信息(Frankenberg et al.，2013，2011)。相比植被指数，SIF 更能够反映植被的光合动态变化，因此逐渐成为陆地生态系统生产力估算的研究热点。在全球和季节尺度上，卫星反演得到的近红外波段的 SIF 与模拟得到的 GPP 呈现较好的线性关系，但不同生态系统差异明显(章钊颖等，2019)。同时，观测与模拟研究表明，受环境因素影响，叶片和冠层的 SIF 与光合作用的关系呈非线性，尤其是在短时间尺度上(Paul-Limoges et al.，2018；Wieneke et al.，2018)。这表明 SIF 与 GPP

的关系还受到其他因素如植被的冠层结构与环境要素影响。因此，为了利用荧光遥感信息估算生产力，确定不同时间、空间尺度下的荧光与生产力的关系，对不同生态系统和环境条件下冠层荧光和光合作用的长期连续同步观测十分重要。

4.2　近地面植被冠层叶绿素荧光观测

4.2.1　植被冠层叶绿素荧光观测原理及方法

在不同的生态系统和环境条件下对冠层 SIF 和光合作用的长期同步连续观测，有利于为基于 SIF 的不同生态系统的生产力估算模型提供有效的数据，同时可以对卫星数据作为验证参考，对当前正在发展的基于叶绿素荧光遥感的光合作用探测及全球碳循环模拟有重要意义（Balzarolo et al.，2011；Meroni et al.，2011）。自然光照条件下测定的植被反射的辐照度光谱既包括太阳光诱导荧光的发射光谱，又包括叶片对入射光的反射光谱。由于荧光发射光谱和植被冠层反射光谱是混合在一起的，所以从冠层光谱中提取荧光光谱首先需要精准的观测。随着光学观测技术的发展及长时间连续 SIF 观测需求增加，近地面 SIF 观测逐渐发展起来。为了提取微弱的 SIF 信号，需实现高光谱分辨率（亚纳米）的太阳入射光和冠层反射光近乎同步的观测。然而，市面上可用的光谱仪种类有限，且只能接收一个光路，若要同时获取太阳入射光和冠层反射光，需将一个光路转换为两个。另外，光谱仪运行环境要求高，为降低噪声的干扰，需将光谱仪放置在恒温箱内。为实现这一目标，过去十年间不同理念和架构的光谱观测系统不断涌现。

TriFLEX 系统（Daumard et al.，2010）被设计用来观测氧气吸收 A 和 B 波段的冠层荧光，该系统耦合了三台光谱仪，以分别且同步获取太阳入射光谱和氧气吸收 A、B 波段的冠层反射光谱，实现了 1 Hz 的连续光谱数据采集频率。Cogliati 等（2015）采用了一种新的仪器架构，将高分辨率光谱仪与光学多路复用器固定于恒温箱内，在短时间内通过太阳入射光和冠层反射光的切换进行交替观测，使观测系统更稳定且精度更高。随后，Julitta 等（2016）将整套观测系统进行了集成，形成了 FloX 产品。FloX 包含了两个光谱仪（一个高光谱分辨率光谱仪，一个宽观测波长范围的光谱仪），每个光谱仪通过分叉光纤实现了几乎对太阳入射辐射和地物反射辐射的同时观测。近年来，仍不断有新的冠层尺度的 SIF 观测系统被制造出来，如 FluoSpec 系统（Yang et al.，2018，2015）、AutoSIF 系统（Xu et al.，2018；Zhou et al.，2016）、PhotoSpec 系统（Grossmann et al.，2018）及 SIFprism（Zhang et al.，2019）等。这些系统均使用更高光谱分辨率和信噪比的光谱仪，用于不同目的的实验观测。用于大田长期观测的系统构造逐渐统一，不同系统间的区别在于如何同时进行太阳入射光和冠层发射光的观测，以此可将目前应用较广的观测系统分为两大类：一是采用一分为二的"Y"形分叉光纤接入光谱仪，再通过光路切换开关外接太阳入射光和冠层反射光两个光路的光纤；二是采用单芯光纤接入光谱仪，在光纤终端设置太阳入射光和冠层反射光的输入口和光路切换装置。

4.2.2 塔基植被叶绿素荧光遥感自动观测系统

植被叶绿素荧光自动观测系统，包括高光谱采集及其控制系统、数据存储及传输系统、温度及防尘控制系统、内嵌式荧光反演算法和附属接口组件等，可将该观测系统安装于森林站、草原站和农田站，与涡度相关通量观测同步进行。硬件包括恒温箱、光谱仪、光路拆分光纤或同类拆分光路设备、光路切换设备、普通光纤、余弦校正器等。目前商用光谱仪中最适宜 SIF 观测的型号为 Ocean Optics 的 QE pro 光纤光谱仪，同时搭配 HR2000 或 FLAME 用于冠层反射率的观测。为确保光谱仪能在野外多变的环境条件下，保持在恒温环境下运行，并且保证运行环境湿度在合理范围内，需将光谱仪密封在温控箱中，内置 TEC 降温设备以精准控温，使恒温室内的温度变化控制在 (25±1) ℃，并放置干燥剂除湿。依据上文所述的两种架构的观测系统，以国产 SIFprism 和 SIFspec 系统为例分别介绍。

SIFspec（Du et al.，2019）采用上文所述第一种架构[图 4-1（a）]，光谱仪进光口连接一个"Y"形分叉光纤，将一个光路分为两个，分叉光纤的两个光路连接到一个光路切换开关上。开关通过标配数据线与光谱仪连接，通过光谱仪与计算机的连接接收指令，进行光路切换的操作。开关另一端外接两个长光纤，构成两个光路，用于太阳入射光和冠层反射光的观测。光路 1 配合余弦校正器使用，测太阳入射光谱。光路 2 为裸光纤，测冠层反射光谱，瞬时视场角为 22.5°，也可安装余弦校正器，测半球入射光。

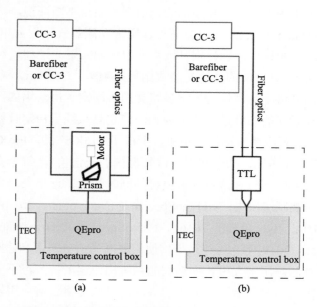

图 4-1　两种光谱观测系统构造图（Zhang et al.，2019）

CC-3：余弦校正器；Barefiber or CC-3：裸光纤或余弦校正器；Fiber optics：光纤光路；TTL：电子转换开关；Motor：电机；Prism：棱镜；TEC：温控系统；QEpro：QEpro 光谱仪；Temperature control box：温控箱

　　SIFprism(Zhang et al.，2019)按照上文所述第二种架构设计[图 4-1(b)]，光谱仪进光口与单芯光纤一端连接，光纤另一端接入棱镜腔室的出光口。棱镜腔室是一个装有直角反光棱镜的密封腔体，可将光路一分为二并在两个光路间进行切换。棱镜由美国 Edmund Optics 公司生产销售，为直角三角柱体，直角所对的面覆盖一层镀铝氟化镁的反射涂层，可全反射 200~1000 nm 波长的光。棱镜两个直角面，直角面 I 进入的光打到反射面上，光传播方向改变 90°，由直角面 II 射出。腔体为长方体，有两个进光孔，对称分布在两个相对的面上，孔中心在一条直线上，分别接收太阳和冠层两个光路的入射光。一个出光孔在另外一个面上，垂直于孔中心的直线与进光孔所在直线垂直，且两条线的交点在两个进光孔的中心位置，棱镜反射面的中心点与此交点重合。棱镜直角面 II 始终与出光孔所在面平行，另一个直角面 I 与两个进光孔所在面平行，可将进光孔射入的光反射 90°到出光孔。反射面固定在棱镜基座，基座与电机相连，电机控制基座旋转 180°，使直角面 II 在两个进光孔之间切换，某一时刻仅一个进光孔的光可反射到达出光孔，以此达到将光路一分为二并实现光路间切换的目的。

　　不论硬件架构如何，不同观测系统另外一个核心软件控制系统的组成相似，主要由光谱仪的初始化、光谱仪积分时间优化、光谱仪扫描、数据采集、数据存储、反射率和荧光的计算等部分组成。由于野外天气不确定性，以及光谱仪记录数值范围有限，为达到光谱仪最佳的探测效果，既不使记录数据过小，也不使记录数据饱和，采用自动优化积分时间的方法，通过光强度变化自动调节采集光谱的时间，保证采集到的光谱信号精确有效。计算公式为

$$T = \mathrm{IT} \times \frac{\mathrm{targetDN}}{\mathrm{max}} \tag{4-1}$$

式中，IT 为自定义的初始积分时间；targetDN 为用户自定义的理想光谱仪记录值；max 为在用户自定义 IT 时间内采集到的光谱最大的光谱仪记录值。采用自动优化积分时间之后，光谱仪记录的值始终在理想的记录值范围内，光照强度减弱时，积分时间会增强，光照强度增加时，积分时间相应减弱。同时，为系统设定最大积分时间，若积分时间达到最大积分时间时，无论记录值是否达到理想状态均进行记录，防止出现积分时间无穷大的情况。

　　观测的具体流程：光路转至太阳入射光观测光路，按照初始积分时间采集一条太阳入射光谱，计算优化的积分时间，然后按照优化的积分时间观测一条太阳入射光谱并记录数据，随后关闭光谱仪内部光路开关，按优化的积分时间记录一条暗电流，即没有光进入光谱仪而由光谱仪自身产生的噪声数据。然后光路切换至冠层反射光观测光路，重复以上步骤以获取冠层反射光谱和对应的暗电流。光谱数据采集后根据各光路的辐射定标系数计算辐亮度/辐照度值，进而计算反射率并反演荧光，可实时显示图形和数值，以供目视检查数据质量。观测和计算的数据宜按照既定格式实时存储，以免仪器故障造成数据丢失。图 4-2(a)为观测系统软件界面，显示有：优化的积分时间；两台光谱仪平行采集光谱；辐照度、辐亮度、反射率的实时计算和可视化；日光诱导叶绿素荧光的实时

计算和可视化；以及系统温湿度等信息。图 4-2(b) 为 2019 年 8 月 20 日句容站水稻中午 11:48 观测的太阳入射光谱和冠层反射光谱示例。

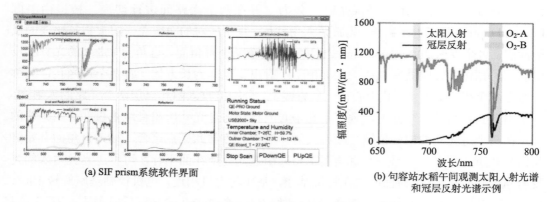

(a) SIF prism系统软件界面

(b) 句容站水稻午间观测太阳入射光谱
和冠层反射光谱示例

图 4-2　植被叶绿素荧光观测系统及观测结果示例

4.2.3　植被叶绿素荧光多角度观测

光学遥感观测受到冠层的二向性反射的影响，单一角度的观测混杂植被的生理信息和观测几何造成的非生理信息，影响遥感参数的直接应用，特别是 SIF 在光合生理监测的应用中，需考虑去除非生理信息的影响，而进行多角度观测是很好的一种解决方案。

多角度观测仍采用上述观测系统，但需在观测冠层反射光的裸光纤末端增加可水平垂直旋转的云台，以改变观测角度(图 4-3)。将光纤安装在一个 45° 的支架上，使探头与垂直方向呈 45° 向下观测植被冠层。支架安装在 FLIR 公司提供的云台上，型号为 PTU-D46-17.5W。云台旋转头安装在室外，通过数据线与云台控制器相连。旋转头水平旋转范围是 -159°～159°，垂直旋转范围是 -42°～37°，安装 45° 的支架后，探头观测天顶角的垂直范围改为 3°～82°。云台方位角每 10° 一个步长，观测范围 60°～300°(以南为原点)，天顶角模拟实时的太阳天顶角，但当太阳天顶角大于 40° 时，观测天顶角设为 40°。当云台旋转至某个角度之后，开始按照 4.2.2 节中所述流程进行光谱的采集，采集结束后再转至下一个角度。

多角度观测每半小时完成水平一圈的观测，采集 25～27 个样本。不同角度观测的 SIF 受观测几何的影响明显，如图 4-4 所示，于 2019 年 5 月 6 日采集的小麦 SIF 多角度观测数据，红光和远红光 SIF 的日变化均呈现出随观测角度变化的波动性特征。

4.2.4　地面叶绿素荧光联网观测

随着植被叶绿素荧光遥感时代的到来，用"叶绿素荧光点亮地球"将成为可能。美国、日本和欧洲发达国家和地区先后发射了监测温室气体排放和叶绿素荧光的卫星，发展了陆地生态系统的高光谱监测系统，并相继在通量网基础上构建光谱研究网络(SpecNET、EuroSpec 和 BioSpec)，让我们认识到加快我国陆地生态系统光谱联网观测

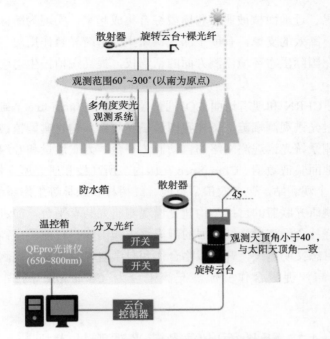

图 4-3　多角度观测系统构造图及安装示意图

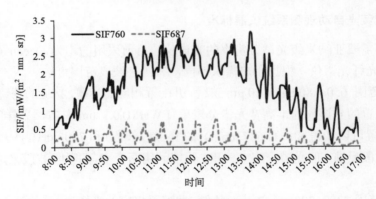

图 4-4　多角度红光和远红光 SIF 日变化

2019 年 5 月 6 日采集于商丘站

的紧迫性。开展大范围多站点联网观测，构建精确捕捉生态系统生产力、植被物候、生物量变化趋势的技术和方法，有利于提升生态系统野外台站的联网观测能力，推动信息科学、生态系统生态学、植物物候学和植被地理学等学科的有机结合。

中国生态系统研究网络不断拓展延伸的生态监测需求，对自身的完善和发展也提出了新的技术需求。一方面，通过构建近地面遥感系统，引入基于新技术、新方法的监测手段，实现样地数据与广域数据的结合，发展"天-地-空一体化观测"多尺度立体综合监测技术体系，弥补高空遥感数据与地面数据之间的近地面数据尺度空缺；另一方面，引入生态系统日光诱导叶绿素荧光自动监测平台，扩展台站单点数据监测能力，将涡度相关通量塔、卫星、近地面植被遥感和模型综合集成起来，实现为跨区域、跨学科的生态领域科研提供更高效的支撑，有助于深入认识生态系统光合作用对气候变化的响应和适应，增强我国在国际生态环境监测方面的话语权，提高在植被生态学科领域的科研水平和国际影响力。

ChinaSpec 在 CERN 和现有地面 CO_2 通量监测网络 ChinaFlux 基础上，建立高光谱及日光诱导叶绿素光谱观测规范，依托我国通量观测塔，构建典型植被生态系统的多角度高光谱自动探测系统光谱观测网络的自动监测平台，为碳通量和叶绿素荧光通量的卫星遥感反演提供地面验证数据。ChinaSpec 在国内多所高校和研究所支持下于 2017 年建成，目前拥有 15 个观测站，包含农田、草地、红树林和森林等生态系统类型。

中国光谱观测研究联盟的目标是构建光谱观测研究共享平台，促进国内外交流，推动协同创新，围绕社会经济可持续发展的国家需求和国际科技前沿，针对全球变化、区域可持续发展和生态文明建设，开展战略合作和科学研究。各站点观测数据依照站点负责人意愿对外公布，促进合作交流，交流平台为 ChinaSpec 网站 https://chinaspec.nju.edu.cn。

4.3 近地面叶绿素荧光观测技术规范

4.3.1 叶绿素荧光自动观测系统仪器标准

荧光观测需要亚纳米级光谱分辨率的光谱仪，目前采用的均为 Ocean Optics 的 QE Pro 高灵敏度光纤光谱仪，根据用户需求不同，有两种波段范围可选。

（1）波长范围 650～800 nm，10 μm 狭缝，并配置相应的光栅，狭缝的滤镜选择 590 nm 左右。此种配置的光谱仪的半高宽光谱分辨率（FWHM）0.3 nm 左右，采样间隔 0.17 nm 左右。该种配置可以涵盖 SIF 的 687 nm（O_2 的 B 吸收波段）和 760 nm（O_2 的 A 吸收波段）两个常用的波段反演，但光谱分辨率较粗，只能利用两个 O_2 的吸收波段来进行 SIF 的反演计算。

（2）波长范围 730～780 nm，25 μm 狭缝，并配置相应的光栅，狭缝的滤镜选择 695 nm 左右。此种配置的 FWHM 0.17 nm 左右，采样间隔 0.08 nm 左右。该种配置仅涵盖 SIF 的近红外波段，可以进行 760 nm 处的 SIF 反演，光谱分辨率稍高，但会相应地导致 QE Pro 光谱仪的透光量减少，积分时间增长。

光谱仪主要配件有以下几个。

（1）直通光纤，2 根 5m（根据需要调整长度），芯径 1000 μm 或者 600 μm，1000 μm 光纤的透光量高，600 μm 透过率次之。2 根光纤用于连接光路切换器的两端进光口，以进行太阳辐照度和地物辐亮度的采集。

（2）短直通光纤，1 根 1m，芯径 1000 μm 或者 600 μm，用于连接光谱仪和光路切换器的进光口，安装在箱子内。

（3）余弦校正器 CC-3，2 个，用于太阳辐照度的采集，与长的直通光纤连接。

(4)双通道光路切换器 1 个,用于实现太阳辐照度和地物辐亮度的光路切换,分别连接 2 根长的光纤和短的光纤。

(5)微型控制计算机 1 个,IP65 防水防尘,用于控制光谱仪和数据采集。

设备工作温度须高于–20℃低于 50℃,不论采用哪个波长范围的光谱仪,为获取高质量的数据,应尽量使其在恒温干燥的环境中运行。普遍的做法是将光谱仪密封在温控箱中,内置 TEC 降温设备或同类设备以精准控温,使恒温室内的温度变化控制在(25±1)℃,避免光谱仪运行温度过高,并放置干燥剂除湿,防止水汽附着于电路板和电荷耦合元件(CCD),确保光谱仪能在野外环境变化恶劣的条件下,保持在恒温环境下运行,并且保证运行环境湿度在合理范围内。

4.3.2　植被叶绿素荧光观测系统野外安装规范

植被荧光自动观测系统应在无人值守的情况下,长期连续地对植物冠层光谱进行观测,进而反演 SIF,因此在系统野外安装时需保证系统所有部件位置精准且稳定。

安装时,两根光纤前端安装在光纤固定装置上,尽量保证上下竖直,其中朝上的光纤接余弦校正器,测太阳入射光谱,另一个朝下的光纤可使用裸光纤或接余弦校正器,测冠层反射光谱(图 4-5)。为避免塔的阴影对余弦校正器造成影响,水平杆一般朝向南方。集成仪器箱放置于户外百叶箱内或采用其他遮盖措施,避免阳光直晒和降雨。为保证系统在野外运行稳定,可配置一部稳压器 UPS 提供电压稳定的电源。

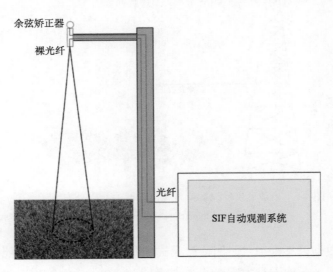

图 4-5　植被叶绿素荧光 SIFprism 系统野外安装示意图
引自:http://chinaspec.nju.edu.cn

系统可安装光纤余弦校正器防尘防鸟装置,该装置可避免余弦安装在野外环境中鸟类活动及灰尘沉降对余弦校正器进光造成干扰,保证数据质量。

4.3.3　植被冠层叶绿素荧光观测方式规范

太阳入射光谱的采集需要利用裸光纤(barefiber)配合余弦校正器(CC-3)进行半球范围内的观测,而冠层反射光谱的采集可采用裸光纤直接进行锥体的观测,也可配合余弦校正器进行半球的观测(图4-6)。因此,塔基荧光观测可采用双半球或半球–锥体两种方式。两种方式各有利弊,双半球观测需保证光纤末端和余弦校正器垂直安装,且由于余弦视场较广(90%信号来自144°视场内)(Liu et al.,2017),光纤安装高度无须太高即可获得较大的观测范围,但同时会受到非植被对象特别是观测塔对信号的影响;半球–锥体观测方式受限于裸光纤的视场角(25°),为保证一定大小的观测范围,须安装在较高的高度,对于冠层高度较高的植被观测难度较大,但裸光纤的观测角度可在一定范围内改变(Zhang et al.,2019)。两种观测方式的适用性不同,双半球观测方式适合冠层异质性较高或冠层较高而安装高度有限的情况;半球–锥体观测方式适合冠层低矮或较匀质的情况,且适用于多角度观测;此外,若冠层面积有限,如控制实验小区观测,宜选取半球–锥体观测方式。

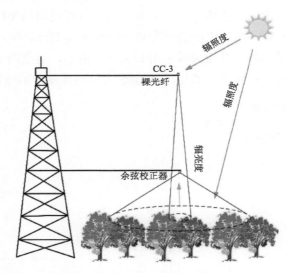

图 4-6　植被冠层叶绿素荧光 SIFprism 系统野外安装示意图
引自:http://chinaspec.nju.edu.cn

观测系统的数据采集采用"三明治"模式,即光谱仪按照太阳入照、地物反射、太阳入照的顺序,记录两次下行太阳入照光谱信号、一次上行地物反射光谱信号。具体流程如图4-7所示。

(1)软件控制系统启动,QE Pro 光谱仪开始观测。首先,利用电子快门切断下视光路(裸光纤),打开上视光路(余弦探头),太阳入照光进入分叉光纤被光谱仪接收,确定积分时间 IT_1,然后切断上视光路,记录观测系统的暗电流 DC_1,最后,打开上视光路,记录太阳入照光谱信号 $DN_{下1}$。

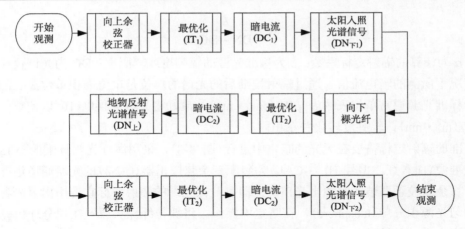

图 4-7　数据观测流程示意图

(2)切断上视光路,打开下视光路,地物上行辐射进入分叉光纤被光谱仪接收,确定积分时间 IT_2,然后切断下视光路,记录观测系统的暗电流 DC_2,最后,打开下视光路,记录地物上行辐射光谱信号 $DN_{上}$。

(3)同理重复步骤(1),光谱仪记录观测数据 IT_2、DC_2 和 $DN_{下2}$,在记录第二次下行太阳入照光谱信号 $DN_{下2}$ 完成时,一组"三明治"式数据记录完成。间隔 3~5min 之后,进行下一组"三明治"式数据的测量。

为保证系统长期运行稳定,应定期重启系统或在无须观测期间停止运行,以防止机械疲劳,如在不进行观测的夜间停止光谱仪的供电,开始观测前若干小时再恢复光谱仪的工作,重启计算机以使系统恢复初始状态,保证长期连续工作的稳定性。

4.3.4　植被叶绿素荧光野外观测系统辐射定标规范

SIF 反演首先需要将光谱仪记录的无物理意义的数值转换为具有物理意义的辐照度 $[mW/(m^2 \cdot nm)]$ 或者辐亮度的单位 $[mW/(m^2 \cdot nm \cdot sr)]$,因此需对观测系统整个光路系统进行辐射定标,且对裸光纤和连接余弦校正器的光路分别定标。

荧光自动观测系统辐射定标可采用实验室辐射定标方法或野外辐射定标方法。

实验室辐射定标是指用一台已知光谱输出功率的灯来校准光谱仪每个像元下的响应强度,由积分球、控制系统、光源、仪器调整和固定结构几部分组成。将光纤探头固定于积分球的出光口,实验室的积分球可以在 350~2400 nm 波长之间产生稳定、均一且定量化的光学辐射,由积分球控制系统控制光源的强弱并记录实时反馈回来的辐射亮度值及相关参数,通过确定传感器接收积分球的实际辐亮度与其对应的数字量化数值的定量关系,来对传感器的辐射参数进行检校和标定。绝对辐射定标改变了整个光谱的形状和大小,校正了仪器的单个仪器响应函数(IRF),并将光谱仪所测的 digital number(DN)转化为物理量。定标系数由以下公式计算:

$$\alpha = \frac{L}{DN - DC} \tag{4-2}$$

式中，α 为计算的辐射定标系数；L 为标准光源的辐亮度或辐照度；DC 为光谱仪在不进光的情况下所测的暗电流值。通过辐射校准后的光谱的单位是单位面积单位波长的功率输出，标准光源通常单位表达为 $\mu W/(cm^2 \cdot nm)$，最好将其数值乘以 10 以使单位转化为 $mW/(m^2 \cdot nm)$，辐亮度转化关系相同。

精准的辐射定标需要在无光的暗室中进行(图 4-8)，采用海洋光学标配的 VIS-NIR 辐射校准源(卤素灯，型号 HL-3-CAL)为装配有余弦校正器(CC-3)的光路通道进行辐射定标，将余弦校正器装入光源出光口测光即可。裸光纤的辐射定标宜选用出射光各向同性的均匀光源积分球(labsphere)，在暗室中操作，将裸光纤探头放置在积分球出光口测光，采集光谱时尽量避免其他光源的干扰。

图 4-8　暗室积分球定标裸光纤

引自：http://chinaspec.nju.edu.cn

由于积分球定标无法在野外观测中进行，因此裸光纤的野外定标方法(图 4-9)为选择晴天天气，在光纤探头下方放置已知反射率的标准反射板进行太阳反射光的观测，避免反射板存在阴影，同时利用另外一台已做绝对辐射定标的光谱仪同步测量反射板，计算太阳反射光的辐亮度，以此为标准辐亮度，计算待定标光谱仪裸光纤通道的绝对辐射定标系数。

绝对辐射定标视仪器运行环境而定，易积尘环境以每月两次为标准，清洁环境以每月一次为标准。余弦校正器仍然可以用 HL-3-CAL 光源进行野外定标，但应对光源进行遮盖，避免外界杂散光的影响。

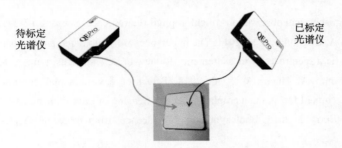

待标定
光谱仪

已标定
光谱仪

图 4-9　室外标准定标光谱仪与反射板定标裸光纤

引自：http://chinaspec.nju.edu.cn

参 考 文 献

刘良云, 张永江, 王纪华, 等. 2006. 利用夫琅和费暗线探测自然光条件下的植被光合作用荧光研究. 遥感学报, 10(1): 130-137.

章钊颖, 王松寒, 邱博, 等. 2019. 日光诱导叶绿素荧光遥感反演及碳循环应用进展. 遥感学报, 23(1): 37-52.

Baker N R. 2008. Chlorophyll fluorescence: a probe of photosynthesis *in vivo*. Annual Review of Plant Biology, 59: 89-113.

Balzarolo M, Anderson K, Nichol C, et al. 2011. Ground-based optical measurements at European flux sites: a review of methods, instruments and current controversies. Sensors, 11(8): 7954-7981.

Cogliati S, Rossini M, Julitta T, et al. 2015. Continuous and long-term measurements of reflectance and sun-induced chlorophyll fluorescence by using novel automated field spectroscopy systems. Remote Sensing of Environment, 164: 270-281.

Daumard F, Champagne S, Fournier A, et al. 2010. A field platform for continuous measurement of canopy fluorescence. IEEE Transactions on Geoscience and Remote Sensing, 48(9): 3358-3368.

Du S, Liu L, Liu X, et al. 2019. SIFSpec: measuring solar-induced chlorophyll fluorescence observations for remote sensing of photosynthesis. Sensors, 19(13): 3009.

Frankenberg C, Fisher J B, Worden J, et al. 2011. New global observations of the terrestrial carbon cycle from GOSAT: patterns of plant fluorescence with gross primary productivity. Geophysical Research Letters, 38(17): 351-365.

Frankenberg C, Berry J, Guanter L, et al. 2013. Remote sensing of terrestrial chlorophyll fluorescence from space. SPIE Newsroom, Art. No. 4725.

Grace J, Nichol C, Disney M, et al. 2007. Can we measure terrestrial photosynthesis from space directly, using spectral reflectance and fluorescence. Global Change Biology, 13(7): 1484-1497.

Grossmann K, Frankenberg C, Magney T S, et al. 2018. PhotoSpec: a new instrument to measure spatially distributed red and far-red Solar-Induced Chlorophyll Fluorescence. Remote Sensing of Environment, 216: 311-327.

Julitta T, Corp L A, Rossini M, et al. 2016. Comparison of sun-induced chlorophyll fluorescence estimates obtained from four portable field spectroradiometers. Remote Sensing, 8(2): 122.

Liu X, Liu L, Hu J, et al. 2017. Modeling the footprint and equivalent radiance transfer path length for tower-based hemispherical observations of chlorophyll fluorescence. Sensors, 17(5): 1131.

Meroni M, Barducci A, Cogliati S, et al. 2011. The hyperspectral irradiometer, a new instrument for long-term and unattended field spectroscopy measurements. Review of Scientific Instruments, 82(4): 043106.

Paul-Limoges E, Damm A, Hueni A, et al. 2018. Effect of environmental conditions on sun-induced fluorescence in a mixed forest and a cropland. Remote Sensing of Environment, 219: 310-323.

Schlau-Cohen G S, Berry J. 2015. Photosynthetic fluorescence, from molecule to planet. Physics Today, 68(9): 66-67.

Wieneke S, Burkart A, Cendrero-Mateo M, et al. 2018. Linking photosynthesis and sun-induced fluorescence at sub-daily to seasonal scales. Remote Sensing of Environment, 219: 247-258.

Xu S, Liu Z, Zhao L, et al. 2018. Diurnal response of sun-induced fluorescence and PRI to water stress in maize using a near-surface remote sensing platform. Remote Sensing, 10(10): 1510.

Yang X, Tang J, Mustard J F, et al. 2015. Solar - induced chlorophyll fluorescence that correlates with canopy photosynthesis on diurnal and seasonal scales in a temperate deciduous forest. Geophysical Research Letters, 42(8): 2977-2987.

Yang X, Shi H, Stovall A, et al. 2018. FluoSpec 2—an automated field spectroscopy system to monitor canopy solar-induced fluorescence. Sensors, 18(7): 2063.

Zarco-Tejada P J, Catalina A, González M, et al. 2013. Relationships between net photosynthesis and steady-state chlorophyll fluorescence retrieved from airborne hyperspectral imagery. Remote Sensing of Environment, 136: 247-258.

Zhang Q, Zhang X, Li Z, et al. 2019. Comparison of Bi-hemispherical and hemispherical-conical configurations for in situ measurements of solar-induced chlorophyll fluorescence. Remote Sensing, 11(22): 2642.

Zhou X, Liu Z, Xu S, et al. 2016. An automated comparative observation system for sun-induced chlorophyll fluorescence of vegetation canopies. Sensors, 16(6): 775.

第 5 章　植被日光诱导叶绿素荧光遥感反演方法

5.1　吸收波段的叶绿素荧光填充效应

在到达地表的太阳光谱中，由于太阳大气和地球大气对特定波长辐射的吸收，存在许多细小的暗线。这些暗线的宽度在 0.1～10 nm，其中有些暗线的中心强度比其相邻谱区低 10%以上。由于叶绿素荧光是发射光谱，不受太阳和地球大气吸收的影响，所以，叶绿素荧光光谱会对太阳光谱中的吸收波段产生一定的填充作用，导致观测的表观反射率光谱（包含叶绿素荧光的贡献）在这些吸收波段表现出明显的尖峰（图 5-1）。

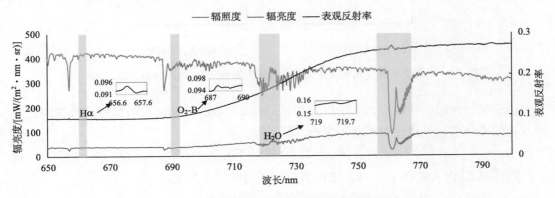

图 5-1　SIF 自动观测系统观测的光谱数据示例

与地表反射辐射信号相比，叶绿素荧光发射信号十分微弱，且与反射辐射混叠在一起。为了将微弱的叶绿素荧光信号分离出来，需要利用其对吸收波段的填充效应。通过比较有无荧光贡献的光谱吸收波段相对深度，即可将叶绿素荧光强度反演出来，这一原理被称为夫琅禾费暗线填充原理（Fraunhofer line discrimination，FLD）。夫琅禾费暗线填充原理是自然条件下日光诱导叶绿素荧光遥感反演的最有效方法，基于这一原理，国内外学者提出了一系列叶绿素荧光遥感反演算法。

5.2　单波段叶绿素荧光反演算法

5.2.1　标准 FLD 反演算法

标准 FLD 算法假定吸收线处的叶绿素荧光和植被反射率光谱是不变的，并利用参考板或参考地物测量太阳入射光谱，通过建立吸收谷内外两个波长的辐亮度光谱方程，即可计算叶绿素荧光和光谱反射率（Plascyk and Gabriel，1975）。

图 5-2 表示了夫琅禾费暗线填充原理的示意图。图中，I_{in} 和 I_{out} 分别为吸收线内外到达冠层顶部的入射太阳辐亮度；L_{in} 和 L_{out} 分别为观测到吸收线内外冠层上行辐亮度，因此：

$$\left.\begin{aligned} L_{in} &= I_{in} \times R_{in} + SIF_{in} \\ L_{out} &= I_{out} \times R_{out} + SIF_{out} \end{aligned}\right\} \tag{5-1}$$

式中，R_{in} 和 R_{out} 分别为吸收线内外的反射率；SIF_{in} 和 SIF_{out} 分别为吸收线内外的叶绿素荧光。由于式(5-1)包含 4 个未知数(R_{in}, R_{out}, SIF_{in}, SIF_{out})，必须做一定的简化才可解出。

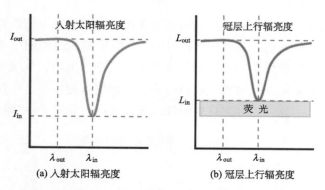

图 5-2　叶绿素荧光反演的夫琅禾费暗线填充原理示意图(Alonso et al., 2008)

由于吸收波段往往很窄，标准 FLD 算法(Plascyk and Gabriel，1975)假定吸收线处的叶绿素荧光和植被光谱反射率是不变的，即

$$R_{in} = R_{out}, \ SIF_{in} = SIF_{out} \tag{5-2}$$

将式(5-2)代入式(5-1)，即可求出吸收线处的叶绿素荧光：

$$SIF_{in} = \frac{I_{out} \times L_{in} - I_{in} \times L_{out}}{I_{out} - I_{in}} \tag{5-3}$$

标准 FLD 算法实现起来非常简单，仅需要吸收线内外各一个波段即可估算叶绿素荧光强度。但是，在实际情况中，荧光和反射率光谱都不是恒定不变的，即使吸收线内外波段相距很近，也会存在一定的差别，这就会给叶绿素荧光反演带来很大的误差和不确定性。

5.2.2　3FLD 反演算法

为了弥补标准 FLD 算法(sFLD)算法原理上的缺陷，减小荧光反演误差，Maier 等(2003)提出了三波段 FLD 算法(3 bands FLD, 3FLD)。与 sFLD 算法不同，3FLD 算法假设在吸收波段周围叶绿素荧光和反射率光谱是线性变化的(也就是吸收波段周围的入射辐亮度和冠层上行辐亮度也是线性变化的)，利用吸收线左右各一个波段的加权平均值来代替 sFLD 算法中单一的参考波段(吸收线外波段)，即令

$$\left.\begin{aligned} I_{out} &= \omega_{left} \times I_{left} + \omega_{right} \times I_{right} \\ L_{out} &= \omega_{left} \times L_{left} + \omega_{right} \times L_{right} \end{aligned}\right\} \tag{5-4}$$

式中，

$$\omega_{\text{left}} = \frac{\lambda_{\text{right}} - \lambda_{\text{in}}}{\lambda_{\text{right}} - \lambda_{\text{left}}}, \quad \omega_{\text{right}} = \frac{\lambda_{\text{in}} - \lambda_{\text{left}}}{\lambda_{\text{right}} - \lambda_{\text{left}}} \tag{5-5}$$

λ_{in}、λ_{left}、λ_{right} 分别为吸收线内、左、右波段的波长。将式(5-4)代入式(5-3)，可以求得

$$\text{SIF}_{\text{in}} = \frac{\left(I_{\text{left}} \times \omega_{\text{left}} + I_{\text{right}} \times \omega_{\text{right}}\right) \times L_{\text{in}} - I_{\text{in}} \times \left(L_{\text{left}} \times \omega_{\text{left}} + L_{\text{right}} \times \omega_{\text{right}}\right)}{\left\{\left[\left(I_{\text{left}} \times \omega_{\text{left}} + I_{\text{right}} \times \omega_{\text{right}}\right) - I_{\text{in}}\right]\right\}} \tag{5-6}$$

3FLD 算法在很大程度上减小了 sFLD 方法中荧光和反射率恒定的假设所带来的误差，而且操作也相对简便，仅需要吸收线左、右和吸收线内三个波段。但是实际情况中吸收线处的荧光和反射率光谱并非线性变化，特别是对 $O_2\text{-B}$ 波段来说更是如此。因此，3FLD 方法也存在很大的局限性。

5.2.3　iFLD 反演算法

针对 3FLD 方法中对荧光和反射率线性变换假设的局限性，Alonso 等(2008)提出了一种新的改进的 FLD 算法(improved FLD, iFLD)。iFLD 方法不再对吸收线附近荧光和反射率曲线的变化规律进行假设，而是引入了两个校正系数 α_{R} 和 α_{F}，来表示吸收线内外荧光和反射率的比值，即

$$\alpha_{\text{R}} = \frac{R_{\text{out}}}{R_{\text{in}}}, \quad \alpha_{\text{F}} = \frac{\text{SIF}_{\text{out}}}{\text{SIF}_{\text{in}}} \tag{5-7}$$

然而，在实际情况中，由于荧光和反射率光谱都是未知量，α_{R} 和 α_{F} 显然是无法直接得到的，叶绿素荧光反演的问题就转化为对 α_{R} 和 α_{F} 进行最优估计的问题。

由于叶绿素荧光对太阳或地球大气吸收线的填充效应，包含荧光贡献的冠层表观反射率(apparent reflectance)在吸收线处会出现明显的尖峰，如图 5-3 所示。如果将吸收线内的波段去掉，再利用三次立方卷积、样条函数等方法对表观反射率光谱曲线进行插值，就可起到平滑的作用，消除吸收线处由荧光填充引起的尖峰。由于在吸收线外荧光的贡献相对较弱，表观反射率和真实反射率非常接近，iFLD 算法假设通过插值平滑后的表观反射率光谱与真实反射率光谱具有相似的形状，即假设平滑后的表观反射率吸收线内外比值与真实反射率相等：

$$\alpha_{\text{R}} \approx \hat{\alpha}_{\text{R}} = \frac{\hat{R}_{\text{out}}}{\hat{R}_{\text{in}}} \tag{5-8}$$

式中，$\hat{\alpha}_{\text{R}}$ 为吸收线内外平滑后的表观反射率比值；$\hat{R}_{\text{out}}$ 为吸收线外的表观反射率；$\hat{R}_{\text{in}}$ 为吸收线内利用插值方法平滑后的表观反射率。

如果得到了吸收线内外反射率和荧光比值的估计值($\hat{\alpha}_{\text{R}}$，$\hat{\alpha}_{\text{F}}$)，吸收线内荧光强度即可估算为

$$\hat{\text{SIF}}_{\text{in}} = \frac{\hat{\alpha}_{\text{R}} I_{\text{out}} L_{\text{in}} - I_{\text{in}} L_{\text{out}}}{\hat{\alpha}_{\text{R}} I_{\text{out}} - \hat{\alpha}_{\text{F}} I_{\text{in}}} \tag{5-9}$$

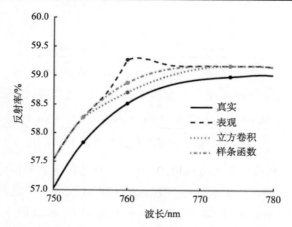

图 5-3　O$_2$-A 吸收线附近的真实反射率、含荧光贡献的表观反射率和通过插值算法平滑后的
反射率曲线对比（Alonso et al.，2008）

为了使估算的荧光强度最接近真实荧光强度，不直接对 $\hat{\alpha}_F$ 进行估算，而是利用式
(5-9)，假设 $\hat{SIF}_{in} = SIF_{in}$，通过求解可得

$$\hat{\alpha}_F = \frac{L_{out} / I_{in}}{(L_{in} - SIF_{in}) / I_{in} + SIF_{in} / I_{in}} \tag{5-10}$$

结合式(5-1)，并且考虑到荧光信号比吸收线外的入射辐亮度信号强度小得多，可以
对式(5-10)进行近似简化：

$$\hat{\alpha}_F = \frac{\dfrac{I_{out}}{I_{in}} R_{out} + \dfrac{SIF_{out}}{I_{in}}}{R_{in} + \dfrac{SIF_{in}}{I_{in}}} \approx \frac{\dfrac{I_{out}}{I_{in}} R_{out}}{R_{in}} = \frac{I_{out}}{I_{in}} \alpha_R \tag{5-11}$$

结合式(5-8)，有

$$\hat{\alpha}_F = \frac{I_{out}}{I_{in}} \alpha_R \tag{5-12}$$

将式(5-8)和式(5-12)代入式(5-9)，即可求出吸收线内荧光估计值。

iFLD 方法是对 sFLD 方法的一种新改进，可以有效提高荧光反演精度，但仍然存在
很大的不确定性。第一，iFLD 算法需要借助插值过程对吸收线处的光谱曲线进行平滑，
但是数据噪声、插值样点的选取等都对插值算法的精度影响很大，算法稳健性较差(Liu
and Liu，2014；王冉等，2013)；第二，iFLD 算法在 O$_2$-A 波段(761 nm 附近)表现良好，
但是由于 O$_2$-B 波段(688 nm)处于植被反射率光谱的"红边"位置，反射率光谱形状复
杂且变化剧烈，而且，由于该波段植被反射率相对较低，荧光在上行辐亮度光谱中贡献
相对较大，导致包含荧光贡献的表观反射率光谱曲线与真实反射率曲线形状差异较大(不
满足 iFLD 方法的假设)，所以 iFLD 方法在 O$_2$-B 波段的荧光反演精度相对较差(Alonso et
al.，2008)。

5.2.4　pFLD 反演算法

为了避免上述基于 FLD 原理的叶绿素荧光反演算法存在的问题，提高基于 FLD 原理的荧光反演算法精度，Liu X J 和 Liu L Y(2015)在 iFLD 方法的基础上提出了基于主成分分析(principal component analysis，PCA)的 pFLD(PCA-based FLD)方法。

pFLD 算法的核心思想是，以主成分分析代替插值，利用模拟的训练数据集提取反射率光谱曲线的主成分，以吸收线外的表观反射率为参考，利用前几个主成分(principal components，PC)的线性组合来模拟吸收线处平滑的反射率曲线，进而求解 $\hat{\alpha}_R$。

主成分分析是一种常用的数学降维方法，用于找出几个综合变量来代替原来众多的变量。主成分概念首先是由 Karl Parson 在 1901 年引进，但当时只针对非随机变量，1933 年 Hotelling 将这个概念推广到随机变量。近年来，随着计算机软件的应用，主成分分析的应用也越来越广泛。主成分分析通过正交变换将一组可能存在相关性的变量转换为一组线性不相关的变量，并且使它们尽可能多地保留原始变量的信息，转换后的这组变量即称为主成分。在数学上，主成分分析的过程可以表达为

$$\Phi = XW \tag{5-13}$$

式中，X 为训练样本矩阵，对于本研究来说，X 的每个列向量代表一条反射率光谱训练样本，并将每一列的样本均值归一化为 0；Φ 为反射率训练数据集的全部主成分；W 为一个方阵，其列向量为 $X^T X$ 的特征向量。

在利用训练数据集获取了反射率光谱的主成分之后(图 5-4)，叶绿素荧光反演中所需的反射率曲线即可通过 Φ 中前几个主成分的线性组合来进行模拟：

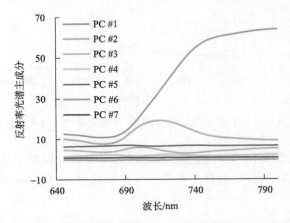

图 5-4　基于 480 组训练样本通过主成分分析得到的前 7 个反射率光谱主成分

$$\ddot{R}(\lambda) = \sum_{i=1}^{n} k_i \phi_i(\lambda) \tag{5-14}$$

式中，$\ddot{R}(\lambda)$ 为利用主成分分析方法估算的反射率；$\phi_i(\lambda)$ 为第 i 个主成分向量；k_i 为第 i 个主成分对应的权重系数；n 为选用的主成分个数。所以，利用主成分分析来估算吸收

线处反射率的关键就是对权重系数 k_i 的求解。

由于吸收线处的真实反射率为未知量，k_i 无法直接求解。但是由于主成分包含了真实反射率光谱的形状信息，利用非吸收线处的反射率信息计算出 k_i，即可基于主成分实现对吸收线内反射率的估计。在吸收线之外，由于叶绿素荧光贡献相对较小，包含荧光贡献的表观反射率与真实反射率比较接近，所以可以利用吸收线外波段的表观反射率值来估算 k_i

$$k = \left(\boldsymbol{\Phi}_0^{\mathrm{T}} \boldsymbol{\Phi}_0 \right)^{-1} \boldsymbol{\Phi}_0^{\mathrm{T}} \hat{\boldsymbol{R}}_0 \tag{5-15}$$

式中，$k = \left[k_1, k_2, \cdots, k_n \right]^{\mathrm{T}}$；$\boldsymbol{\Phi}_0$ 为剔除吸收波段之后的反射率主成分 $\left[\phi_i(\lambda) \right]$ 矩阵；$\left(\boldsymbol{\Phi}_0^{\mathrm{T}} \boldsymbol{\Phi}_0 \right)^{-1} \boldsymbol{\Phi}_0^{\mathrm{T}}$ 为 $\boldsymbol{\Phi}_0$ 的伪逆矩阵；$\hat{\boldsymbol{R}}_0$ 为剔除吸收波段之后的表观反射率列向量。

图 5-5 显示了 O_2-B 吸收波段附近的真实反射率(R)、表观反射率($\hat{R}$)、基于主成分分析重建的平滑反射率($\ddot{R}$)和通过插值得到的平滑反射率($\tilde{R}$)。可以看出，利用本研究所提出的基于主成分分析的方法模拟得到的反射率光谱曲线形状更接近真实反射率，而 iFLD 算法所使用的样条函数插值方法会导致 O_2-B 吸收线处反射率的显著高估。

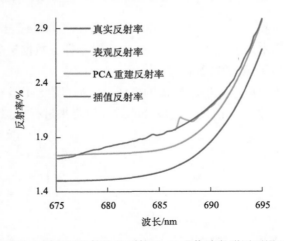

图 5-5　利用主成分分析和插值算法得到的 O_2-B 吸收波段附近平滑反射率曲线对比

将式(5-15)代入式(5-14)即可估算出吸收线处平滑后的反射率曲线，然后参照 iFLD 方法的原理，即可估算吸收线内外反射率与荧光的比值 $\hat{\alpha}_{\mathrm{R}}$ 和 $\hat{\alpha}_{\mathrm{F}}$，进而求解叶绿素荧光强度。

5.3　全波段叶绿素荧光反演算法

叶绿素荧光光谱覆盖了 650～850 nm 的光谱范围，呈现出双峰的形状，红光区荧光峰值位于 685～690 nm 附近，远红光区荧光峰值位于 730～740 nm 附近。所以荧光信号不仅具有强度信息，还具有形状信息。而且光系统 I 和光系统 II 对两个荧光峰的贡献不同,荧光峰值比值反映了两个光系统的匹配程度,与植被生理状态密切相关(Lichtenthaler and Rinderle, 1988;Lichtenthaler and Miehe, 1997;Agati et al., 1995;Porcar-Castell et al., 2014;吴荣等, 1992)。因此,研究全波段叶绿素荧光光谱遥感反演算法具有重要的科学意义和应用价值。

全波段叶绿素荧光反演算法需要利用多个吸收波段信息,通过光谱拟合方法重建全波段叶绿素荧光光谱。本节以 F-SFM 方法(Liu X J and Liu L Y, 2015)为例,介绍全波段叶绿素荧光反演算法原理。

5.3.1　用于荧光信号分离的吸收波段选择

为了将叶绿素荧光信号从总的冠层上行辐亮度信号中分离出来,必须借助太阳夫琅禾费暗线或地球大气吸收波段,即使是对全波段叶绿素荧光光谱进行反演,也只能利用吸收线处的信息来避免反演方程的病态性。图 5-6 显示了 0.3 nm 光谱分辨率、0.15 nm 光谱采样间隔(与 QE Pro 光谱仪技术指标相匹配)条件下 650~800 nm 的叶绿素荧光光谱和冠层总上行辐亮度光谱。可以看出,在 0.3 nm 光谱分辨率的条件下,叶绿素荧光覆盖的光谱范围内主要有 4 个可利用的吸收波段,分别为 656.5 nm 附近的 Hα 太阳夫琅禾费吸收线、687.1 nm 附近的 O_2-B 吸收波段、718.8 nm 附近的水汽吸收波段和 760.7 nm 附近的 O_2-A 吸收波段。但是,由于大气水汽含量波动显著,对于实测数据来说,水汽吸收波段十分不稳定(Zhao et al., 2014),所以在本节介绍中只选用了 Hα、O_2-B 和 O_2-A 三个波段的信息。

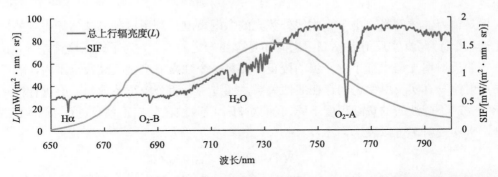

图 5-6　0.3 nm 光谱分辨率条件下叶绿素荧光光谱和冠层总上行辐亮度光谱及主要吸收波段位置示意图

5.3.2　基于主成分分析的反射率与叶绿素荧光光谱重建

为了实现全波段叶绿素荧光光谱反演,需要利用光谱拟合法。光谱拟合法的基本原理是,事先通过数学函数等形式建立反射率和荧光光谱曲线的模型,再基于总的冠层上行辐亮度,通过最小二乘等方法拟合需要的待定系数,从而求解叶绿素荧光强度。目前常见的光谱拟合法大多应用于单波段荧光反演,在较窄的光谱范围内,荧光和反射率光谱曲线形状相对简单,可以利用高斯函数、多项式函数等简单的数学函数进行较为精确的拟合。但是，对于全波段叶绿素荧光反演来说，荧光和反射率光谱曲线都很复杂，难以利用简单的数学函数进行精确模拟。因此，利用主成分分析的方法来对荧光和反射率光谱曲线进行建模。

在本章 5.2.4 节已对主成分分析的原理进行了详细介绍，在此不再重复叙述。利用提取的主成分，重建的反射率和荧光光谱可以表示为

$$\tilde{R}(\lambda) = \sum_{i=1}^{n_r} k_i \phi_i(\lambda) \tag{5-16}$$

$$\tilde{SIF}(\lambda) = \sum_{i=1}^{n_F} j_i \varphi_i(\lambda) \tag{5-17}$$

式中，$\phi_i(\lambda)$ 和 $\varphi_i(\lambda)$ 分别为反射率和荧光光谱的第 i 个主成分；k_i 和 j_i 分别为反射率和荧光第 i 个主成分对应的权重系数；n_r 和 n_F 分别为使用的反射率和荧光主成分个数。根据 pFLD 方法的研究结果和模拟数据的测试实验，使用了可以代表光谱曲线 99.999% 以上变化特征的前 8 个反射率主成分和前 5 个荧光光谱主成分。根据式(5-16)，全波段叶绿素荧光光谱反演的问题被转换为各反射率和荧光主成分权重系数(k_i 和 j_i)的估算问题。

在植被冠层总的上行辐亮度光谱中，反射辐射占主导地位，而叶绿素荧光的贡献相对较小。因此，如果直接利用光谱拟合法同时估算反射率和荧光主成分的权重系数，会给算法带来很大的不确定性。先验知识可以在很大程度上提高高光谱拟合法的稳定性，所以借助 pFLD 算法的思想，基于吸收线外表观反射率与真实反射率十分接近的假设，利用式(5-15)，事先对反射率主成分的权重系数进行了估算。通过这种方法，可以在进行最小二乘光谱拟合之前对反射率曲线的总体形状进行预先估计，进而提高光谱拟合算法的稳定性。

但是值得注意的是，由于吸收线外荧光的微弱贡献，利用这种方法估算得到的反射率光谱[$\tilde{R}(\lambda)$]与真实反射率[$R(\lambda)$]之间还是存在一定的差异，为了校正这种差异，我们对估算的反射率光谱进行了进一步的校正。在每一个独立的窄吸收波段范围内，假设估算的反射率与真实反射率之间存在线性关系，通过引入两个校正系数(α，β)进行校正。由于荧光对不同波段的贡献程度不同，我们对每个吸收波段的校正系数进行了单独设置。于是，真实反射率可以表达为

$$R(\lambda) = \begin{cases} \alpha_{Ha}\tilde{R}(\lambda) + \beta_{Ha}, & \lambda \in [653, 662] \\ \alpha_B\tilde{R}(\lambda) + \beta_B, & \lambda \in [683, 692] \\ \alpha_A\tilde{R}(\lambda) + \beta_A, & \lambda \in [757, 771] \end{cases} \tag{5-18}$$

5.3.3　吸收波段反射率与荧光光谱的最小二乘拟合

根据式(5-17)和式(5-18)，三个吸收线处冠层总的上行辐亮度可表示为

$$L(\lambda) = \begin{cases} I(\lambda)\left[\alpha_{\mathrm{Ha}}\tilde{R}(\lambda) + \beta_{\mathrm{Ha}}\right] + \sum_{i=1}^{n} j_i \varphi_i(\lambda), & \lambda \in [653, 662] \\ I(\lambda)\left[\alpha_{\mathrm{B}}\tilde{R}(\lambda) + \beta_{\mathrm{B}}\right] + \sum_{i=1}^{n} j_i \varphi_i(\lambda), & \lambda \in [683, 692] \\ I(\lambda)\left[\alpha_{\mathrm{A}}\tilde{R}(\lambda) + \beta_{\mathrm{A}}\right] + \sum_{i=1}^{n} j_i \varphi_i(\lambda), & \lambda \in [757, 771] \end{cases} \quad (5\text{-}19)$$

式中，对于每个吸收波段来说分别有 $n+2$ 个待定系数（本书中 $n=8$）：α，β 和 j_i，利用最小二乘拟合法，基于吸收线处的入射太阳辐亮度和总的冠层上行辐亮度就可以对这些待定系数进行最优估计。

由于反射辐射是冠层总上行辐亮度的主要贡献者，精确拟合反射率光谱对叶绿素荧光精确反演至关重要。尽管引入了校正系数（α，β），还是难以消除估计反射率与真实反射率之间的差异。估计反射率与真实反射率之间的差异是由吸收线外叶绿素荧光的贡献导致的，鉴于全波段叶绿素荧光遥感反演算法可以给出吸收线外的荧光光谱，在光谱拟合过程中增加了迭代过程，来尽可能地减小反射率估算误差，具体步骤如图 5-7 所示。

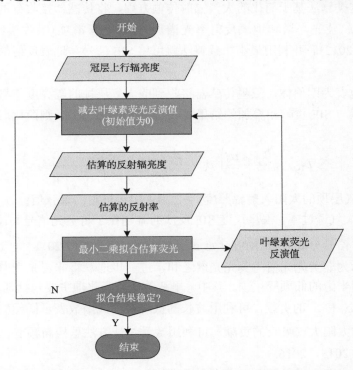

图 5-7　F-SFM 算法叶绿素荧光与反射率光谱拟合过程中的迭代算法流程图

(1) 利用总的冠层上行辐亮度和入射太阳辐亮度计算表观反射率 $[\hat{R}(\lambda)]$；

(2) 根据式 (5-15)，利用吸收线外的表观反射率估算反射率主成分的权重系数，然后利用式 (5-16) 重建反射率光谱曲线 $[\tilde{R}(\lambda)]$；

(3) 基于最小二乘拟合法，利用吸收波段窗口内的上下行辐亮度，根据式 (5-19) 估算荧光光谱主成分的权重系数，并且根据式 (5-17) 重建全波段叶绿素荧光光谱 $[\hat{\mathrm{SIF}}(\lambda)]$；

(4)将重建的叶绿素荧光光谱[$\widetilde{\text{SIF}}(\lambda)$]从总的冠层上行辐亮度光谱中剔除，计算新的表观反射率[$\hat{R}(\lambda)$]，返回第(2)步和第(3)步，估算新的叶绿素荧光光谱[$\widetilde{\text{SIF}}(\lambda)$]；

(5)重复以上步骤，直到拟合结果趋于稳定。

5.4　基于数据驱动的叶绿素荧光反演算法

上述叶绿素荧光反演算法均需要利用同步观测的太阳下行和地表上行辐亮度光谱，但是，对于卫星平台的叶绿素荧光观测来说，通常无法获得同步观测的太阳光谱；对于地基平台的叶绿素荧光观测来说，也存在由于天气变化、不同光谱仪或不同光路匹配误差等原因导致的同步太阳光谱缺失的情况，导致上述算法无法有效反演叶绿素荧光。针对这一问题，提出了基于数据驱动的叶绿素荧光反演算法。

数据驱动的 SIF 反演算法从光谱数据本身的特性出发，利用数学统计方法表征光谱的结构信息。这类算法基于简化的大气辐射传输方程，将传感器接收到的辐亮度信号表征为光谱平滑项(荧光光谱和地表反射率光谱)和光谱非平滑项(吸收谱线特征)的组合(Guanter et al.，2012)，并利用最小二乘算法就可将 SIF 信号与地表反射的太阳辐射信号分离开来。

假设荧光地表为朗伯体，卫星传感器接收到的大气层顶的辐亮度信号可表示为植被地表的反射贡献与 SIF 贡献相叠加的结果(Guanter et al.，2015)，则简化后大气辐射传输方程可表示为

$$L_{\text{TOA}} = \frac{I_{\text{sol}} \times \mu_0}{\pi}\left(\rho_0 + \frac{\rho_s \times T_{\uparrow\downarrow}}{1 - S \times \rho_s}\right) + \frac{\text{SIF}_{\text{TOC}} \times T_\uparrow}{1 - S \times \rho_s} \tag{5-20}$$

式中，I_{sol} 为大气层顶的太阳入射辐照度；μ_0 为太阳天顶角的余弦值；ρ_0 为大气程反射率；$T_{\uparrow\downarrow}$ 为双向大气透过率。卫星尺度 SIF 反演的难题在于将荧光信号与比其强度大 100 多倍的地表反射信号分离开来(Köhler et al.，2015)。基于式(5-20)，大气层顶入瞳辐亮度信号可以表示为非荧光光谱与荧光光谱之和，进一步地，将非荧光光谱分解为非平滑的高频变化项和平滑的低频变化项。其中，平滑的低频变化项主要包括地表反射(ρ_s)和大气散射辐射(ρ_0 和 S)的贡献，可利用波长的低阶多项式函数表示低频信息；高频变化项主要是地球和太阳大气吸收的贡献，可利用数学统计方法重构高频变化的光谱形状信息(Joiner et al.，2013，2016)。

首先，利用太阳光谱对星上辐亮度光谱进行归一化后得到的归一化的反射率为行星反射率。有效双向透过率($T_{\uparrow\downarrow}^{\text{e}}$)为行星反射率与利用多项式拟合得到的表观反射率的比值，可表示为几个特征波谱的线性组合，如式(5-21)所示：

$$T_{\uparrow\downarrow}^{\text{e}} = \frac{L_{\text{TOA}} \times \pi}{I_{\text{sol}} \times \mu \times f(\lambda)} = \sum_{j=1}^{n_{\text{pc}}}(\beta_j \times \text{PC}_j) \tag{5-21}$$

式中，$f(\lambda)$ 为波长的多项式函数；PC_j 为主成分向量；β_j 为主成分向量的系数；n_{pc} 为主成分向量的个数。

由地球大气和太阳大气的吸收效应对光谱形状和结构引起的变化特征具有很强的相似性，不同的大气状况会导致吸收特征的强度变化而不会引起形状变化。因此，利用高频变化项中相似的变化规律，基于主成分分析在样本维提取的特征波谱向量可以将高频变化信息有效地提取出来（Liu and Liu，2015）。

利用上行透过率和双向透过率之间与角度的相关性，基于计算的有效双向透过率可计算得到有效上行透过率（$T_\uparrow^e$）：

$$T_\uparrow^e = \exp\left[\ln\left(T_{\uparrow\downarrow}^e\right) \times \frac{\sec(\theta_v)}{\sec(\theta_v) + \sec(\theta_0)}\right] \tag{5-22}$$

式中，θ_v 为观测天顶角；θ_0 为太阳天顶角。同时，忽略 SIF 信号在上行辐射传输过程中大气散射的影响，则大气层顶接收的辐亮度可进一步表示为

$$
\begin{aligned}
L_{\text{TOA}}(\alpha, \beta, \text{SIF}_{\text{TOC}}) = {} & I_{\text{sol}} \times \frac{\mu_0}{\pi} \times \sum_{i=0}^{n_p}\left(\alpha_i \times \lambda^i\right) \times \sum_{j=1}^{n_{pc}}\left(\beta_i \times \text{PC}_j\right) \\
& + \text{SIF}_{\text{TOC}} \times \exp\left\{\ln\left[\sum_{j=1}^{n_{pc}}\left(\beta_i \times \text{PC}_j\right)\right] \times \frac{\sec(\theta_v)}{\sec(\theta_v) + \sec(\theta_0)}\right\}
\end{aligned}
\tag{5-23}
$$

式中，n_p 为多项式的阶数；α_i 为多项式系数；SIF_{TOC} 为冠层的 SIF 光谱，为求解式（5-23）中的未知参数，本节假定在一定的拟合窗口范围内，SIF 光谱形状符合高斯分布，则 SIF 光谱形状函数可以表示为

$$h_f = \exp\left[\frac{-(\lambda - \lambda_0)^2}{2\sigma_h^2}\right] \tag{5-24}$$

式中，λ_0 为拟合窗口范围内 SIF 峰值的波长位置；σ_h 为高斯函数的方差值，取值取决于选取的光谱拟合窗口。为了解决数学求解过程中的非线性问题，基于式（5-22）事先估算得到有效上行透过率，则最终得到线性化的前向模型：

$$L_{\text{TOA}}(\alpha, \beta, F_s) = I_{\text{sol}} \times \frac{\mu_0}{\pi} \times \sum_{i=0}^{n_p}\left(\alpha_i \times \lambda^i\right) \sum_{j=1}^{n_{pc}}\left(\beta_j \times \text{PC}_j\right) + F_s \times h_f \times T_\uparrow^e \tag{5-25}$$

最终，可以利用最小二乘算法同时解算 $(n_p+1) \times n_{pc}+1$ 个待求系数。

为了避免病态反演问题，同样需要选取若干吸收波段进行光谱拟合。根据数据光谱分辨率的不同，数据驱动算法进行 SIF 反演所采用的反演拟合窗口和方法均有所不同，反演过程中的参数设置也需要根据选取的拟合窗口大小而改变。针对具有超光谱分辨率（FWHM～0.01 nm 数量级）的遥感数据而言，可以利用包含一条或几条太阳夫琅禾费暗线的反演拟合窗口进行 SIF 的反演。由于选取的拟合窗口较窄，通常只有几纳米且只包含不受地球大气吸收影响的太阳夫琅禾费暗线，因此反演方法相对简单。针对光谱分辨率在 0.1 nm 数量级的传感器来说，只能探测到有限的太阳夫琅禾费暗线，且吸收线的深度较浅，较窄的拟合窗口无法精确地将 SIF 信号与地表反射信号分离开来，需要增大拟合窗口的宽度。处于红边位置的窗口波段包含多条太阳夫琅禾费暗线及地球大气和水汽吸收线，成为这类传感器首选的反演拟合窗口（Joiner et al.，2013，2016；Köhler et al.，2015）。

参 考 文 献

王冉, 刘志刚, 冯海宽, 等. 2013. 基于近地面高光谱影像的冬小麦日光诱导叶绿素荧光提取与分析. 光谱学与光谱分析, 33(9): 2451-2454.

吴荣, 张崇静, 朱永豪, 等. 1992. 应用荧光光谱特征作受害植物判别指标的研究. 遥感学报, (S1): 68-73.

Agati G, Mazzinghi P, Fusi F, et al. 1995. The F685/F730 chlorophyll fluorescence ratio as a tool in plant physiology: response to physiological and environmental factors. Journal of Plant Physiology, 145(3): 228-238.

Alonso L, Gomez-Chova L, Vila-Frances J, et al. 2008. Improved Fraunhofer Line Discrimination method for vegetation fluorescence quantification. IEEE Geoscience and Remote Sensing Letters, 5(4): 620-624.

Guanter L, Aben I, Tol P et al. 2015. Potential of the TROPOspheric Monitoring Instrument (TROPOMI) onboard the Sentinel-5 Precursor for the monitoring of terrestrial chlorophyll fluorescence. Atmospheric Measurement Techniques, 8(3): 1337-1352.

Guanter L, Frankenberg C, Dudhia A, et al. 2012. Retrieval and global assessment of terrestrial chlorophyll fluorescence from GOSAT space measurements. Remote Sensing of Environment, 121: 236-251.

Joiner J, Guanter L, Lindstrot R, et al. 2013. Global monitoring of terrestrial chlorophyll fluorescence from moderate spectral resolution near-infrared satellite measurements: Methodology, simulations, and application to GOME-2. Atmospheric Measurement Techniques, 6(10): 2803-2823.

Joiner J, Yoshida Y, Guanter L, et al. 2016. New methods for the retrieval of chlorophyll red fluorescence from hyperspectral satellite instruments: simulations and application to GOME-2 and SCIAMACHY. Atmospheric Measurement Techniques, 9(8): 3939-3967.

Köhler P, Guanter L, Joiner J. 2015. A linear method for the retrieval of sun-induced chlorophyll fluorescence from GOME-2 and SCIAMACHY data. Atmospheric Measurement Techniques, 8(6): 2589-2608.

Lichtenthaler H K, Miehe J A. 1997. Fluorescence imaging as a diagnostic tool for plant stress. Trends In Plant Science, 2(8): 316-320.

Lichtenthaler H K, Rinderle U. 1988. The role of chlorophyll fluorescence in the detection of stress conditions in plants. CRC Critical Reviews in Analytical Chemistry, 19(S1): 29-85.

Liu X J, Liu L Y. 2014. Assessing band sensitivity to atmospheric radiation transfer for space-based retrieval of solar-induced chlorophyll fluorescence. Remote Sensing, 6(11): 10656-10675.

Liu X J, Liu L Y. 2015. Improving chlorophyll fluorescence retrieval using reflectance reconstruction based on principal components analysis. IEEE Geoscience and Remote Sensing Letters, 12(8): 1645-1649.

Maier S W, Günther K P, Stellmes M. 2003. Sun-induced fluorescence: a new tool for precision farming. In: McDonald M, Schepers J, Tartly L, et al. Digital Imaging and Spectral Techniques: applications to Precision Agriculture and Crop Physiology. Madison, WI, USA: American Society of Agronomy Special Publication: 209-222.

Plascyk J A, Gabriel F C. 1975. Fraunhofer line discriminator Mk II – Airborne instrument for precise and standardized ecological luminescence measurement. IEEE Transactions on Instrumentation and Measurement, 24(4): 306-313.

Porcar-Castell A, Tyystjärvi E, Atherton J, et al. 2014. Linking chlorophyll a fluorescence to photosynthesis for remote sensing applications: mechanisms and challenges. Journal of Experimental Botany, 6(9): 2453.

Zhao F, Guo Y Q, Verhoef W, et al. 2014. A method to reconstruct the solar-induced canopy fluorescence spectrum from hyperspectral measurements. Remote Sensing, 6(10): 10171-10192.

第6章 近地面高光谱及叶绿素荧光数据处理方法

6.1 近地面高光谱及叶绿素荧光数据处理基本流程

近地面高光谱及叶绿素荧光数据处理基本流程如图 6-1 所示，主要分为数据预处理、

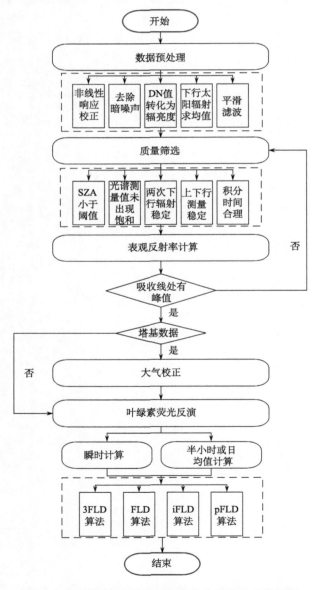

图 6-1 近地面高光谱及叶绿素荧光数据处理流程图

质量筛选、表观反射率计算、大气校正和 SIF 反演 5 个步骤。其中，数据预处理过程主要包括 CCD 传感器非线性校正、暗噪声扣除、将 DN 值转换为辐亮度单位、将一组测量中先后观测的太阳辐射取均值和光谱平滑滤波。

6.2　植被冠层高频观测光谱的数据质量控制

原始光谱数据的质量筛选是保障获取高质量的 SIF 反演结果的重要过程，因此，需要根据入射辐射的稳定性和仪器的运行性能，剔除有质量问题的原始数据。首先，设置太阳天顶角阈值，由于下行通道的光纤探头安装了余弦校正器，当太阳天顶角较大时，会影响余弦校正器对太阳入射辐射的半球响应(Cogliati et al., 2015b)，因此，建议设置太阳天顶角大于 70° 的原始观测数据不参与后续的数据计算过程；其次，通过检查测量的光谱数据是否出现饱和现象及积分时间是否处于合理范围内确定数据的准确性；通过计算两次下行太阳辐射的变异系数百分比(CV_{down})确定太阳入射辐射变化情况：

$$CV_{down} = \frac{abs(E_1 - E_2)}{E_1} \times 100 \qquad (6-1)$$

式中，E_1 和 E_2 分别为两次测量的太阳入射辐射。当 CV_{down} 大于 10% 的时候则认为天气变化剧烈，拒绝该原始数据的后续使用；此外，还可以通过计算上下行辐射信号的比值百分比指数确定上行与下行辐射观测时的天气变异情况，如式(6-2)所示：

$$CV_{up-down} = mean\left(\frac{\pi L_{up}(\lambda)}{E_{ave}(\lambda)}\right) \times 100 \qquad (6-2)$$

式中，L_{up} 和 E_{ave} 分别为观测的上行辐亮度信号和下行入射辐照度信号的均值。当 $CV_{up-down}$ 大于 1 的情况下，则认为天气变化剧烈。

由于传感器接收到的植被下垫面反射的太阳辐射信号中，包括 SIF 信号的贡献，因此利用观测数据计算的反射率并非真实反射率信号，定义为表观反射率 $R^*(\lambda)$ (Zarco-Tejada et al.，2000)：

$$R^*(\lambda) = \frac{\pi L_{up}(\lambda)}{E_{ave}(\lambda)} = R(\lambda) + \frac{SIF(\lambda)}{E_{ave}(\lambda)} \qquad (6-3)$$

由于吸收线位置处的太阳入射辐射和地物反射辐射相对微弱，SIF 信号对吸收线位置的填充效应明显，会造成表观反射率在吸收线位置表现为明显的峰值凸起，尤其对于 O_2-A 波段吸收线，这种填充效应更加明显，如图 6-2 所示。O_2-A 波段吸收线位置的峰值可用于数据的进一步质量控制和筛选，剔除在该吸收线位置无明显峰值甚至表现为"凹"状的光谱数据。光谱波段漂移会造成上下行通道光谱位置的不匹配，从而出现"凹"状填充效应，会严重影响基于 FLD 算法进行 SIF 反演的精度(Damm et al., 2011)。

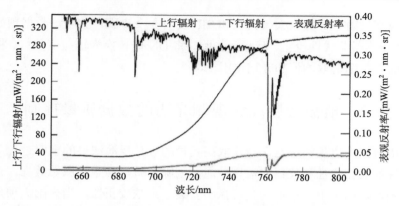

图 6-2　晴空条件下上下行辐亮度和表观反射率光谱示例

6.3　近地面叶绿素荧光反演的大气校正

6.3.1　塔基平台上下行大气辐射传输过程分析

　　SIF 观测系统通常安置于通量站塔台的平台位置，根据站点位置的生态系统类型，通量塔平台位置距离地面的高度 5～50 m。如图 6-3 所示，塔基的自动观测系统获取的上下通道数据分别为通量塔高度位置的太阳下行辐射 E_{sensor} 和地表上行反射辐亮度信号 L_{sensor}，与地表植被冠层位置处的太阳下行辐射 E_{TOC} 和上行反射辐亮度 L_{TOC} 不同，尤其对于塔基光谱的长时序观测数据而言，O_2-A 和 O_2-B 波段是 SIF 反演波段，尤其对于 O_2-A 波段，大气透过率较低，在 SIF 反演过程中更容易受到大气辐射传输的影响（Daumard et al.，2010），而且大气效应的大小随观测系统距离地面高度的变化而不同。Sabater 等（2018）指出如果忽略大气吸收的影响，广泛用于地面尺度 SIF 反演的 3FLD 算法会严重低估 O_2 吸收波段的 SIF 反演结果。此外，已有研究工作定量地估算了大气辐射传输过程对塔基平台的 SIF 反演的影响，并表明该影响对 O_2 吸收波段不可忽略，由于大气吸收和散射的影响，10 m 高度平台的大气影响会造成 O_2-A 波段 SIF 反演结果 0.1 mW/(m^2·nm·sr) 的反演偏差（Liu and Liu, 2014；Liu et al.，2017），与 SIF 信号的绝对值[通常小于 2 mW/(m^2·nm·sr)]相比，该偏差大小不容忽略。根据基于 25 m 高的塔基实测数据的大气校正前后的 SIF 反演对比结果，经过大气校正之后，SIF 反演结果的均方根误差（RMSE）会由校正前的 0.221 mW/(m^2·nm·sr)降低到 0.078 mW/(m^2·nm·sr)（Liu et al.，2019）。因此，为了得到精确的 SIF 反演结果，首先需要将塔基观测到的上下行辐射数据经过大气校正后获取植被冠层接收到的上下行辐射光谱，再进行 SIF 的反演工作。

　　对于上行辐射传输而言，假设地表反射率和叶绿素荧光均满足朗伯定律，塔基传感器观测的上行反射辐亮度 L_{sensor} 可以表示为

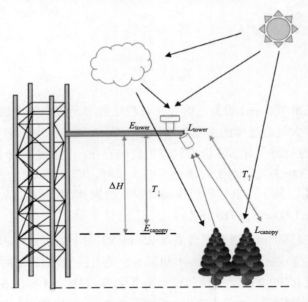

图 6-3　塔基 SIFSpec 观测系统受大气校正影响的原理示意图

$$L_{\text{sensor}} = L_0 + \frac{\left(E_{\text{TOC}} \times \rho_s + \pi \times \text{SIF}\right) \times T^\uparrow}{\pi \times \left(1 - S \times \rho_s\right)} \tag{6-4}$$

式中，L_0 为大气程辐射；ρ_s 为地表反射率；SIF 为发射的叶绿素荧光；S 为大气半球反照率；$T^\uparrow$ 为大气总的上行透过率。地表至塔基平台的上行辐射传输过程包括直射光、散射光的贡献，由于向下观测的裸光纤视场角小（一般 FOV=25°），裸光纤接收辐亮度中直射光占主导，上行过程只考虑直射光透过率 $T_{\text{dir}}^\uparrow$。同时，由于地表与塔基传感器之间距离较短，可以忽略大气程辐射、传感器与地表之间大气的多次散射，则式(6-4)简化为

$$L_{\text{sensor}} = \left(\frac{E_{\text{TOC}} \times \rho_s}{\pi} + \text{SIF}\right) \times T_{\text{dir}}^\uparrow = L_{\text{TOC}} \times T_{\text{dir}}^\uparrow \tag{6-5}$$

而在下行辐射传输过程中，由于余弦校正器 FOV = 180°，校正器接收太阳辐照度包括直射光、散射光的贡献，则不同高度处的辐照度 E_{sensor}、E_{TOC} 之间的关系为

$$E_{\text{TOC}} = E_{\text{sensor}} \times T_{\text{tot}}^\downarrow \tag{6-6}$$

式中，$T_{\text{tot}}^\downarrow$ 为大气中直射光、散射光下行总的透过率。

6.3.2　基于查找表的塔基平台上下行大气透过率估算方法

利用 MODTRAN 模型可以分别模拟塔基平台传感器处和水平地表高度处的直射光辐亮度、总的辐照度分别为 $L_{\text{sensor}}^{\text{dir}}$ 和 $L_{\text{TOC}}^{\text{dir}}$、$E_{\text{sensor}}^{\text{dir}}$ 和 $E_{\text{TOC}}^{\text{dir}}$。为将模拟数据与塔基平台地物光谱仪相匹配，使用半峰全宽为 0.31 nm 的高斯函数作为光谱响应函数对 MODTRAN 模型模拟的数据进行卷积预处理，计算得到与所使用光谱仪分辨率一致的上行直射光透过率 T_{dir}' 和下行总的透过率 T_{tot}' 为

$$T'_{dir} = \frac{L^{dir}_{sensor}}{L^{dir}_{TOC}} \tag{6-7}$$

$$T'_{tot} = \frac{E^{dir}_{TOC}}{E^{dir}_{sensor}} \tag{6-8}$$

氧气吸收波段(如 760 nm)的荧光信号在表观反射率光谱中的贡献十分突出，而氧气的吸收是 O_2-A 波段大气透过率的主要影响因素，O_2-A 吸收深度由辐射传输路径长度决定，同时，气溶胶的散射也对该波段大气辐射传输存在一定的影响。若塔基平台的观测高度 H_{obs} 确定时，分析天顶角与大气透过率间关系时，可以将 VZA 或 SZA 表示为辐射传输路径长度 RTPL。其中，上行辐射传输路径长度为 $RTPL = H_{obs}/\cos(VZA)$，下行辐射传输路径长度为 $RTPL = H_{obs}/\cos(SZA)$。

以大满站(海拔 1500 m、塔基平台高度 25 m)的模拟数据为例，对塔基平台与地表之间上下行大气透过率进行分析。图 6-4 和图 6-5 是不同气溶胶光学厚度(AOD_{550})、不同辐射传输路径长度 RTPL 的上下行大气透过率变化图。由图 6-4 和图 6-5 可见，760.60 nm 处的上下行大气透过率最小，小于 758 nm 和大于 768 nm 波段的大气透过率接近 1，O_2-A 波段吸收线内外区域的大气透过率具有相同的变化规律。图 6-4 黑色水平虚线为图 6-5

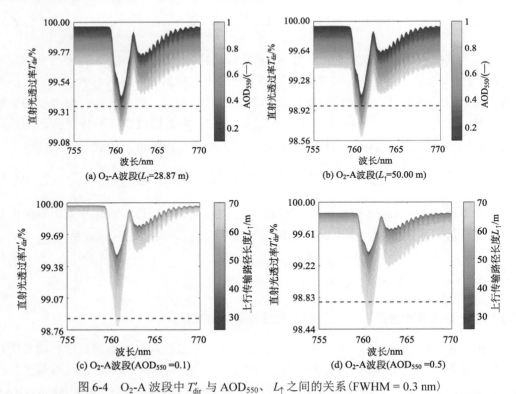

图 6-4 　O_2-A 波段中 T'_{dir} 与 AOD_{550}、$L_\uparrow$ 之间的关系(FWHM = 0.3 nm)

(a) $L_\uparrow$ =28.87 m 时 T'_{dir} 随波长变化的变化；(b) $L_\uparrow$ =50.00 m 时 T'_{dir} 随波长变化的变化；(c) AOD_{550}=0.1 时 T'_{dir} 随波长变化的变化；(d) AOD_{550}=0.5 时 T'_{dir} 随波长变化的变化

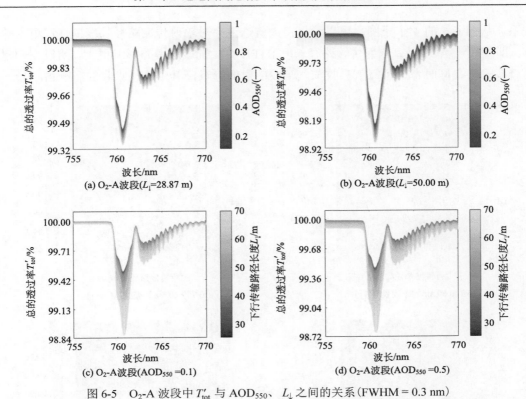

(a) O_2-A 波段($L_\downarrow$=28.87 m)　　(b) O_2-A 波段($L_\downarrow$=50.00 m)

(c) O_2-A 波段(AOD_{550}=0.1)　　(d) O_2-A 波段(AOD_{550}=0.5)

图 6-5　O_2-A 波段中 T'_{tot} 与 AOD_{550}、$L_\downarrow$ 之间的关系（FWHM = 0.3 nm）

(a) $L_\downarrow$=28.87 m 时 T'_{tot} 随波长变化的变化；(b) $L_\downarrow$=50.00 m 时 T'_{tot} 随波长变化的变化；(c) AOD_{550}=0.1 时 T'_{tot} 随波长变化的变化；(d) AOD_{550}=0.5 时 T'_{tot} 随波长变化的变化

中 T'_{tot} 的最小值，对比图 6-4 和图 6-5 中大气透过率的大小变化程度，相对于太阳下行总的透过率 T'_{tot} 的变化幅度，上行直射光透过率 T'_{dir} 变化更为明显，即 T'_{dir} 受到 RTPL、AOD_{550} 的影响更加敏感。

图 6-4 为上行直射光透过率 T'_{dir} 与不同 AOD_{550}、不同上行辐射传输路径长度 RTPL 之间的关系。由图 6-4(a)、(b)可以看出，当 VZA = 30°或 60°，即 RTPL = 28.87 m 或 50.00 m 时，AOD_{550} 越大，T'_{dir} 越小，即 AOD_{550} 与 T'_{dir} 呈负相关关系；图 6-4(c)、(d)表明，AOD_{550} = 0.1 或 0.5 时，随着辐射传输路径长度 RTPL 逐渐增大，T'_{dir} 逐渐减小，即 RTPL 与 T'_{dir} 也呈负相关关系。同理，图 6-5 为 T'_{tot} 与不同 AOD_{550}、不同下行辐射传输路径长度 RTPL 之间的关系。由图 6-5(a)、(b)可知，在 SZA = 30°或 60°时，RTPL = 28.87 m 或 50.00 m，AOD_{550} 越大，T'_{tot} 越小，AOD_{550} 与 T'_{tot} 呈反相关性；图 6-5(c)、(d)中，当 AOD_{550} = 0.1 或 0.5 时，随着 RTPL 逐渐增加，T'_{tot} 逐渐降低，RTPL 与 T'_{tot} 也呈反相关性。

在地表海拔和观测高度一定的条件下，图 6-4 和图 6-5 结果表明，T'_{dir} 与 AOD_{550}、RTPL，T'_{tot} 与 AOD_{550}、RTPL 之间具有良好的负相关关系。图 6-6(a)～(d)为 760.60 nm、757.80 nm 波长 AOD_{550} 与辐射传输路径长度 RTPL 的 T'_{dir}、T'_{tot} 查找表。由查找表可以看出，随着 AOD_{550}、辐射传输路径长度 RTPL 逐渐增大，T'_{dir} 或 T'_{tot} 逐渐减小，呈现负相关

关系。从图 6-6 的 4 个子图也可以看出，大气透过率对辐射传输路径长度 RTPL 更为敏感，即相较于 AOD_{550}，辐射传输路径长度 RTPL 对大气透过率的影响更大。所以在构建的查找表中，同时考虑了氧气吸收与气溶胶散射的影响，其中氧气吸收的影响占主导。

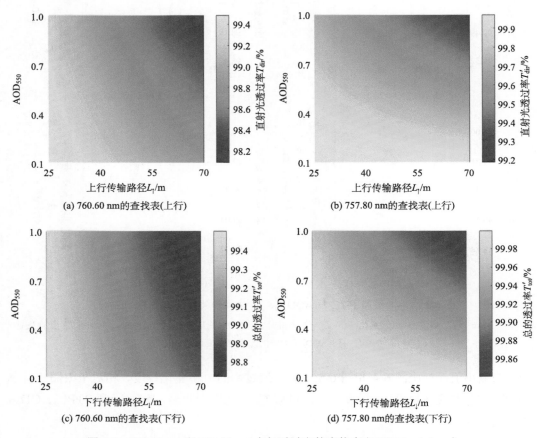

(a) 760.60 nm 的查找表(上行)　　　　　　　(b) 757.80 nm 的查找表(上行)

(c) 760.60 nm 的查找表(下行)　　　　　　　(d) 757.80 nm 的查找表(下行)

图 6-6　760.60 nm 和 757.80 nm 大气透过率的查找表(FWHM = 0.3 nm)

因此，仅需要已知实时 AOD_{550}、VZA、SZA 和 H_{obs} 四个变量，结合图 6-6 中大气透过率的 LUT，便可求解吸收波段的上下行大气透过率 T'_{dir}、T'_{tot}。

6.3.3　温度与气压对大气透过率影响的校正

在不同的地表海拔条件下，大气压力、大气温度也有所不同，不同大气压力和大气温度对大气透过率存在较大的影响。由于使用 MODTRAN 模型模拟数据时，当地表海拔固定时(如 1500 m)，其标准大气压力、标准大气温度也随之确定，只能模拟得到特定大气参数条件下的上下行大气透过率。但不同 SIF 观测站的海拔往往不同，则针对不同海拔的 SIF 观测站需要进行更多的数据模拟，此外自动气象站实时观测的大气压力、温度与标准大气压力、温度也存在差异，这些因素增加了塔基平台 SIF 大气校正的不确定性。因此，参考 Pierluissi 和 Tsai(1986)的经验公式来"等效"辐射传输路径长度 RTPL，从而达到补偿大气压力、温度的影响，见式(6-9)。

$$L = \left(\frac{p}{p_0}\right)^{0.9353} \times \left(\frac{T_0}{T}\right)^{0.1936} \times L_0 \tag{6-9}$$

式中，p_0、T_0 分别为参考海拔的标准大气压力、大气温度；L_0 为辐射传输路径长度 RTPL。如果某个海拔 SIF 观测站的实际大气压力、大气温度是 p 和 T，则可以使用式(6-9)计算等效辐射传输路径长度 RTPL，即 L。因此，仅需要在标准大气压力、温度条件下模拟查找表，可以通过使用等效 L 而不是实际 L_0 来补偿变化的大气压力、温度的影响。

为了验证等效 RTPL 经验公式补偿大气压力和温度的准确性，使用了一系列 MODTRAN 模型模拟的数据。例如，选择地表海拔 1.00 km、标准大气压力 901.996 hPa、标准大气温度 289.70 K 和辐射传输路径长度 25.00 m 为参考标准，在 0.75～1.25 km 海拔范围内以 0.05 km 为步长将 0.75～1.25 km 海拔平均划分为 11 种情况，使用对应的大气压力和温度由式(6-9)计算等效 L。同理，共模拟了 5 种参考标准条件下的地表海拔，如 0.50 km、1.00 km、1.50 km、2.00 km 和 2.50 km，以及计算相应的等效辐射传输路径长度 L，见表 6-1 中海拔为 1.00 km 和 1.50 km 的设置参数。

表 6-1　等效路径 RTPL 参数设置

海拔 1.00 km				海拔 1.50 km			
海拔/km	气压/hPa	温度/K	L/m	海拔/km	气压/hPa	温度/K	L/m
0.75	928.551	290.83	25.668	1.25	876.103	288.63	25.675
0.80	923.178	290.60	25.533	1.30	871.001	288.42	25.539
0.85	917.836	290.38	25.399	1.35	865.925	288.20	25.403
0.90	912.525	290.15	25.265	1.40	860.872	287.98	25.268
0.95	907.245	289.93	25.132	1.45	855.843	287.76	25.134
1.00	901.996	289.70	25.000	1.50	850.838	287.54	25.000
1.05	896.765	289.49	24.868	1.55	845.856	287.32	24.867
1.10	891.560	289.27	24.736	1.60	840.897	287.10	24.734
1.15	886.382	289.06	24.606	1.65	835.960	286.87	24.602
1.20	881.230	288.85	24.475	1.70	831.045	286.64	24.470
1.25	876.103	288.63	24.346	1.75	826.152	286.41	24.339

图 6-7 显示了 760.60 nm 处实际与等效辐射传输路径下的大气透过率比较结果。结果表明，使用等效 L 补偿大气压力和温度变化影响的估计值，与 760.60 nm 波长的实际参考值具备很好的匹配。对于 760.60 nm 吸收波段的直射光或总的大气透过率，R^2 均达到 0.9974，直接证明了等效 RTPL 经验算法补偿大气压力、温度的准确性。因此，对于不同海拔的 SIF 观测站可以建立少量典型地表海拔的大气透过率查找表，通过对 RTPL 的补偿，从而降低大气压力、温度对大气透过率的影响。

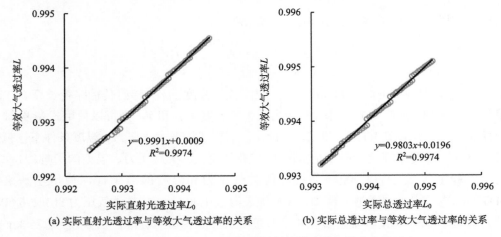

(a) 实际直射光透过率与等效大气透过率的关系　　(b) 实际总透过率与等效大气透过率的关系

图 6-7　760.60 nm 处实际与等效辐射传输路径下的大气透过率

6.3.4　基于光谱数据的气溶胶光学厚度估算方法

图 6-4 和图 6-5 分析表明，AOD_{550} 和 RTPL 两个因素对大气透过率具有明显的影响，通过已知观测几何参数(如 VZA、SZA 和 H_{obs})可以方便估算 RTPL，但并不是所有的观测站点都具备同步观测 AOD 的能力。目前，近地面反演 AOD 的方法主要是具有及时、连续等特点的地基遥感，使用包括多波段光度计、全波段太阳光度计和激光雷达等工具反演获得。

基于 MODTRAN 模型的模拟数据研究发现，790 nm 近红外与 660 nm 红光波段下行辐照度的比值 E_{790}/E_{660} 与 AOD_{550} 具有显著的正相关关系，如图 6-8 所示。在 SZA 一定时，E_{790}/E_{660} 越大，AOD_{550} 也越大，当 SZA=30°、45°、60°时，E_{790}/E_{660} 与 AOD_{550} 之间的决定系数 R^2 均大于 0.953。根据 E_{790}/E_{660} 与 SZA 构建的 LUT，若已知某时刻塔基平台 AutoSIF-1 观测系统实测的下行辐照度比值 E_{790}/E_{660} 就可以快速、同步求解 AOD_{550} 的大小。

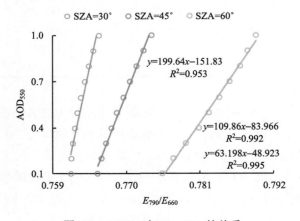

图 6-8　AOD_{550} 与 E_{790}/E_{660} 的关系

6.3.5　近地面叶绿素荧光反演的大气校正效果验证

根据 AOD_{550} 与 RTPL 的大气透过率查找表可以求解 O_2-A 波段上下行大气透过率 T'_{dir}、T'_{tot}。为了对构建的大气透过率查找表的可靠性进行验证，利用大气校正前后的冠层表观反射率开展了校正效果的评价。

图 6-9 为完熟期玉米冠层 O_2-A 波段表观反射率大气校正前后的结果。由于塔基平台视场范围内的下垫面是已枯黄的玉米冠层，认为无 SIF 的影响，上行辐射能量仅为枯黄玉米地物反射的光谱信号。由图 6-9(a) 可以看出，某一时刻(如 12:00)O_2-A 波段的表观反射率经过大气校正之后，760.60 nm 的反射率凹陷得到了较好的还原。假设在理想情况下 O_2-A 波段范围内反射率是线性变化的，通过拟合方法得到大气校正前后的拟合反射率，图 6-9(a) 中细虚线表示的是拟合反射率。图 6-9(b) 为一天时间内大气校正前后拟合反射率与其表观反射率在 760.60 nm 处反射率差值的变化趋势，在 10:00～16:00 时间段内反射率差值先减小后增大，校正后的表观反射率差值明显减小且更接近 0，拟合反射率与校正后表观反射率的 RMSE 有所减小，由 0.434%降低至 0.254%。

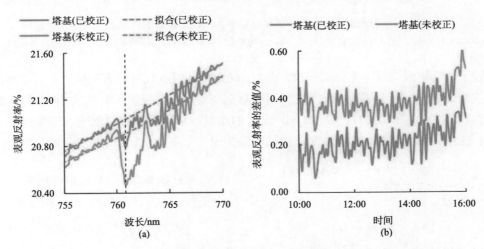

图 6-9　完熟期玉米冠层表观反射率大气校正前后的结果

(a) 完熟期玉米冠层表观反射率大气校正前后的表观反射率；(b) 完熟期玉米冠层表观反射率大气校正前后表观反射率的差值随时间变化的变化

图 6-10 为吐丝期玉米冠层 O_2-A 波段大气校正前后，以及增加近地面同步观测 TOC 的表观反射率。由于下垫面是吐丝期的玉米冠层，上行辐射信号除了包含植被地物反射光谱信号，也包括冠层发射的荧光信号，二者信号叠加在一起，O_2-A 吸收波段就会观测到荧光信号贡献的峰值。由图 6-10(a) 可以看出，某一时刻(如 12:00)O_2-A 波段校正后的表观反射率与地面实测的 TOC 表观反射率整体更为吻合，且在 760.60 nm 校正后表观反射率峰值与 TOC 表观反射率的峰值高度也更加接近。同理，比较一天时间内大气校正前后表观反射率、TOC 表观反射率与其拟合反射率在 760.60 nm 处的反射率差值，10:00～

17:00 的反射率差值先减小后增大，可以看出大气校正后表观反射率与 TOC 表观反射率差值更为接近，如图 6-10(b)所示，TOC 表观反射率与大气校正前后的表观反射率 RMSE 从 0.433%降低至 0.297%。

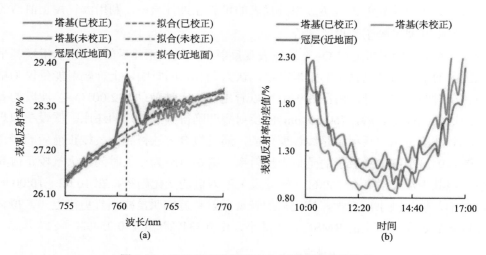

图 6-10　吐丝期表观反射率大气校正前后的结果

(a)吐丝期表观反射率大气校正前后的表观反射率；(b)吐丝期表观反射率大气校正前后表观反射率的差值随时间变化的变化

除了对比地面与塔基平台大气校正前后 760.60 nm 吸收线内外表观反射率的差异，更加直接验证大气校正效果的方法是比较植被冠层与塔基平台反演 SIF 的大小。图 6-11(a)是吐丝期玉米冠层地面与塔基平台 SIF 反演的结果，相比于早晨与傍晚，玉米冠层发射的 SIF 在中午达到峰值，SIF 日变化的趋势是先增大后减小。

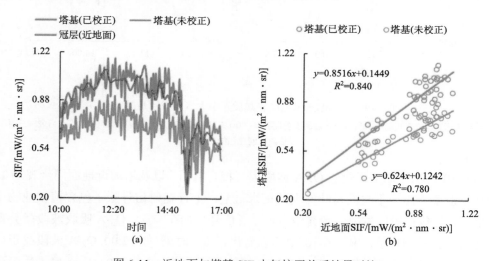

图 6-11　近地面与塔基 SIF 大气校正前后结果对比

(a)近地面与塔基 SIF 大气校正前后随时间变化的变化曲线；(b)大气校正前后塔基 SIF 与近地面 SIF 的散点图

对于 O_2-A 吸收波段反演的 SIF 而言，未进行大气校正塔基平台反演的 SIF 值，明显低于近地面玉米冠层光谱数据反演的 SIF 值。在经过大气校正之后，O_2-A 波段反演的 SIF 与近地面观测结果具有很好的吻合，如图 6-11(a) 中的红绿 SIF 变化曲线。此外，近地面与塔基平台大气校正后 SIF 的 R^2 有所增大，由 0.780 增大至 0.840，RMSE 也有所减小，从 0.221 mW/(m^2·nm·sr) 减小至 0.078 mW/(m^2·nm·sr)，如图 6-11(b) 所示。

6.4　数据预处理与反演方法选择

6.4.1　暗电流与非线性校正、波长校正、绝对辐射定标

1. 暗电流与非线性校正

暗电流由光谱仪 CCD 自身硅结构及其受热波动产生电子噪声组成。随 CCD 温度升高或光谱仪积分时间增大，暗电流逐渐增大。SIFprism 系统采用实时观测暗电流的校正方法，即在自动优化积分时间后，首先采集该积分时间内太阳入射辐射 DN 值（或冠层反射辐射 DN 值），然后关闭光谱仪进光通道，采集同样积分时间内该通道的暗电流值 DC。最后，将 DN 值减去暗电流 DC 值即为暗电流校正结果（记为 DN_{DCcor}）。

QE Pro 光谱仪像素对光的响应在其量程输出范围（0～200000）内存在非线性偏差，Ocean Optics 公司提供了相应的非线性校正方法：

$$DN_{noncor} = \frac{DN_{DCcor}}{\sum_{i=0}^{n} \alpha_i \times (DN_{DCcor})^i} \qquad (n=7) \qquad (6\text{-}10)$$

式中，DN_{noncor} 为非线性校正后 DN 值；α_i 为 Ocean Optics 公司提供的 7 阶经验校正系数，并且认为该系数对光谱仪所有像素均适用。

2. 波长校正

光谱仪的波长准确性是指仪器测定标准物质某一谱峰的波长与该谱峰的标定波长之差，是衡量光谱仪仪器性能的一项重要指标。虽然每一台光谱仪在出厂前均已波长定标，但光谱仪仍然会随时间和环境条件变化而产生波长漂移，故在仪器运行过程中，需定期进行波长定标。波长定标首先利用光谱仪采集具有特征发射峰的标准校正光源（如 HG-2、NE-2、AR-2 等, Ocean Optics Inc.，USA）的光谱，根据所采光谱对应标准校正光源的特征波长和光谱仪测得该波长对应的像素位置，建立多元线性回归方程：

$$\lambda_p = \lambda_0 + c_1 p + c_2 p^2 + c_3 p^3 \qquad (6\text{-}11)$$

式中，λ_p 为像素 p 对应的标准校正光源特征波长；λ_0 为像素 0 对应波长；c_1、c_2 和 c_3 分别为像素 p 一次、二次和三次的系数。由于方程参数较多，所以需要至少 4～6 条光谱特征发射峰。最后，利用方程计算参数 λ_0 和 c，从而可以得到光谱仪每个像素对应的波长，即为波长定标结果。波长定标以一年至少一次为标准。

3. 绝对辐射定标

绝对辐射定标在上述校正结果之后进行。根据光谱仪测量标准光源的光谱数据和标准光源定标文件，获得校正系数。图 6-11(a)为实验室标定的 SIFprism 系统上下两通道的绝对辐射定标系数。值得说明的是，虽然句容站 SIFprism 系统采用双半球观测方式，上下双通道均安装余弦矫正器以获取大范围荧光信号，且采用棱镜作为光路切换方式可以有效提高光路切换速率和稳定性，但是上下两通道的定标系数仍存在差异。结果表明，双半球观测方式 SIFprism 系统上下两通道光路并不完全一致。研究认为影响因子，如余弦矫正器固定差异、棱镜旋转角度差异、光纤差异及标定时人为误差等，均可能导致两光路透过性差异，影响光谱仪接收标准光源信号大小，从而影响定标系数。

利用图 6-12(a)中绝对辐射定标系数，可以得到 SIFprism 系统观测句容站水稻冠层的太阳入射和冠层反射辐照度[图 6-12(b)]。图中黄色和灰色阴影部分分别表示 O_2-B 和 O_2-A 吸收波段，可以用于红光和近红外 SIF 反演。

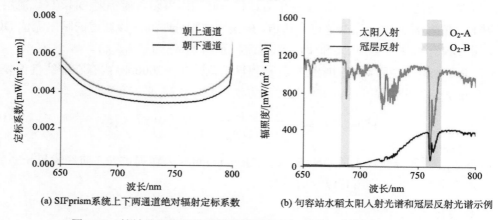

(a) SIFprism系统上下两通道绝对辐射定标系数　　　　(b) 句容站水稻太阳入射光谱和冠层反射光谱示例

图 6-12　植被叶绿素荧光观测系统辐射定标系数及光谱标定结果示例

6.4.2　光谱数据质量控制

在数据分析之前，还需要对数据进行质量控制。对于 SIFrpism 系统，用于质量控制的标准和相应的阈值如表 6-2 所示，只有满足质量控制条件的数据才能用于 SIF 反演。质量控制标准和阈值设定主要基于两个原则：①光照条件是否稳定；②系统观测状态(Cogliati et al.，2015b)。

表 6-2　光谱数据预处理用到的质量控制标准和阈值

质量控制标准	公式	阈值
太阳天顶角	solar zenith angle, SZA	<60°
光谱饱和	max(DN_1)	>0.5×200000 且 <200000
地物反射率	Radiance*下/Irradiance	<1
信噪比	DN/DC	>30

太阳天顶角表示的是光谱观测时刻太阳所在位置。由于朝上通道的余弦校正器不能完全收集半球范围(180°)内所有太阳光谱，因此太阳天顶角过大可能导致余弦矫正器收集太阳辐射比植被冠层接收太阳辐射小，造成观测误差。因此为了保证数据有效性，本研究中高于 60°太阳天顶角时刻采集的数据均被舍弃。光谱饱和条件表示朝上通道 DN 值(DN_1)最大值需大于光谱仪最大饱和值一半且小于最大饱和值，该条件可以有效避免太阳入射辐射较小(如降雨或阴天等)或者光谱数据饱和情况。地物反射率条件可以剔除一些反射率大于 1 的异常数据。此外，信噪比条件也可以避免太阳入射辐射较小或者暗电流过高情况。

6.4.3　SIF 反演算法选择

光谱拟合法(spectral fitting methods, SFM)反演 SIF 是目前最常用的算法之一，该方法是一种反射率 r 和荧光 SIF 都是由光谱曲线拟合确定的方法(Meroni and Colombo, 2006; Meroni et al., 2010; Cogliati et al., 2015a; Mazzoni et al., 2012)。SFM 通过使用简单的数学函数来描述这两个关键变量来改进 FLD 的假设。与上述其他高光谱方法不同，r 和 SIF 在一个单独的步骤中解耦，并没有使用表观反射率基线。不同于 FLD 方法的假设，SFM 先选取一段包含夫琅禾费吸收线的波段窗口$[\lambda_1, \lambda_2]$，基于假设反射率 r 和荧光 F 在这个波段范围内能够用多项式函数或者其他合适的数学函数表示。因此，植物反射太阳辐射(L)可以表示为

$$L_s(\lambda) = \frac{r_{MOD}(\lambda)E(\lambda)}{\pi} + F_{MOD}(\lambda) + \varepsilon(\lambda), \quad \lambda \in [\lambda_1, \lambda_2] \tag{6-12}$$

式中，$r_{MOD}(\lambda)$ 和 $F_{MOD}(\lambda)$ 分别为用来描述反射率和荧光随波长变化的函数；$\varepsilon(\lambda)$ 为观测值和模拟值之间的差，表示每个波长的模拟误差。然后利用最小二乘法可以反演出窗口内的反射率和荧光光谱曲线。

6.4.4　SIF 反演不确定性

SIF 反演不确定性主要来自统计和系统两部分。系统不确定性来自 SIFprism 系统观测方式和数据采集流程固有影响，而统计部分则来自辐射传输模型、光谱数据处理及反演算法等带来的影响。

1. 时间匹配问题

虽然 SIFprism 系统采用的是棱镜切换光路的方式，相比于分叉光纤和 TTL 方式具有更高稳定性和更小光损失(Zhang et al., 2019)，但是两光路获取太阳入射辐照度光谱(记获取时间为 t_1)和冠层反射辐亮度光谱(记获取时间为 t_2)的时间差($\Delta t=t_2-t_1$)仍存在，因此在时间上存在系统偏差，对于一些常用的荧光反演算法(如 3FLD、SFM 等)估算 SIF 可能导致反演误差。

对于天气条件较稳定，即太阳入射辐射稳定时，SIFprism 系统两光路观测太阳入射光谱和冠层反射光谱保持相对稳定。可以假设 t_2 时刻的冠层反射光谱与 t_1 时刻冠层反射光谱近似相同，由此光路切换导致的时间差对 SIF 反演影响较小。然而，对于天气条件变化迅速的情况，入射太阳辐射和冠层反射辐射之间的时间差异，可能导致 t_2 时刻的冠层反射光谱与 t_1 时刻冠层反射光谱差异较大，因此 t_2 时刻冠层反射光谱与 t_1 时刻太阳入射光谱并不对应，故可能增大 SIF 反演误差。通过数据插值或者采用"三明治测法"（Du et al.，2019；Li et al.，2019）可以有效降低时间匹配问题导致的 SIF 反演不确定性，提高 SIF 反演精度。

2. 辐射传输过程模拟

大部分荧光反演算法均基于一定假设，即植被冠层为一维同质平面且为朗伯体（Damm et al.，2011；Liu and Liu，2015；Meroni et al.，2010），而只有一小部分研究引入了双向反射分布函数（Cogliati et al.，2015a；Mazzoni et al.，2010），因此适用于同质性较高植被冠层（如农田等）的 SIF 反演，但对异质性较高植被冠层反演误差则较大。另外，植被冠层辐射传输和大气辐射传输模型所采用的假设及二者的耦合程度也会对荧光反演误差产生影响。最近，一些耦合了荧光的三维辐射传输模型［如 DART（Gastellu-Etchegorry et al.，2017）、FluorWPS（Zhao et al.，2016）和 FluorFLIGHT（Hernández-Clemente et al.，2017）等］可以提供更加准确的荧光在冠层内部等的辐射传输过程，因此可以有效提高异质性较大植被冠层的荧光反演精度。

3. 数据处理不确定性

数据处理不确定性主要来自光谱波长校正、绝对辐射定标、非线性校正及温度变化引起的光谱特征和光谱仪传感器的光响应变化。研究表明即使太阳入射辐射通道和冠层反射辐射通道之间存在非常小的光谱差异，也可能导致反演 SIF 出现较大误差。特别地，对于采用两个光谱仪分别观测太阳入射辐射和冠层反射辐射的方式，由于不同光谱仪之间光谱响应特征（如光谱响应中心波长，光谱分辨率等）不同，波长校正较为复杂，可能增大 SIF 反演误差。因此光谱仪传感器稳定性、光谱波长校正及保持光谱仪传感器内外光路组成（光谱仪整体、衍射光栅、光路切换开关）的温度稳定是十分重要的（Pacheco-Labrador et al.，2019）。

参 考 文 献

Cogliati S, Verhoef W, Kraft S, et al. 2015a. Retrieval of sun-induced fluorescence using advanced spectral fitting methods. Remote Sensing of Environment, 169: 344-357.

Cogliati S, Rossini M, Julitta T, et al. 2015b. Continuous and long-term measurements of reflectance and sun-induced chlorophyll fluorescence by using novel automated field spectroscopy systems. Remote Sensing of Environment, 164: 270-281.

Damm A, Erler A, Hillen W, et al. 2011. Modeling the impact of spectral sensor configurations on the FLD retrieval accuracy of sun-induced chlorophyll fluorescence. Remote Sensing of Environment, 115(8): 1882-1892.

Daumard F, Champagne S, Fournier A, et al. 2010. A field platform for continuous measurement of canopy fluorescence. IEEE Transactions on Geoscience and Remote Sensing, 48(9): 3358-3368.

Du S, Liu L, Liu X, et al. 2019. SIFSpec: Measuring solar-induced chlorophyll fluorescence observations for remote sensing of photosynthesis. Sensors, 19(13): 3009.

Gastellu-Etchegorry J P, Lauret N, Yin T, et al. 2017. DART: Recent advances in remote sensing data modeling with atmosphere, polarization, and chlorophyll fluorescence. IEEE Journal of Selected Topics in Applied Earth Observations and Remote Sensing, 10(6): 2640-2649.

Hernández-Clemente R, North P R, Hornero A, et al. 2017. Assessing the effects of forest health on sun-induced chlorophyll fluorescence using the FluorFLIGHT 3-D radiative transfer model to account for forest structure. Remote Sensing of Environment, 193: 165-179.

Li Z, Zhang Q, Li J, et al. 2019. Solar-induced chlorophyll fluorescence and its link to canopy photosynthesis in maize from continuous ground measurements. Remote Sensing of Environment, 236(1):111420.

Liu X J, Liu L Y. 2014. Assessing band sensitivity to atmospheric radiation transfer for space-based retrieval of solar-induced chlorophyll fluorescence. Remote Sensing, 6(11): 10656-10675.

Liu X, Liu L, Zhang S, et al. 2015. New spectral fitting method for full-spectrum solar-induced chlorophyll fluorescence retrieval based on principal components analysis. Remote Sensing, 7(8): 10626-10645.

Liu X J, Liu L Y, Hu J C, et al. 2017. Modeling the footprint and equivalent radiance transfer path length for tower-based hemispherical observations of chlorophyll fluorescence. Sensors(Basel), 17(5): 1131.

Liu X J, Guo J, Hu J C, et al. 2019. Atmospheric correction for tower-based solar-induced chlorophyll fluorescence observations at O_2-a band. Remote Sensing, 11(3): 355.

Mazzoni M, Falorni P, Verhoef W. 2010. High-resolution methods for fluorescence retrieval from space. Optics Express, 18(15): 15649-15663.

Mazzoni M, Meroni M, Fortunato C, et al. 2012. Retrieval of maize canopy fluorescence and reflectance by spectral fitting in the O_2-A absorption band. Remote Sensing of Environment, 124: 72-82.

Meroni M, Colombo R. 2006. Leaf level detection of solar induced chlorophyll fluorescence by means of a subnanometer resolution spectroradiometer. Remote Sensing of Environment, 103(4): 438-448.

Meroni M, Busetto L, Colombo R, et al. 2010. Performance of spectral fitting methods for vegetation fluorescence quantification. Remote Sensing of Environment, 114(2): 363-374.

Pacheco-Labrador J, Perez-Priego O, El-Madany T S, et al. 2019. Multiple-constraint inversion of SCOPE. Evaluating the potential of GPP and SIF for the retrieval of plant functional traits. Remote Sensing of Environment, 234: 111362.

Pierluissi J H, Tsai C M. 1986. Molecular transmittance band model for oxygen in the visible. Applied Optics, 25(15): 2458-2460.

Sabater N, Vicent J, Alonso L, et al. 2018. Compensation of oxygen transmittance effects for proximal sensing retrieval of canopy–leaving sun–induced chlorophyll fluorescence. Remote Sensing, 10(10): 1551.

Zarco-Tejada P J, Miller J R, Mohammed G H, et al. 2000. Chlorophyll fluorescence effects on vegetation apparent reflectance: II. Laboratory and airborne canopy-level measurements with hyperspectral data. Remote Sensing of Environment, 74(3): 596-608.

Zhang Q, Zhang X K, Li Z H, et al. 2019. Comparison of bi-Hemispherical and hemispherical-conical configurations for in situ measurements of solar-induced chlorophyll fluorescence. Remote Sensing, 11(22): 2642.

Zhao F, Dai X, Verhoef W, et al. 2016. FluorWPS: a monte carlo ray-tracing model to compute sun-induced chlorophyll fluorescence of three-dimensional canopy. Remote Sensing of Environment, 187: 385-399.

第 7 章　日光诱导叶绿素荧光方向校正与尺度转换

7.1　叶绿素荧光方向性测量与建模

7.1.1　叶绿素荧光方向性物理机制

"天街小雨润如酥，草色遥看近却无"，正如诗中描述的，地表反射具有的各向异性特征早已受到人们的重视。与地物反射率类似，叶绿素荧光也具有一定的方向性。FluorMOD (Zarco-Tejada et al., 2006) 及 SCOPE 模型 (van der Tol et al., 2009) 的模拟结果表明，冠层叶绿素荧光具有二向反射特性，且这一特征在热点方向非常明显。此后，各项研究发现，从叶片尺度到冠层尺度，红光波段的叶绿素荧光、近红外波段的叶绿素荧光及两者的比值都表现出随着太阳天顶角的减小而增大、随着太阳方位角和观测角的不同而不同的方向性特征 (Guanter et al., 2012; Middleton et al., 2012, 2014; Fournier et al., 2012)。

遥感观测的各向异性主要源于地表复杂的三维结构和空间的非均一性，而叶绿素荧光的方向性的物理机制具有一定的特殊性。叶绿素荧光的非各向同性主要可以归因于结构因素及辐射在传输中的吸收和散射等物理过程因素。在叶片尺度上，除了光的散射外，影响叶绿素荧光方向性的因素主要是叶绿素荧光在叶片内部的吸收现象。叶片的细胞结构及其生化组分，尤其是叶绿素的浓度，对叶绿素荧光在叶片内部的吸收有显著影响。叶片内部的叶绿素荧光(尤其是红光波段)的重吸收作用导致了叶片水平上叶绿素荧光在前向与后向上出现较大差异 (Miller et al., 2005; Pedrós et al., 2010)，造成了叶片尺度的叶绿素荧光方向性。

在冠层尺度上，冠层结构直接影响光在冠层中的辐射传输过程。冠层结构的差异会造成不同的二向间隙率，这会影响冠层下层叶片接受的光照，从而影响整个冠层顶部观测到的反射率及 SIF。具体来说，当太阳天顶角变化时，光线的入射角度发生变化，日光从不同的方向进入冠层，从而"照亮"冠层中不同的部分；间隙率也随入射角变化，造成冠层内部光的强度与分布的差异。假设树冠结构是刚性、边界清晰的，若能对冠层结构进行理想的描述建模，就能根据间隙率简单准确地估计进入冠层内部的太阳光；若结合辐射传输模型进行修正，就能从机理上很好地解释 SIF 的方向性特征(与反射率建模类似)。目前已有研究表明，使用 SCOPE 模型模拟植被冠层叶绿素荧光二向反射率，同样可以发现较明显的热点效应 (van der Tol et al., 2009)。

冠层结构对 SIF 的影响不仅来源于它对冠层内部叶片接收到的入射光的遮挡效应，也同样源于它对冠层内部叶片发射的 SIF 逸出的阻碍效应。这种对 SIF 逸出的阻碍，包括了冠层本身对荧光的重吸收和多次散射作用。叶片 SIF 的向上辐射传输路径随观察方

向改变而变化，并且在冠层内部，不同成像几何造成的不同的散射和吸收过程也可能使
SIF 上行传输表现出明显的方向性。植物 PSII 发出的叶绿素荧光在红光波段有一个峰
值，而叶绿素本身对红光具有吸收作用，因此冠层内部叶片发出荧光在透过其他叶片进
行传输时，红光波段部分将被重吸收，因而在传播方向上出现明显的衰减，直接从树冠
间隙中逃逸出的荧光则衰减较少，这是引起红光波段 SIF 方向性的主要原因。近红外波
段的叶绿素荧光较少受到叶片重吸收作用的影响，但由于叶片近红外波段反射率高，该
波段荧光方向性主要由冠层内部的散射造成。

　　综上所述，叶绿素荧光具有较明显的方向性，研究其方向性特征对叶绿素荧光的探
测和应用有重要意义。对叶绿素荧光方向性的研究必然要充分考虑并探寻其产生的物理
机制及特点，继而上升到应用层面，提出合理的方向性校正方法，给出叶绿素荧光的方
向校正产品以供相关领域进一步的研究所需。

7.1.2　叶绿素荧光方向性测量与特征

　　叶绿素荧光的方向性在地面数据、航空数据和卫星数据上都有所体现。与一般的地
物方向性反射测量类似，为了认识并刻画叶绿素荧光在半球空间的分布特征，需要借助
多角度的观测仪器进行方向性的测量。现以地面的冠层多角度光谱观测为例，介绍叶绿
素荧光的方向性测量仪器及方法。

　　对叶绿素荧光方向性特征的观测是其方向性研究的基础。地面观测一般使用多角度
观测系统进行观测，它一般由传感器（光谱仪）、光纤探头、参考板、支架和其他辅助部
件构成。传感器是整个观测系统中最重要的部分，控制对冠层进行自动化的观测和简单
的信息处理；光纤探头是光线进入光学系统的入口，相当于观测系统的"眼睛"；参考
板可以用来测定当时的下行辐射，进行定标等操作；支架是支持系统进行多角度观测的
重要部分，通过支架的运动、旋转，系统就可以控制对地物的观测角度。观测系统的支
架样式众多，常见的有以 PARABOLA 为代表的观测架，以 GRASS 为代表的半球形观测
架，以 ULGS 系列为代表的 1/4 圆拱支架，轨道式全自动观测架、圆盘式半自动观测架，
和以 MAOS 为代表的便携式三脚架固定的观测架。为了保证多角度观测的空间分辨率和
视野中的地物覆盖范围满足研究要求，往往需要对观测的高度进行合理控制，而测量过
程中热点方向探头本身造成的阴影问题、直射光和散射光对观测的影响等，都是需要注
意的问题。

　　以冬小麦 SIF 二向反射特性研究（Liu et al., 2016）为例介绍叶绿素荧光方向性观测系
统及其方向性研究。该研究中使用了 MAOS 对冬小麦冠层进行了连续的 SIF 及下行辐射
光谱观测。MAOS 由光谱仪、光纤探头、参考板、三脚架、旋转平台和驱动电机构成，
通过计算机控制，可以在不同的方位角和天顶角准同步观测冠层上行辐射和参考辐射（图
7-1）。其中三脚架、钢管和旋转平台等构成了测角仪以控制观测角度，总重达 40 kg。日
变化的观测实验中，在太阳主平面及垂直主平面上，观测天顶角方向以 10° 的采样间隔
逐渐增加；在主平面的热点方向上，为了捕捉 BRDF 在此处的快速变化，观测角度采

样间隔加密至 2°，因此，在太阳主平面上，观测天顶角从–60°～60°的范围内共采集了15～16 条的数据。

图 7-1　多角度观测系统 MAOS

　　系统通过定制的 Ocean Optics QE Pro 光谱仪（OceanOptics，Inc. Dunedin，Florida，USA）进行冠层 BRDF 光谱测量，该光谱仪装有 25°视场的光纤，该光纤在 645～805 nm 光谱范围内具有 0.31 nm 的光谱分辨率，采样间隔为 0.155 nm，SNR 为 1000。观测过程中，探头架设在冠层上方 2 m 高度，40 cm×40 cm 的 $BaSO_4$ 的参考板架设在测角仪北部、冠层上方 1.5 m 处。光谱仪每扫描 5 次取一个平均光谱曲线，每次测量都会优化积分时间并进行暗电流校正，且测量冠层 BRDF 的前后都会自动对准参考板测量入射辐射。在一个主平面上，冠层的 BRDF 光谱测量时间小于等于 7 min，所有的 BRDF 测量都在晴朗无云的条件下进行，测量时间在 9：00～16：30。每次 BRDF 光谱测量后，通过 ASD FieldSpec4（SR = 3 nm，SSI = 1 nm，SNR> 4000，Analytical Spectral Devices，Boulder，CO，USA）进行天空散射光比例的测量。图 7-2 显示了 2015 年 4 月 13 日的天空散射光比例的日间观测值，它随着中午前后的 SZA 值减小和晴天的波长增加而减小。在四个昼夜实验中，在 O_2-B 和 O_2-A 波段周围，漫射-球面辐照比在 0.15～0.45 变化，并且由于漫射辐照度的传递路径较长，在大气吸收带处该比值较低。

　　仪器测量所得的植被反射辐亮度光谱，包含了植被反射率和荧光两部分的信号。因此，需要采用一定的算法将叶绿素荧光从仪器接收的总信号中分离出来。经典的算法如Maier 等（2003）提出的 3FLD 方法，假设吸收波段的反射率和荧光 Fs 的变化服从线性变化规律，通过求解简单的方程就能够实现荧光和反射率的分离。标准 FLD 方法中，单个参考波段处的辐照度和辐射度被吸收带左右肩部两个波段的加权平均值所代替，SIF 可以由式(5-6)解算。

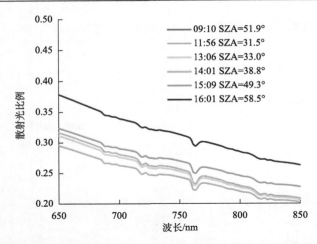

图 7-2　2015 年 4 月 13 日在 650～850 nm 波段的天空散射光比例的日变化观测结果

　　在采用不同的光谱技术参数的条件下，结合实验数据的反演结果，研究评估了不同 FLD 反演方法下的 SIF 反演结果。结果表明，利用 QE Pro 光谱仪的光谱测量（光谱分辨率=0.31 nm，SNR>1000），3FLD 方法比标准 FLD 方法和改进的 FLD 方法（Liu et al., 2015）更加稳定和准确。因此，本研究中采用 3FLD 方法进行冠层 SIF 反演。对于 O_2-B 波段，我们采用 687.092 nm 作为 O_2 特征内的波长，分别在 686.279 nm 和 688.229 nm 处采样，作为 O_2 吸收特征的左肩（较短的波长）和右肩（较长的波长）。对于 O_2-A 波段，我们采用 760.715 nm 作为 O_2 特征内的波长，757.923 nm 和 768.871 nm 分别为 O_2 特征左肩和右肩的波长。

　　通过测量结果可以发现，叶绿素荧光的方向性特征较为明显，SIF 发射强度与太阳辐射和太阳天顶角相关，其二向发射的形状和冠层反射率 BRDF 非常相似，相关性也较好。在辐照度高或 SZA 小时，SIF 的信号会增强。在冠层尺度上，叶片 SIF 的向上辐射传递路径随视线方向的变化而变化，这种不同成像几何下的冠层内部不同散射和吸收过程，也可能导致明显的上行 SIF 发射的方向性变化。

　　将 4 个日变化观测中的 16 个多角度光谱测量数据全部进行处理，可以得出冠层反射率和 SIF。图 7-3～图 7-6 为 4 个日变化观测的太阳主平面二向 SIF 和反射率信号。SIF 的发射随太阳辐射增强而增强，随 SZA 的减小而增大。虽然 SIF 的二向发射的形状和冠层反射率 BRDF 非常相似，但在不同波段，SIF 的 BRDF 形状有所不同。例如，在近红外的 O_2-A 波段附近，SIF 的二向发射形状呈碗形。而在红光的 O_2-B 波段处，SIF 发射随观测角角度变化更明显地呈现穹顶形，这一现象在图 7-3～图 7-6 中的所有日变化观测实验中都有发现。实验发现，冬小麦冠层尺度观测的 SIF 随观测角角度改变的变化明显，O_2-B 波段 SIF 热点效应突出，尤其是在太阳主平面上，而且几乎在各个生长阶段共 16 次测量中，植物都能表现出 SIF 在热点取得最大值的特点（约为正向最小值的 25 倍），随着观测角度远离热点，观测到的 SIF 信号逐渐减小；O_2-A 波段则能在天底点上观察到

SIF 最小值(约为大 VZA 后向最大值的一半),随着观测角的增大,SIF 信号逐渐增强。

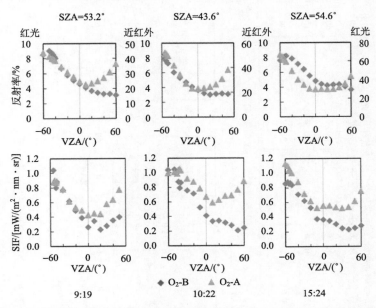

图 7-3　2015 年 4 月 3 日获得的太阳主平面上 O$_2$-B(菱形)和 O$_2$-A(三角形)波段的方向反射率(上一行)和 SIF(下一行)的初步测量结果

从左到右,3 次 BRDF 测量的 SZA 分别为 53.2°、43.6° 和 54.6°。VZA 的负值代表后向,正值代表前向。热点周围的区域采样比较密集,间隔为 2°

　　SIF 在不同波段表现出不同的二向反射特征与 SIF 在冠层中的传播路径及散射和重吸收现象密切相关,从物理机制上也同样可以理解不同波段二向发射特点的差异。O$_2$-B 波段 SIF 双向发射和反射的穹顶形状,可能是 SIF 在冠层内传输中的吸收或者双向间隙率导致的。在热点方向,"可见"叶片上的入射辐照度高于其他方向,冠层内等效 SIF 辐射传输路径最短,叶绿体的重吸收作用也最弱。因此,后向的 SIF 发射高于前向,其中热点方向的 SIF 发射最强。这些特征与 van Wittenberghe 等(2015)的观察结果一致。他们的结果表明,向上的荧光比向下的荧光高 50%左右,而且向下的 SIF 主要是在远红区发射的,因为这部分荧光在叶片内部发生强烈散射,而不像红色叶绿素荧光一样,大部分被叶片重吸收。

　　然而,与 SCOPE 模型模拟的反射率及 SIF 的方向效应(van der Tol et al., 2009)相比,图 7-3～图 7-6 中没有观察到那么明显的热点效应。这可以从 QE Pro 光谱仪的自阴影和 FOV 两个方面来解释。自阴影是不可避免的,在实验中,这部分比例为 1.44%,而自阴影的存在会减弱热点效应。QE Pro 的 FOV 为 25°,覆盖了约 0.62 m^2 的面积,高度在树冠以上 2 m 处。研究利用了 25°的窗口,对植被辐射传递模型(如 SCOPE)模拟的太阳主平面上热点位置处明显的 BRDF 峰进行平滑处理。因此,在地面观测到的 SIF 和反射率的热点效应并不像模拟的那样明显,也不像空间水平那样明显。

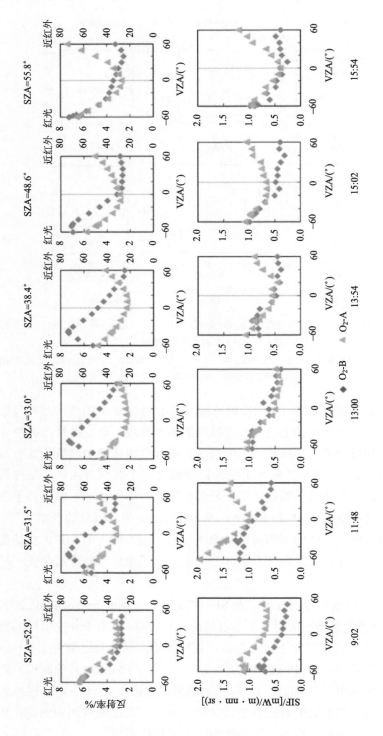

图 7-4 2015 年 4 月 13 日获得的太阳主平面上 O_2-B（菱形）和 O_2-A（三角形）波段的方向反射率（上一行）和 SIF（下一行）的初步测量结果

从左至右，6 次 BRDF 测量的 SZA 分别为 52.9°、31.5°、33.0°、38.4°、48.6°和 55.8°。VZA 的负值代表后向，正值代表前向。热点周围的区域采样比较密集，间隔为 2°

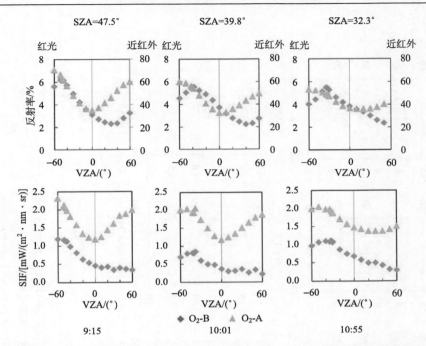

图 7-5　2015 年 4 月 24 日获得的太阳主平面上 O_2-B（菱形）和 O_2-A（三角形）波段的方向反射率（上一行）
和 SIF（下一行）的初步测量结果

从左到右，3 次 BRDF 测量的 SZA 分别为 47.5°、39.8° 和 32.3°。VZA 的负值代表后向，正值代表前向。热点周围的区域采
样比较密集，间隔为 2°

为了阐明不同生长阶段冠层 SIF 的季节性变化，图 7-7 展示了 9:00 和 15:00 附近的
SIF 观测结果。如图 7-7 所示，对于相似的 SZA，在冬小麦从起身期发展到开花期的过
程中，SIF 发射量随着 LAI 的增加而增加。而且在 O_2-A 波段的 SIF 振幅增加幅度大于
O_2-B 波段，其部分原因可能是叶内荧光从叶片和冠层逸出过程中叶绿体对红光的重吸收
作用。

根据 16 个多角度光谱测量结果，SIF 二向发射（函数）的形状与太阳主平面上的冠层
反射率相似，如图 7-3～图 7-6 所示。表 7-1 为二向 SIF 与反射率的相关系数，O_2-B 和
O_2-A 波段的平均值分别为 0.94 和 0.97。高相关系数表明可以利用二向反射率模型或先
验知识来修正二向 SIF 发射。

表 7-1　每次多角度测量所得到的 O_2-A 和 O_2-B 波段处二向 SIF 和反射率的相关系数

波段	4 月 3 日			4 月 13 日						4 月 24 日			4 月 25 日				
	9:19	10:22	15:24	9:02	11:48	13:00	13:54	15:02	15:54	9:15	10:01	10:55	11:03	12:27	13:30	15:30	16:31
O_2-A	0.98	0.96	1.00	0.95	0.97	0.91	0.97	0.96	0.97	0.99	0.98	1.00	1.00	0.98	0.95	0.99	0.98
O_2-B	0.97	0.98	0.97	0.93	0.93	0.71	0.93	0.96	0.93	0.98	0.92	0.91	0.86	0.96	0.94	0.93	0.99

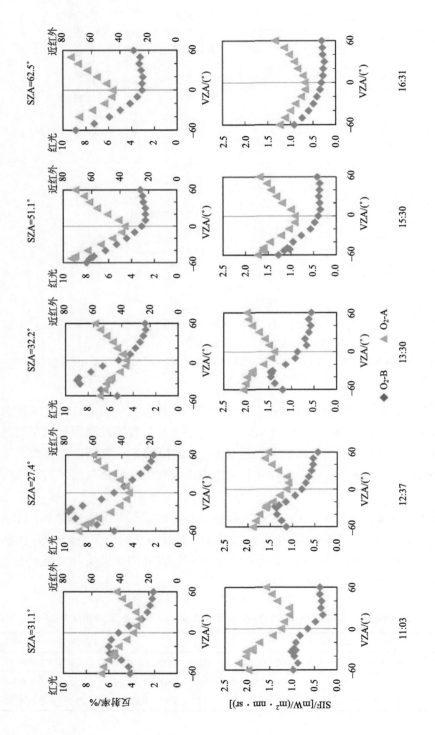

图 7-6　2015 年 4 月 25 日获得的太阳主平面上 O_2-B（菱形）和 O_2-A（三角形）波段的方向反射率（上一行）和 SIF（下一行）的初步测量结果

从左到右，5 次 BRDF 测量的 SZA 分别为 31.1°、27.4°、32.2°、51.1°和 62.5°。VZA 的负值代表后向，正值代表前向。热点周围的区域采样比较密集，间隔为 2°

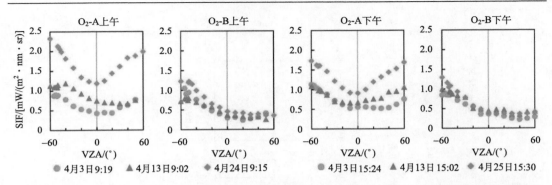

图 7-7　2015 年 4 月 3 日、13 日、24 日和 25 日获得的太阳主平面上 O_2-B 和 O_2-A 波段的 SIF 初步测量结果，9:00 和 15:00 附近的 SZA 相似

VZA 的负值代表后向，正值代表前向。热点周围的区域采样比较密集，间隔为 2°

为了研究二向 SIF 和反射率之间的差异，实验中每个多角度光谱测量的 SIF 和反射率值都被进行了归一化。具体做法是将它们除以其在热点方向区域的最大值。图 7-8 为 2015 年 4 月 3~24 日进行的两次日变化观测中，O_2-B 和 O_2-A 波段的归一化二向 SIF 和反射率。结果表明，太阳主平面上二向 SIF 的形状和振幅的相对变化与冠层反射信号相似，尤其是 O_2-A 波段。在 O_2-B 波段，SIF 的方向性变化比反射率的方向性变化略大，其热点方向的 SIF 是其前向最小值的 2~5 倍。在 O_2-A 波段，热点方向的 SIF 和反射率都是其前进方向最小值的 2 倍左右。

7.1.3　叶绿素荧光方向性校正模型与方法

叶绿素荧光具有方向性，决定了从不同角度观测得到的叶绿素荧光数据缺乏直接可比性，这也是不同平台、时间、纬度观测的叶绿素荧光数据无法简单地比较、融合的原因之一。为了使不同方向观测到的叶绿素荧光水平具有可比性，也为了借助某个方向观测的叶绿素荧光反推它在整个半球中的分布状况，研究需要对叶绿素荧光的二向发射特性进行充分研究后建立校正模型，以实现叶绿素荧光的方向性校正。

观测实验(Liu et al., 2016)发现，叶绿素荧光的方向性特征与冠层反射率方向性特征相似。具体来说，两者在太阳主平面上辐亮度(振幅)随角度变化的变化形状与相对差异很接近，而且具有较好的相关性，因此可以考虑使用与冠层反射率方向校正类似的 BRDF 模型来进行叶绿素荧光的方向校正。这里以 MRPV 模型为例，介绍叶绿素荧光的方向性校正。

MRPV 模型(Rahman-Pinty-Verstraete model)是一种半经验的二向反射率模型，仅使用三个参数就能表达从 (θ_1, φ_1) 方向入射、(θ_2, φ_2) 方向观测的地表反射率(Rahman et al., 1993; Pinty et al., 2000)。该模型使用三个函数从数学角度刻画 BRDF 的典型形状，在复杂三维情形下的 BRDF 模拟具有较好的灵活性。其中，Henyey-Greenstein 函数(H-G 函数)，用来描述穹顶或碗边形状的二向反射特性，$F_{HG}(g; \Theta_{HG})$ 被用来描述 BRDF 场的不对称性，而热点函数 $[H(\rho_c; G)]$ 被用来解释热点方向的反射率峰值增加。MRPV 模型是在 RPV 模型的基础上建立的，而 RPV 模型的地表二向反射率可以描述为

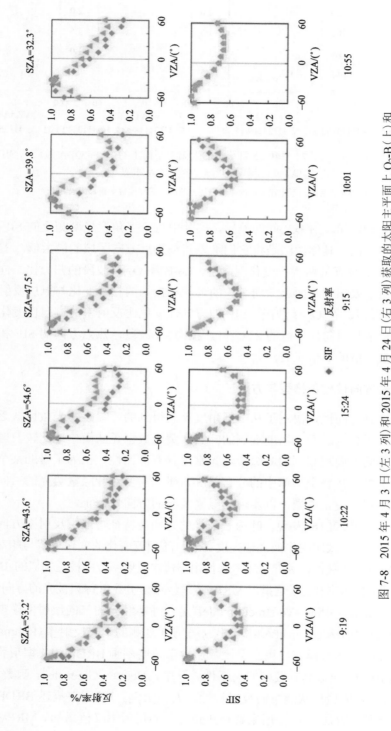

图 7-8　2015 年 4 月 3 日（左 3 列）和 2015 年 4 月 24 日（右 3 列）获取的太阳主平面上 O_2-B（上）和 O_2-A（下）波段的归一化方向反射率（三角形）和 SIF（菱形）值

比较的是实验开始与结束时的情况。反射率和 SIF 均缩放到了 0 和 1 之间，VZA 的负值代表后向，正值代表前向。热点周围的区域采样比较密集，间隔为 2°

$$\rho_{\mathrm{RPV}}(\theta_1,\varphi_1,\theta_2,\varphi_2)=\rho_0\times M_1(\theta_1,\theta_2;k)\times F_{\mathrm{HG}}(g;\Theta_{\mathrm{HG}})\times H(\rho_{\mathrm{c}};G) \tag{7-1}$$

式中，ρ_0 用来描述 BRDF 函数平均反射率，其他函数可以表示为

$$M_1(\theta_1,\theta_2;k)=\frac{\cos^{k-1}\theta_1\times\cos^{k-1}\theta_2}{(\cos\theta_1+\cos\theta_2)^{1-k}} \tag{7-2}$$

$$F_{\mathrm{HG}}(g;\Theta_{\mathrm{HG}})=\frac{1-\Theta_{\mathrm{HG}}^2}{(1+\Theta_{\mathrm{HG}}^2-2\Theta_{\mathrm{HG}}\times\cos g)^{3/2}} \tag{7-3}$$

$$H(\rho_{\mathrm{c}};G)=1+\frac{1-\rho_{\mathrm{c}}}{1+G} \tag{7-4}$$

$$\cos g=\cos\theta_1\cos\theta_2+\sin\theta_1\sin\theta_2\cos(\varphi_1-\varphi_2) \tag{7-5}$$

$$G=\left[\tan^2\theta_1+\tan^2\theta_2-2\tan\theta_1\tan\theta_2\cos(\varphi_1-\varphi_2)\right]^{1/2} \tag{7-6}$$

式中，Θ_{HG} 为用来描述 BRDF 不对称性的参数；$k(0\leqslant k\leqslant1)$ 为描述植被冠层 BRDF 场碗形的形状参数；ρ_{c} 为热点参数 $(0\leqslant\rho_{\mathrm{c}}\leqslant1)$，且 ρ_{c} 越小，热点效应越突出。

MRPV 模型是 RPV 模型的修正，它将 H-G 函数简化如下：

$$F_{\mathrm{HG}}(g;b_{\mathrm{M}})=\exp(b_{\mathrm{M}}\cos g) \tag{7-7}$$

式中，b_{M} 为 MRPV 模型描述 BRDF 不对称性的参数。

上述模型较好地模拟了三维情形下的 BRDF 场，其中 k、b_{M} 和 ρ_{c} 三个参数能够表达不同的 BRDF 形态，Minnaert 函数 $M_1(\theta_1,\theta_2;k)$ 描述了碗形的 BRDF，H-G 函数 $F_{\mathrm{HG}}(g;b_{\mathrm{M}})$ 描述了不对称的 BRDF，而热点函数 $H(\rho_{\mathrm{c}};G)$ 则描述了热点现象。如图 7-9 所示，可以看到不同的函数及参数取值拟合 BRDF 的效果。

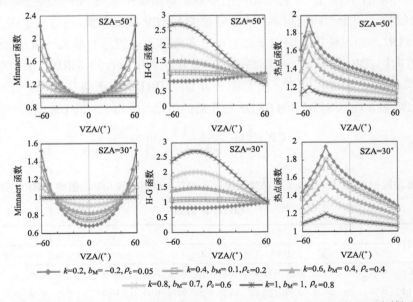

图 7-9　在太阳主平面中使用 MRPV 模型对 BRDF 进行建模，其 SZA 值分别为 30°（上排）和 50°（下排）
VZA 的负值代表反向，正值代表正向。从左到右，Minnaert、H-G 和热点函数分别由参数 k、b_{M} 和 ρ_{c} 确定。在每个面板中模拟了这些参数的五种组合

因此，在植被冠层中同样可以使用该模型描述不同波段不同的 BRDF 形状，由于 SIF 和反射率的方向性相似，所以可以直接使用该模型描述 SIF 发射的方向性。

利用观测到的多角度数据借助最小二乘法拟合模型，可求解三个参数，然后就可以使用 MRPV 模型进行 SIF 和冠层反射率的 BRDF 校正。校正公式如下：

$$\hat{\rho}(\theta_1,\varphi_1,\theta_2,\varphi_2) = \rho(\theta_1,\varphi_1,\theta_2,\varphi_2) \times \frac{\rho_{MRPV_0}}{\rho_{MRPV}(\theta_1,\varphi_1,\theta_2,\varphi_2)} \tag{7-8}$$

式中，ρ_{MRPV_0} 和 ρ_{MRPV} 分别为在天底点方向和 $(\theta_1,\varphi_1,\theta_2,\varphi_2)$ 方向模拟的二向信号；ρ 为观测到的待校正信号。此处，取 SZA 值 0° 作为参考角度，用来评估 BRDF 校正的表现。使用上述公式就能估算校正后的信号 $\hat{\rho}$，完成方向性校正。

叶绿素荧光的方向性校正也可以使用其他可用于冠层反射率方向校正的 BRDF 模型。总而言之，方向性校正问题的基本解决思路是首先建立一个合理的 BRDF 模型，在特定的波段选用特定的函数拟合，描述信号的方向性特征；然后借助参考方向和实际观测方向模拟预测值，以及观测方向的信号值，利用类似式(7-8)的公式进行校正，得到参考方向(一般是天底点)的信号值。

二向 SIF 与反射率的高度相似性表明，可以利用 BRDF 反射率模型建立冬小麦双向 SIF 模型。本研究采用 Engelsen 等(1996)的 MRPV 模型来评估 SIF 和反射率的二向特性。每次多角度光谱测量过程中获得的二向 SIF 和反射率值(约 15 个观测值)被用来推导 MRPV 模型的参数，而热点参数 ρ_c 由不同观测方向可获得的测量反射率的平均值来近似代替(Engelsen et al., 1996)。二向反射率和发射的 SIF 之间具有高度相似性，如表 7-1 所示，因此在 MRPV 模型中，使用相同的热点参数来模拟二向 SIF 发射和二向反射率。

表 7-2 给出了用于二向反射率和 SIF 建模的 MRPV 模型参数，还给出了误差(RMSE)和相关系数(R)。通过使用太阳主平面上每个多角度光谱测量的最大 SIF 或反射率与其最小值的方向比(DR)计算了信号振幅的方向变化。利用拟合的 MRPV 模型对二向 SIF 和反射率信号进行 BRDF 校正。研究中还计算了 BRDF 校正信号的 DR 值(DR_c)，见表 7-2。BRDF 校正比(CR)定义为 BRDF 校正后的信号与原始信号的 DR 的归一化差值，即

$$CR = \left(1 - \frac{DR_c - 1}{DR - 1}\right) \times 100\% \tag{7-9}$$

表 7-2　**O_2-B 波段和 O_2-A 波段 16 个多角度光谱测量的二向反射率和 SIF 发射的 MRPV 模型拟合参数**

(a)O_2-B 波段

日期	时间	反射率								SIF							
		k	b_M	ρ_0	RMSE	R	DR	DR_c	CR	k	b_M	ρ_0	RMSE	R	DR	DR_c	CR
	9:19	0.64	0.41	0.020	0.0019	0.99	2.63	1.14	91%	0.24	0.45	0.18	0.080	0.96	4.56	1.62	83%
4月3日	10:22	0.57	0.66	0.021	0.0014	1.00	2.90	1.09	95%	0.49	1.03	0.16	0.061	0.98	5.05	1.39	90%
	15:24	0.94	0.30	0.031	0.0044	0.97	2.28	1.27	79%	0.63	0.68	0.18	0.042	0.99	3.84	1.28	90%

续表

日期	时间	反射率								SIF							
		k	b_M	ρ_0	RMSE	R	DR	DRc	CR	k	b_M	ρ_0	RMSE	R	DR	DRc	CR
4 月 13 日	9:02	0.55	0.28	0.017	0.0011	1.00	2.37	1.10	93%	0.84	0.56	0.21	0.036	0.98	3.10	1.25	88%
	1300	1.15	0.33	0.026	0.0017	0.99	2.28	1.10	92%	0.66	0.59	0.29	0.065	0.94	2.57	1.43	73%
	13:54	0.93	0.68	0.019	0.0016	1.00	2.92	1.16	92%	0.57	0.53	0.27	0.055	0.96	2.51	1.37	75%
	15:02	0.53	0.57	0.017	0.0033	0.98	2.73	1.30	83%	0.53	0.46	0.24	0.045	0.98	3.23	1.37	83%
	15:43	0.65	0.33	0.018	0.0024	0.99	2.92	1.19	90%	0.5	0.19	0.22	0.064	0.96	3.88	1.66	77%
4 月 24 日	9:15	0.52	0.45	0.017	0.0035	0.98	2.70	1.30	82%	0.43	0.76	0.07	0.009	1.00	3.57	1.22	92%
	10:01	0.78	0.53	0.017	0.0029	0.97	2.43	1.38	73%	0.49	0.81	0.05	0.016	0.97	3.79	1.54	81%
	10:55	0.87	0.50	0.017	0.0012	0.99	2.29	1.17	87%	0.61	1.11	0.06	0.010	0.99	3.80	1.21	93%
4 月 25 日	11:03	1.04	0.70	0.015	0.0043	0.95	2.86	1.36	81%	0.35	1.11	0.06	0.024	0.96	3.24	1.74	67%
	12:27	0.72	1.41	0.012	0.0054	0.98	4.41	1.33	90%	0.45	1.14	0.08	0.019	0.99	3.23	1.23	90%
	13:30	0.77	0.92	0.018	0.0061	0.97	3.10	1.44	79%	0.49	0.85	0.11	0.023	0.98	2.63	1.28	83%
	15:30	0.46	0.47	0.018	0.0028	0.99	2.86	1.24	87%	0.35	0.60	0.07	0.020	0.98	3.60	1.33	87%
	16:31	0.49	0.36	0.018	0.0034	0.98	2.97	1.18	91%	0.49	0.51	0.05	0.010	0.99	3.65	1.18	93%
均值		0.73	0.56	0.02	0.0030	0.98	2.79	1.23	87%	0.51	0.71	0.14	0.036	0.98	3.52	1.38	84%

(b) O₂-A 波段

日期	时间	反射率								SIF							
		k	b_M	ρ_0	RMSE	R	DR	DRc	CR	k	b_M	ρ_0	RMSE	R	DR	DRc	CR
4 月 3 日	9:19	0.29	0.01	0.18	0.024	0.98	2.27	1.22	83%	0.36	−0.10	0.38	0.054	0.95	2.11	1.35	68%
	10:22	0.48	0.08	0.20	0.013	0.98	1.93	1.18	81%	0.63	0.09	0.53	0.054	0.94	1.78	1.30	62%
	15:24	0.45	0.18	0.21	0.018	0.99	2.26	1.25	80%	0.52	0.17	0.38	0.039	0.99	2.17	1.22	81%
4 月 13 日	9:02	0.61	0.25	0.24	0.027	0.98	2.04	1.20	81%	0.86	0.23	0.56	0.077	0.92	1.77	1.29	62%
	1300	0.34	0.23	0.19	0.012	0.98	1.92	1.14	85%	0.26	0.78	0.28	0.034	0.99	2.57	1.16	90%
	13:54	0.28	−0.01	0.22	0.010	0.99	2.11	1.09	92%	0.29	0.01	0.50	0.050	0.96	2.38	1.39	72%
	15:02	0.47	−0.13	0.27	0.018	0.98	2.02	1.15	85%	0.62	−0.22	0.64	0.040	0.96	1.64	1.17	73%
	15:43	0.30	−0.24	0.27	0.032	0.98	2.70	1.25	83%	0.34	−0.32	0.46	0.082	0.94	3.06	1.59	71%
4 月 24 日	9:15	0.43	−0.05	0.35	0.028	0.97	2.03	1.23	78%	0.48	−0.09	0.38	0.033	0.96	1.96	1.27	71%
	10:01	0.44	0.07	0.31	0.022	0.97	1.85	1.19	78%	0.51	−0.03	0.39	0.032	0.94	1.74	1.26	65%
	10:55	0.57	0.14	0.30	0.007	0.99	1.48	1.05	90%	0.63	0.24	0.33	0.010	0.99	1.49	1.08	84%
4 月 25 日	11:03	0.33	0.27	0.25	0.022	0.96	1.99	1.22	78%	0.36	0.39	0.29	0.042	0.93	2.06	1.30	72%
	12:27	0.39	0.11	0.25	0.015	0.97	1.68	1.14	79%	0.42	0.08	0.34	0.030	0.92	1.73	1.23	68%
	13:30	0.59	−0.23	0.43	0.020	0.95	1.60	1.14	77%	0.62	−0.13	0.47	0.028	0.91	1.50	1.19	62%
	15:30	0.44	−0.10	0.39	0.043	0.95	2.18	1.32	73%	0.52	−0.15	0.30	0.029	0.94	1.90	1.27	70%
	16:31	0.47	−0.07	0.37	0.041	0.97	2.10	1.21	81%	0.52	−0.13	0.18	0.020	0.96	1.97	1.22	77%
均值		0.43	0.03	0.28	0.022	0.97	2.01	1.19	81%	0.50	0.05	0.40	0.041	0.95	1.99	1.27	72%

注：R 为相关系数；RMSE 为均方根误差，其他参数和之前定义的一致

根据表 7-2，可以归纳得到如下结论。首先，MRPV 模型对两个 O_2 吸收波段的二向反射率和 SIF 信号拟合良好，O_2-B 和 O_2-A 波段的反射率的平均 RMSE 值分别为 0.0030 和 0.0221，O_2-B 和 O_2-A 波段的 SIF 的平均 RMSE 值分别为 0.036 mW/$(m^2 \cdot nm \cdot sr)$ 和 0.041 mW/$(m^2 \cdot nm \cdot sr)$。观测到的二向反射和 SIF 发射与 MRPV 模型模拟的信号都很相似，O_2-B 和 O_2-A 波段的反射的平均相关系数分别为 0.98 和 0.97，O_2-B 和 O_2-A 波段的 SIF 的平均相关系数分别为 0.98 和 0.95。

从方向变化的角度来看，O_2-B 波段在太阳主平面上二向 SIF 发射的变化幅度大于二向反射率的变化幅度，方向比（DR）为 3.52～2.79；O_2-A 波段的二向 SIF 变化幅度与二向反射率几乎相同，DR 为 1.99～2.01。

此外，在 O_2-B 波段和 O_2-A 波段，二向 SIF 发射的变化形状与太阳主平面上的冠层二向反射率的变化形状十分相似。对于 O_2-B 波段，SIF 发射在太阳主平面的不对称性比二向反射率的不对称性更明显，MRPV 模型中的平均不对称性参数（b_M）为 0.71～0.56，平均 k 参数为 0.51～0.73。对于 O_2-A 波段，二向 SIF 发射和反射的形状都类似于碗状，MRPV 模型中的平均 k 参数分别为 0.50 和 0.43。O_2-A 波段的 SIF 发射和反射的不对称性都不明显，MRPV 模型中的平均不对称性参数 b_M 分别为 0.052 和 0.032，与 O_2-B 波段的对应值相比可以忽略。

二向 SIF 的发射和反射率都可以利用式（7-8）给出的 MRPV 模型进行 BRDF 校正。在 O_2-B 波段，BRDF 校正后的 SIF 和反射率的 DR 值分别为 1.38 和 1.23，而原始 SIF 和反射率的 DR 值为 3.52 和 2.79。在 O_2-A 波段，BRDF 校正后的 SIF 和反射率的 DR 值分别为 1.27 和 1.19，而原始 SIF 和反射率的 DR 值分别为 1.99 和 2.01。考虑到 DR 值为 1 时表示双向信号是各向同性的且平坦的，因此可以认为这种使用 MRPV 模型的 BRDF 校正是成功的。根据表 7-2 中的修正比，通过使用 MRPV 模型进行 BRDF 修正，消除了大部分方向性变化，使得 O_2-B 波段和 O_2-A 波段的反射率的平均 CR 值分别为 87% 和 81%，O_2-B 波段和 O_2-A 波段的 SIF 的平均 CR 值分别为 84% 和 72%。

上述实验结果证实了 SIF 的二向特性和冠层反射率二向特性的一致性，并证明了使用二向分布函数模型校正荧光的方向性具有一定的可行性。

7.2　光系统水平叶绿素荧光降尺度模型与方法

荧光是由叶片内部产生的，由于叶片和冠层对荧光信号的再吸收与散射作用，在冠层水平观测到的荧光信号只是光合系统水平荧光总产量的一部分。因此，为了更好地理解荧光与植被光合生产力之间的关系，构建普适性的 SIF-GPP 模型，需要消除荧光方向性球面度（sr）量纲，将冠层方向性荧光降尺度到光合系统水平的总荧光。

7.2.1　叶绿素荧光的冠层辐射传输原理

SIF 光子在冠层内的吸收和散射由与冠层截获的太阳光子辐射传输过程十分相似，

区别仅在于光子源的位置。图 7-10 表示了冠层截获的太阳光子和发射的 SIF 光在冠层内部的辐射传输过程。

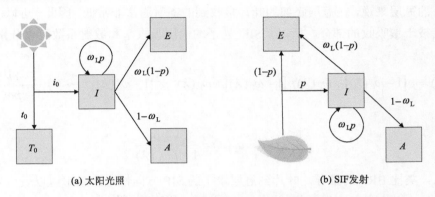

(a) 太阳光照　　　　　　　　　　(b) SIF发射

图 7-10　反射光子和荧光发射光子在冠层内部的辐射传输过程示意图

如图 7-10 所示，假设土壤反射率为 0，冠层截获的太阳光子有 4 种可能的状态。图中，状态 T_0 表示穿过树冠而不与树冠相互作用直接到达土壤的光子；状态 I 代表与树冠相互作用的光子；状态 A 表示被树冠吸收的光子；状态 E 代表从树冠逸出的光子；p 表示光子与叶片的再碰撞概率；ω_L 为叶片单次散射反照率；i_0 为冠层截获系数；t_0 为光子可以无任何交互作用地穿过冠层的概率。根据图 7-10 和光谱不变量理论（Stenberg et al., 2016），在土壤黑背景假设条件下，冠层的吸收率可表达为

$$a_i(\lambda) = i_0 \left[(a - \omega_L(\lambda)) + \omega_L(\lambda) p(1 - \omega_L(\lambda)) + \omega_L(\lambda)^2 p^2 (1 - \omega_L(\lambda)) + \cdots \right]$$
$$= i_0 \frac{1 - \omega_L(\lambda)}{1 - p\omega_L(\lambda)} \tag{7-10}$$

冠层散射系数可表示为

$$s_i(\lambda) = i_0 - a_i(\lambda) = \frac{1 - p}{1 - p\omega_L(\lambda)} i_0 \omega_L(\lambda) \tag{7-11}$$

式中，光子再碰撞概率 p 描述了光子在冠层内部的多次散射过程。为了描述光子的各向异性冠层逃出概率，引入方向性孔隙率 $[\rho(\Omega)]$ 的概念。$1-p$ 可表示为方向性孔隙率 $\rho(\Omega)$ 的球面积分，即

$$1 - p = \frac{1}{\pi} \int_{4\pi} \rho(\Omega) |\mu| d\Omega \tag{7-12}$$

根据光谱不变理论和上述推导，冠层二向反射率因子（BRF）可以近似表达为（Knyazikhin et al., 2011, 2013）

$$\mathrm{BRF}(\lambda, \Omega_s, \Omega_v) = \frac{\rho(\Omega_s, \Omega_v)}{1 - p\omega_L(\lambda)} i_0 \omega_L(\lambda) \tag{7-13}$$

式中，λ 为波长；Ω_s 和 Ω_v 分别为太阳角度和观测角度。

如图 7-10 所示，SIF 光子的冠层辐射传输过程与此类似。需要注意的是，SIF 光子

也有可能被土壤吸收而在冠层中没有发生任何相互作用[类似于图 7-10(a)中的 T_0 状态]。但是，这种可能性非常低，因为直接被土壤吸收的 SIF 光子最有可能来自底部叶片，而对于浓密的冠层来说，在冠层底部的叶片接收到的辐射通常非常低。因此，可以忽略 SIF 光子直接被土壤吸收的部分。所以，SIF 光子的冠层吸收率和散射系数可以分别近似表达为

$$a_f(\lambda) = p[1 - \omega_L(\lambda)] + \omega_L(\lambda)p[1 - \omega_L(\lambda)] + \omega_L(\lambda)^2 p^2[1 - \omega_L(\lambda)] + \cdots = p\frac{1 - \omega_L(\lambda)}{1 - p\omega_L(\lambda)}$$

(7-14)

$$s_f(\lambda) = 1 - a_f(\lambda) = \frac{1 - p}{1 - p\omega_L(\lambda)}$$ 　　(7-15)

所以，类比 BRF 的推导，叶片到冠层水平的 SIF 方向性逃出效率可以表达为

$$\varepsilon_{CL}(\lambda, \Omega) = \frac{\rho(\Omega)}{1 - p\omega_L(\lambda)} = \frac{BRF(\lambda, \Omega)}{i_0 \omega_L(\lambda)}$$ 　　(7-16)

根据上述分析，在土壤"黑背景"假设条件下，从叶片到冠层水平的荧光"逃出"效率主要与冠层方向性反射率、冠层截获系数、叶片单次散射反照率有关。在地面和卫星平台，冠层方向性反射率都可以近似观测，但冠层截获系数、叶片单次散射反照率难以直接测量或精确反演。此外，由光合系统到叶片尺度的荧光再吸收作用也难以数学表达。

综上，BRF 是影响荧光逃出效率的主导因素，若将其他难以获取的参数作为一个整体考虑，叶片/光系统-冠层水平荧光逃出效率可以分别表达为

$$\varepsilon_{CL}(\lambda, \Omega) = f_{CL} \times BRF(\lambda, \Omega)$$ 　　(7-17)

$$\varepsilon_{CP}(\lambda, \Omega) = f_{CP} \times BRF(\lambda, \Omega)$$ 　　(7-18)

式中，f_{CL}、f_{CP} 与冠层截获系数、叶片单次散射反照率等参数有关。

7.2.2　基于随机森林方法的荧光冠层逃逸系数估算

根据前文所述，BRF 是影响 SIF 冠层逃出效率的关键因素，而且相对容易获取，但 f_{CP} 或 f_{CL} 难以直接测量或估算。所以，基于 SCOPE 模型模拟数据，利用随机森林方法，训练得到了 f_{CP} 或 f_{CL} 与红、红边、近红外波段反射率及相关植被指数之间的关系模型。

f_{CP} 和 f_{CL} 主要与叶片散射系数和冠层结构有关。这些信息可以从不同波段的方向反射率和各种植被指数得出。在近红外波段，冠层反射率主要由散射效应决定，主要受叶片和冠层结构影响。在红光波段，冠层反射率主要受叶绿素色素的吸收作用影响(Colwell, 1974; Sims and Gamon, 2002)。诸多研究证明，红边波段对于估算叶绿素含量十分重要(Clevers and Gitelson, 2013; Dash and Curran, 2004; Gitelson et al., 2005)。基于红光、红边和近红外波段的反射率，已经发展了几种植被指数(VI)来反演植被参数，在此我们使用了 NDVI、SR、MTCI(表 7-3)。其中，NDVI 对冠层结构参数(如 LAI)敏感，SR 对红波段的叶绿素吸收敏感，MTCI 是专门针对叶绿素反演设计的植被指数。考虑到 SIF 观测通常所覆盖的光谱范围，同时避开 687 nm 和 760 nm 附近的氧气吸收波段影响，选择

685 nm 代表红光波段、710 nm 代表红边波段、758 nm 代表近红外波段。此外，反射率本身也包含植被参数信息，所以将 685 nm、710 nm 和 758 nm 的冠层方向反射率也作为可能的随机森林模型输入变量。

表 7-3　随机森林模型输入的植被指数及其计算公式

公式	参考文献
NDVI=$(R_{758}-R_{685})/(R_{758}+R_{685})$	Rouse et al., 1973
SR=R_{758}/R_{685}	Jordan, 1969
MTCI=$(R_{758}-R_{710})/(R_{710}-R_{685})$	Dash and Curran, 2004

为了优化随机森林模型的输入参数，使用上述 6 个潜在输入参数的不同组合测试了随机森林模型的表现。首先，将 6 个潜在参数全部用作 RF 回归的输入，以基于袋外误差(OOB)的概念使用均值降低精度(MDA)方法计算其相对重要性。OOB 误差是代表 RF 预测误差的参数。它被视为每个训练样本 x_i 的平均预测误差，该误差仅使用其引导样本中没有 x_i 的树(Breiman, 2001)。为了测量第 j 个特征对训练的重要性，在训练数据中对第 j 个特征的值进行置换，并为每个扰动的数据集计算 OOB 误差。通过对所有树排列前后的 OOB 误差之差进行平均，可以计算出第 j 个特征的重要性得分。图 7-11 显示了随机森林模型输入变量的相对重要性。

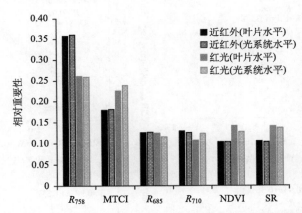

图 7-11　冠层-叶片/光系统水平 SIF 降尺度随机森林模型输入参数相对重要性

在此基础上，利用 SCOPE 模型模拟数据，随机选择其中 2/3 作为训练样本，1/3 作为验证样本，测试了不同输入参数组合的模型精度，为了减少随机误差，对于输入参数的每种组合，训练了 30 个随机森林模型，并对 RRMSE 和 R^2 进行了平均，结果如表 7-4 所示。根据测试结果，对于近红外波段，选取了 R_{758}、MTCI、R_{685} 三个输入参数，对于红光波段，选取了 R_{758}、MTCI、R_{685}、R_{710} 四个输入参数。

表 7-4　不同输入参数组合条件下 SIF 降尺度随机森林模型精度比较

输入参数组合	f_{CL} (Far-red)		f_{CP} (Far-red)		f_{CL} (Red)		f_{CP} (Red)	
	RRMSE	R^2	RRMSE	R^2	RRMSE	R^2	RRMSE	R^2
R_{758}, R_{710}, R_{685}	0.0492	0.871	0.0569	0.901	0.0981	0.960	0.0942	0.954
R_{758}, MTCI, R_{685}	0.0463	0.886	0.0502	0.928	0.0990	0.961	0.0969	0.957
R_{758}, MTCI, R_{685}, R_{710}	0.0462	0.886	0.0489	0.931	0.0871	0.964	0.0849	0.961
R_{758}, MTCI, R_{685}, R_{710}, SR	0.0461	0.887	0.0487	0.931	0.0804	0.968	0.0797	0.964
R_{758}, MTCI, R_{685}, R_{710}, NDVI	0.0463	0.886	0.0488	0.930	0.0800	0.969	0.0797	0.964
R_{758}, MTCI, R_{685}, R_{710}, SR, NDVI	0.0461	0.887	0.0487	0.931	0.0799	0.969	0.0795	0.966

7.2.3　光系统水平叶绿素荧光降尺度结果验证

　　首先，利用 SCOPE 模型(van der Tol et al., 2009)和 DART 模型(Gastellu-Etchegorry et al., 2015)模拟数据对构建的 SIF 降尺度模型进行了验证。利用 SCOPE 模型模拟了 6240 个样本，其中 2/3 用于训练随机森林模型，另外 1/3 用于模型精度验证(图 7-12)。结果表明，利用 RF 模型得到的叶片/光合系统水平荧光与 SCOPE 模型模拟"真值"吻合良好，散点均分布在 1:1 线附近，近红外波段估算精度优于红光波段。

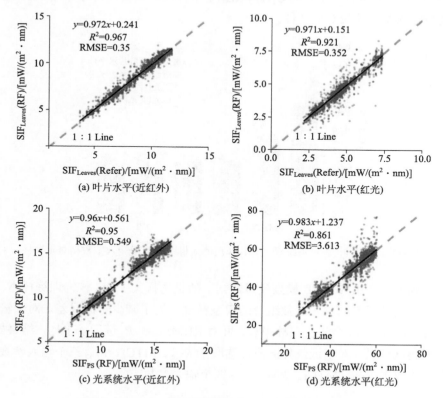

图 7-12　SCOPE 模型模拟数据 SIF 降尺度验证结果

为了验证 SIF 降尺度模型精度，本节开展了一系列野外观测实验，包括多物种观测实验和多角度观测实验，具体参数如表 7-5 和表 7-6 所示。

表 7-5　多物种观测实验参数

站点	坐标	日期	物种	叶尿素含量 Cab/(μg/cm²)	叶倾角 LIDF	植物覆盖度 F_c
小汤山 (XTS)	40°11′N, 116°27′E	2016 年 4 月 8 日、9 日、18 日，11 月 7 日，12 月 8 日	冬小麦	21.22~55.29	球面型	0.15~0.79
南滨农场 (NBF)	18°22′N, 109°10′E	2016 年 12 月 18 日	蔬菜、棉花	15.22~56.68	喜平型	0.28~0.91
三亚站 (SYS)	18°18′N, 109°18′E	2016 年 12 月 18 日	金钱草	40.83	喜平型	0.67

表 7-6　多角度观测实验参数

日期	LAI	Cab/(μg/cm²)	SZA/(°)
2015 年 4 月 3 日	1.46	47.9	43.6~54.5
2015 年 4 月 13 日	1.94	51.5	38.4~57.8
2015 年 4 月 24 日	2.40	50.0	32.3~47.4
2015 年 4 月 25 日	2.40	50.0	31.1~62.4
2016 年 4 月 18 日	2.92	47.5	36.4~61.5
2016 年 5 月 3 日	1.93	49.3	29.3~50.5
2016 年 5 月 4 日	1.93	49.3	32.8~60.5
2016 年 5 月 17 日	1.43	45.6	27.4~47.6

图 7-13 显示了不同物种冠层水平、叶片水平、光合系统水平 SIF 与叶绿素吸收的光合有效辐射 (APAR_Chl) 之间的关系。可以看出，通过 SIF 降尺度，SIF 与 APAR_Chl 关系的物种差异性显著降低，说明通过 SIF 降尺度，有效减小了冠层内部吸收与散射对荧光观测结果的干扰。

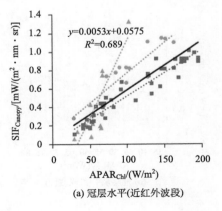

(a) 冠层水平(近红外波段)

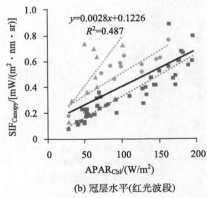

(b) 冠层水平(红光波段)

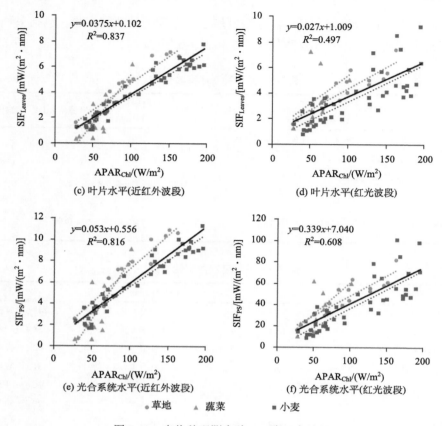

图 7-13　多物种观测实验 SIF 降尺度结果

图 7-14 显示了不同观测角度条件下冠层水平、叶片水平、光合系统水平 SIF 与叶绿素吸收的光合有效辐射（APAR$_{Chl}$）之间的关系。可以看出，对于冠层水平荧光，相同 APAR$_{Chl}$ 条件下，由于观测角度的变化，SIF 值存在强烈的波动。通过 SIF 降尺度，相同 APAR$_{Chl}$ 条件下的 SIF 变化范围显著减小，即 SIF 方向性特性显著减弱。这一结果证明，该 SIF 降尺度模型可以有效消除 SIF 方向性量纲，将冠层水平的方向性 SIF 转换为光合系统水平的总 SIF。

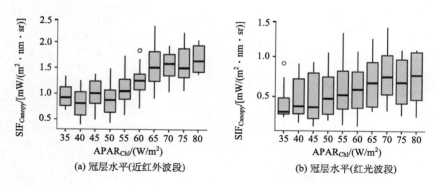

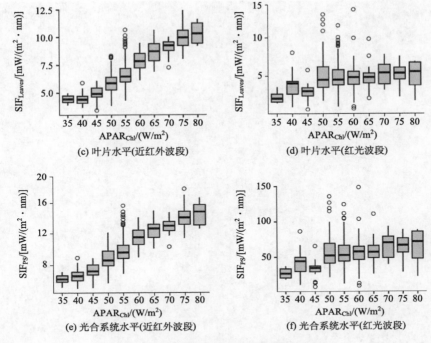

图 7-14　多角度观测实验 SIF 降尺度结果

此外，还利用 HyPlant 航空遥感荧光产品对 SIF 降尺度模型进行了验证(图 7-15)，结果表明，通过降尺度模型得到的光合系统水平荧光与植被吸收的光合有效辐射空间分布规律更为相近，且由观测角度引起的方向性差异显著减弱。

7.3　叶绿素荧光时间升尺度模型与方法

遥感观测的叶绿素荧光一般都是瞬时数据，而在实际应用中(如估算 GPP)时，需要的实际上是较长时间尺度的叶绿素荧光信号，或者说，需要的是 SIF 信号随时间推移积分的结果。然而，仪器观测在时间上是"按点采样"的，很难做到高时间分辨率的连续观测。尤其是卫星遥感中，传感器对特定地点只能接收过境时刻的光谱信号，其获取的数据在时间尺度上不连续，常常得到在实际应用中价值偏低的数据集。与变化较缓慢的地表、地理现象不同，叶绿素荧光随时间、纬度变化的变化非常明显，因此其卫星遥感产品往往有更加迫切的时间尺度扩展需求。

7.3.1　叶绿素荧光时序变化的驱动变量分析

建立叶绿素荧光的时间尺度扩展模型，需要首先对叶绿素的时序变化特性及其主要驱动变量有充分认识，在此基础上才能得到可信的扩展模型及时序升尺度产品。

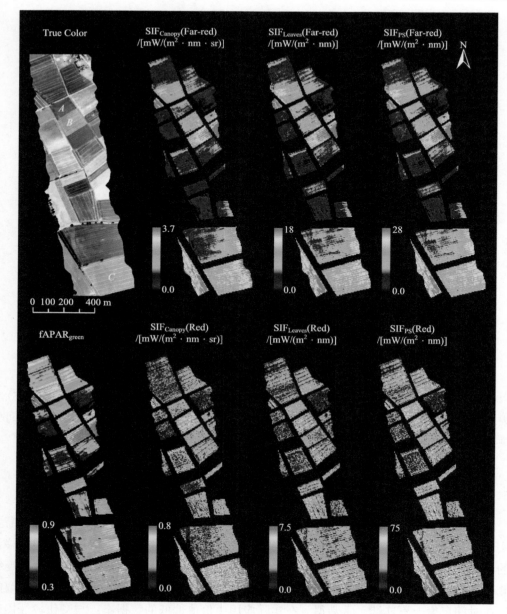

图 7-15　HyPlant 数据冠层水平、叶片水平、光合系统水平 SIF 与绿色植物光合有效辐射吸收比例

　　冠层尺度观测的叶绿素荧光，在从秒到天再到季节的不同时间尺度，受到环境胁迫、冠层结构等多种因素的共同作用。对于不同的时间尺度，驱动冠层顶部叶绿素荧光观测强度的主要因素也有所不同，因此在进行叶绿素荧光时序变化的驱动变量分析时，需要充分考虑主要驱动变量作用的时间尺度，结合具体目标选择模型的关键参数。

　　研究表明，SIF 在日变化尺度上的主要影响因子是光合有效辐射，两者呈现显著的线性关系(Damm et al., 2010, 2015; Liu et al., 2005, 2017; 张永江等, 2009; 程占慧和刘良云, 2010); 在季节尺度上, SIF 的变化则受到了更多来自植被和环境的影响。研究表明, 众多参数如叶片生化和观测结构参数(Cab、LIDFa、LAI 等)、气象参数(PAR、温度等)和叶片光合作用参数(V_{cmax} 等)对 SIF 模拟具有影响作用, 但是这些参数遥感获取的准确性和数据量都不足以支撑时间尺度扩展模型的建立与应用。与之相对地, 植物吸收的光合有效辐射 APAR, 从理论角度(Berry et al., 2013; Huete et al., 2015; Guanter et al., 2014; 张永江等, 2009)和实证角度(Berry et al., 2013; Lee et al., 2015)都被认为与 SIF 关系密切, 因此是较为理想的叶绿素荧光时间扩展模型参数。

考虑红光波段的 SIF 重吸收现象, 以及远红光波段的 SIF 显著散射现象, 可以推测 SIF 与 APAR 关系在不同波段受植被参数的影响会有不同。研究不同波段下 SIF 与 APAR 相关性和这种相关性对其他参数变化的敏感性, 就能判断 APAR 是否足以作为叶绿素荧光时序变化的驱动变量。利用 SCOPE 模型模拟得到不同植被参数下的 SIF 与 APAR 日变化模拟数据集, 研究 SIF-APAR 关系对叶绿素含量(Cab)、LAI、叶倾角分布 (leaf angle distribution, LAD) 等参数变化的敏感性, 可发现固定 Cab 与 LAI 的情况下, SIF-APAR 具有很强的线性关系。因此在不考虑重吸收差异的情况下, 浓密植被中, 使用 APAR 模拟 SIF 变化, 甚至进行时间扩展具有较强的可行性。此外, 对于喜平型植被, SIF-APAR 的斜率比其他植被类型更高。不同场景下田间的日变化观测实验、氮素处理实验和多植被类型实验等研究结果, 也表明了两者关系在 O$_2$-B 波段对 Cab 非常敏感, 在 O$_2$-A 波段受 LAI 和 Cab 影响不大, 这两个波段冠层结构类型对 SIF-APAR 关系影响明显。SIF-APAR 关系在 O$_2$-A 和 O$_2$-B 波段对 Cab 变化的响应程度不同, 主要是因为植被冠层对红光和远红光的 SIF 吸收与散射特征存在差异, 导致不同波段处 SIF 逃出冠层的概率对 Cab 变化的响应存在差异, 这种差异表现在冠层水平观测的 SIF 上, 造成了表观上的 SIF-APAR 关系差异。

上述短时期内的 SIF-APAR 关系研究足以说明 APAR 在进行 SIF 的时间尺度扩展建模中具有一定价值, 但 SIF 的时间尺度扩展还需要探究某一确定的植被对象在长时序变化情况下的 SIF-APAR 关系。在这种情况下, 冠层结构类型常常不会发生变化, 各植被参数的变化范围也有不同, 且 SIF 在长时序变化过程中, 会受到叶片生化和冠层结构、植被生理、环境胁迫等多种因素的综合影响, 而不仅仅是各参数的独立影响, 因此对于长时序情况下的 SIF-APAR 关系需要另行展开探究以探寻规律。基于 2018 年小汤山冬小麦的长时间序列研究(Hu et al., 2018)发现, 在小麦的整个生育期内, 尽管叶片生化与冠层结构、环境因子与植被生理参数均发生了变化, 但 O$_2$-A 波段 SIF 与 APAR 依然显著线性相关, 不同日期的线性关系斜率变化不大; 而在 O$_2$-B 波段, 受各参数时序变化的综合影响, SIF 与 APAR 的线性关系斜率变化明显, 长时序的 SIF 与 APAR 无显著的线性关系。通过对长时序的 SIF-APAR 关系分析, 可以得到图 7-16 的结果。

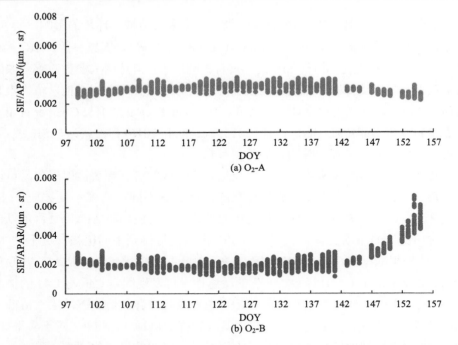

图7-16　SCOPE 模拟的 2018 年小汤山冬小麦冠层长时序条件下 O_2-A 和 O_2-B 波段的 SIF 与 APAR 比值的变化

由此可以推论，在一定的时序周期(如一个月)内，对于 O_2-A 波段，SIF 与 APAR 呈显著的线性关系，两者的比值基本不变，即可以忽略叶片生化与冠层结构、环境因子与植被生理参数对荧光量子效率和荧光逸出冠层效率的影响，APAR 可以作为 SIF 时间尺度扩展的驱动变量，代表 SIF 的时序变化。

研究表明，在日变化尺度，SIF 变化主要由 PAR 驱动，在季节变化尺度上，天气和植被长势对 SIF 变化的影响变大，因此在进行叶绿素荧光时间扩展时，需要充分考虑 PAR 和天气、植被长势的作用，考虑研究的时间尺度大小，建立合适的模型。

7.3.2　叶绿素荧光的时间尺度扩展模型与验证

叶绿素荧光的瞬变特性决定了其产品的时间尺度扩展具有一定的必要性与难度。目前已经发展出了归一化或者数据驱动的方法减弱 SIF 瞬时值和累计值的差异，其主流思路是考虑到季节和纬度对瞬时 SIF(SIF_{ins})和日值 SIF(SIF_{daily})之间的差异会产生影响，使用一定方法校正这种影响后，借助驱动因素进行扩展模型的建立。

SIF 从源头上来源于 PAR，而 PAR 受到纬度、季节等影响。这种影响的本质可能是纬度、季节造成了太阳高度角变化，进而影响入射能量在时间和空间上的分配。因此，一个自然的思路就是用 cos(SZA)表征入射能量的变化规律，来近似 SIF 在一段时间内的变化规律。现在的通用 SIF 产品(Frankenberg et al., 2014; Köhler et al., 2018; Zhang et al., 2018)常常基于晴天假设，以 cos(SZA)为驱动变量将瞬时的荧光归一化为日平均数据，完成 SIF 的时间扩展。但是这样的做法仅仅消除了纬度和季节对 SIF_{ins} 和 SIF_{daily} 差异的影响，忽略了天气和植被生理状态的影响。天气变化及植被参数变化剧烈的时间范围内，如何获取准确日、周和月值荧光产品，减少利用 SIF 进行 GPP 估算的不确定性，是叶绿素荧光的时间尺度扩展模型需要解决的问题。

根据 SIF 的光能利用率表达式，冠层观测的 SIF 可以表示为 PAR、fPAR、f_{esc} 和 ε_F 的乘积 (Berry et al., 2013; Huete et al., 2015; Guanter et al., 2014)。相对于 PAR 的日变化，f_{esc} 与 ε_F 的日变化可以忽略，所以可以认为在一天内 SIF 与 PAR 的比值为不变的常数。基于以上思想，PAR 驱动的时间扩展模型得以提出，并在日尺度和月尺度的叶绿素荧光时间尺度扩展模型验证有较好的结果 (Hu et al., 2018)。通过该模型得到的日值 SIF 和月值 SIF 与 GPP 的相关性都有较明显提升，印证了使用 PAR 进行 SIF 时间尺度扩展的可行性和有效性。

日尺度的模型关键公式为

$$SIF_{daily} \approx SIF_{ins} \frac{PAR_{daily}}{PAR_{ins}} \tag{7-19}$$

式中，PAR_{daily} 由实测的半小时 PAR 数据在日出至日落的时间范围内积分得到，具有时间累计的量纲 $MJ/(m^2 \cdot d)$。式中，PAR_{daily}/PAR_{ins} 称为由量纲 $mW/(m^2 \cdot nm \cdot sr)$ 扩展为的 SIF_{ins} 到量纲为 $J/(m^2 \cdot nm \cdot sr \cdot d)$ 的 SIF_{daily} 的时间尺度转换因子。

纬度和天气变化是影响 SIF_{ins}-SIF_{daily} 相关性变化的两个重要因素，进而可能影响 SIF-APAR 及 SIF-GPP 的时空关系。其中，纬度效应可以通过 cos-based 的扩展方法将 SIF_{ins} 升尺度为 SIF_{daily} 得以校正；而由于云和散射光的存在此方法对天气变化的影响校正无效。因此，SIF_{ins} 不能直接代替 SIF_{daily} 应用于时空变化的 SIF-APAR 及 SIF-GPP 的关系分析中。这导致 SIF_{ins}-SIF_{daily} 相关性的时空变化成为影响 SIF_{ins} 与 $APAR_{daily}$ 关系的时空变化的重要原因，只有利用综合考虑纬度与天气变化影响的 PAR-based 的扩展方法才能校正 SIF_{ins} 与 SIF_{daily} 间的差异，从而解决这种时间尺度不匹配问题。上述研究的结果显示，不同纬度和不同天气下实测和模拟的 $APAR_{daily}$ 与 SIF_{ins}、基于 $\cos(SZA)$ 扩展的 SIF_{daily}，以及基于 PAR 扩展的 SIF_{daily} 的相关性分析表明，使用 PAR 扩展的 SIF 在时空尺度的研究上都能提高 SIF-APAR 相关性并降低相关关系的不确定性。在 SIF-GPP 相关性上，使用基于 PAR 扩展的 SIF_{daily} 也有类似的效果。

月尺度的模型在忽略 fPAR 的日变化时可以使用日值 NDVI 代替瞬时 fPAR，则 n 天的 SIF 均值可以表达为

$$SIF_{n\text{day}} \approx \left(\sum_{month} \frac{\dfrac{SIF_{ins}}{PAR_{ins} \times NDVI_{daily}}}{M} \right) \times PAR_{n\text{day}} \times NDVI_{n\text{day}} \tag{7-20}$$

式中，下标 $n$day 为各物理量在 n 天内的均值；PAR_{ins} 为一个月内瞬时 SIF 观测值所在的

观测日的瞬时（如 9:30）PAR 值；$NDVI_{daily}$ 为该月内瞬时 SIF 观测值所在的观测日的 NDVI 值。

经实验验证，月尺度的时间扩展数据同样具有可靠性，且能有效改进基于 cos（SZA） 的模型对阴天的高估，从而校正 SIF 数据本身的质量问题造成的不同天气情况下 SIF 与 GPP 相关性斜率的变异性。

7.3.3　GOME-2 叶绿素荧光时间升尺度产品

搭载在 MetOp-A/B 卫星的 GOME-2 传感器 Channel 4 通道覆盖了 590～790 nm 的波段范围，光谱分辨率达 0.5 nm，而且信噪比较高（SNR>1000），可用于 SIF 测量。该卫星像元大小约为 40 km×80 km，从 2013 年 7 月起 MetOp-A 的空间分辨率升为 40 km×40 km，过境时间为当地时间 9:30，重访周期为 1.5 天。GOME-2 传感器提供了 740 nm 附近的远红光荧光产品（Joiner et al., 2013），可在 NASA Aura 验证数据中心网站免费下载。该数据集提供了瞬时日值 SIF740（二级产品），以及为减小噪声影响，在日值基础上进行时空归并的 0.5°月值网格产品（三级产品）。GOME-2 SIFV27 版本的数据较 V26 版本提高了辐射校正的精度，且增加了质量控制描述，并利用基于 cos（SZA）的归一化方法（Frankenberg et al., 2011）将瞬时 SIF 扩展为日均值 SIF，增加了相应的日值和月值产品（Joiner et al., 2016）。借助该产品提供的数据，可以使用上文提到的基于 PAR（APAR）的时间尺度扩展模型进行时间升尺度处理，得到更加合理可靠的叶绿素荧光时间升尺度产品。本小节介绍的 GOME-2 叶绿素荧光时间升尺度产品就使用了上述数据集，结合全球气象观测资料和植被指数产品，进行全球 SIF 卫星产品的时间尺度扩展，将 GOME-2 的瞬时 SIF 观测值扩展为连续时间尺度的 8 天和月值产品。

由于较短时间尺度内地表植被冠层结构和其他植被参数变化较小，可以不考虑这些变量对 SIF 的影响，因此可以认为 PAR 的变化表征了这一时期内 SIF 的变化，而对于更长的尺度（月尺度、季节尺度），地表植被本身长势变化就不可忽略，因此需要考虑植被实际吸收的光合有效辐射量 APAR，使用 APAR 来进行 SIF 的时间升尺度产品生产。参考月尺度的 SIF 时间扩展模型，并考虑模型对卫星观测和反演数据的容错性，全球尺度时间尺度扩展的 8 天和月值 SIF 产品的计算公式分别如下：

$$
\begin{cases}
\text{APAR} - \text{basedSIF}_{month} = \dfrac{\sum_{month}^{M} \text{SIF}_{ins}}{\sum_{month}^{M} \text{PAR}_{ins} \times \text{NDVI}_{ins}} \times \text{PAR}_{month} \times \text{NDVI}_{month} \\[4ex]
\text{APAR} - \text{basedSIF}_{8day} = \begin{cases}
\dfrac{\sum_{8day}^{D} \text{SIF}_{ins}}{\sum_{8day}^{D} \text{PAR}_{ins}} \times \text{PAR}_{month}, \ \text{if} \quad D \geqslant \text{threshold} \\[4ex]
\dfrac{\sum_{month}^{M} \text{SIF}_{ins}}{\sum_{month}^{M} \text{PAR}_{ins} \times \text{NDVI}_{ins}} \times \text{PAR}_{8day} \times \text{NDVI}_{8day}, \ \text{if} \quad D < \text{threshold}
\end{cases}
\end{cases}
$$

$$\text{(7-21)}$$

式中,SIF_{ins} 为 GOME-2 的 SIF740 二级瞬时 SIF 观测值,PAR_{ins} 为其对应时刻的瞬时 PAR 数据,利用与该时刻最接近的 PAR 每小时均值数据通过各经纬度的 $\cos(SZA)$ 进行转换, 计算每个 SIF 观测值对应 UTC 时刻的瞬时 PAR。$NDVI_{ins}$ 由与 SIF 观测值对应日期最接 近的 8 天 NDVI 均值代替。$\dfrac{\sum SIF_{ins}}{\sum PAR_{ins} \times NDVI_{ins}}$ 为 8 天或月时间尺度内,每个 0.5°网格 内有效的 SIF 瞬时观测值的均值与 PAR 和 NDVI 乘积的均值之比(以下称为比值系数 Ratio),D 和 M 分别代表每个 0.5°网格内 8 天和月尺度内的有效观测值数量。

APAR-based 月值 SIF 扩展产品的计算以月尺度的 Ratio 作为时间尺度转换因子;8 天 SIF 扩展产品的计算以阈值 threshold 为判断标准,当 8 天时间尺度内的有效观测值数 量大于等于阈值,即采用 8 天尺度的 Ratio 作为时间尺度转换因子,否则采用月尺度的 Ratio。实验表明,对于 GOME-2 瞬时 SIF 数据,月尺度所有 0.5°网格内的有效观测值数 量 M 的均值约为 10,在高纬度地区最大可达到 100 左右;8 天时间尺度所有 0.5°网格内 的有效观测值数量 D 的均值在 3 左右,在高纬度地区最大可达到 50 左右。通过实验测 试,可将 8 天内有效观测数量的阈值 threshold 设为 5,此时可以确保 8 天 SIF 扩展产品 的数据质量。

使用上述方法得到的 GOME-2 叶绿素荧光时间升尺度产品,与基于 $\cos(SZA)$ 方法 时间升尺度得到的 SIF 及原始瞬时 SIF 相比,在时空连续性、不同气象区域的准确性和 SIF-GPP 相关性方面都具有明显的优势,说明了 APAR 的时间尺度扩展模型在全球尺度 应用的有效性,产品本身也具有较好的应用价值。该产品考虑了天气条件对 SIF 时间尺 度扩展的影响,改进对多云多雨区域的 SIF 高估现象,使基于 SIF 的 GPP 估计更为合理; 相比直接取平均的产品,该产品空间连续性更好,有效地减弱了 SIF 观测和反演误差的 影响,显著提高了较高时间分辨率的 SIF 产品与 GPP 的时序一致性,进而改进了相应的 GPP 估算精度。

参 考 文 献

程占慧, 刘良云. 2010. 基于叶绿素荧光发射光谱的光能利用率探测. 农业工程学报, 26(S2): 74-80.

张永江, 刘良云, 侯名语, 等. 2009. 植物叶绿素荧光遥感研究进展. 遥感学报, 13(5): 963-978.

Berry J A, Frankenberg C, Wennberg P. 2013. New methods for measurements of photosynthesis from space study. California Institute of Technology.

Breiman L. 2001. Random forests. Machine Learning, 45(1): 5-32.

Clevers J G, Gitelson A A. 2013. Remote estimation of crop and grass chlorophyll and nitrogen content using red-edge bands on Sentinel-2 and-3. International Journal of Applied Earth Observation and Geoinformation, 23: 344-351.

Colwell J E. 1974. Vegetation canopy reflectance. Remote Sensing of Environment, 3: 175-183.

Damm A, Elbers J A N, Erler A, et al. 2010. Remote sensing of sun-induced fluorescence to improve modeling of diurnal courses of gross primary production(GPP). Global Change Biology, 16(1): 171-186.

Damm A, Guanter L, Paul-Limoges E, et al. 2015. Far-red sun-induced chlorophyll fluorescence shows ecosystem-specific relationships to gross primary production: an assessment based on observational and modeling approaches. Remote Sensing of Environment, 166: 91-105.

Dash J, Curran P. 2004. The MERIS terrestrial chlorophyll index. International Journal of Remote Sensing, 25 (23): 5403-5413.

Engelsen O, Pinty B, Verstraete M, et al. 1996. Parametric bidirectional reflectance factor models: evaluation, improvements and applications. EC Joint Research Centre. Technical Report No. EUR 16426EN.

Fournier A, Daumard F, Champagne S, et al. 2012. Effect of canopy structure on sun-induced chlorophyll fluorescence. ISPRS Journal of Photogrammetry and Remote Sensing, 68: 112-120.

Frankenberg C, Fisher J B, Worden J, et al. 2011. New global observations of the terrestrial carbon cycle from GOSAT: patterns of plant fluorescence with gross primary productivity. Geophysical Research Letters, 38 (17): 1029-1035.

Frankenberg C, O'Dell C, Berry J, et al. 2014. Prospects for chlorophyll fluorescence remote sensing from the Orbiting Carbon Observatory-2. Remote Sensing of Environment, 147: 1-12.

Gastellu-Etchegorry J P, Yin T, Lauret N, et al. 2015. Discrete Anisotropic Radiative Transfer (DART 5) for modeling airborne and satellite spectroradiometer and LIDAR acquisitions of natural and urban landscapes. Remote Sensing, 7 (2): 1667-1701.

Gitelson A A, Vina A, Ciganda V, et al. 2005. Remote estimation of canopy chlorophyll content in crops. Geophysical Research Letters, 32 (8): L08403.

Guanter L, Frankenberg C, Dudhia A, et al. 2012. Retrieval and global assessment of terrestrial chlorophyll fluorescence from GOSAT space measurements. Remote Sensing of Environment, 121: 236-251.

Guanter L, Zhang Y G, Jung M, et al. 2014. Reply to Magnani et al. Linking large-scale chlorophyll fluorescence observations with cropland gross primary production. Proceedings of the National Academy of Sciences, 111 (25): E2511-E2511.

Hu J C, Liu L Y, Guo J, et al. 2018. Upscaling solar-induced chlorophyll fluorescence from an instantaneous to daily scale gives an improved estimation of the gross primary productivity. Remote Sensing, 10 (10): 1663.

Huete A, Ponce-Campos G, Zhang Y G, et al. 2015. Monitoring photosynthesis from space. Land Resources Monitoring, Modeling, and Mapping with Premote Sensing, 2: 3-22.

Joiner J, Guanter L, Lindstrot R, et al. 2013. Global monitoring of terrestrial chlorophyll fluorescence from moderate spectral resolution near-infrared satellite measurements: methodology, simulations, and application to GOME-2. Atmospheric Measurement Techniques, 6 (10): 2803-2823.

Joiner J, Yoshida Y, Guanter L, et al. 2016. New methods for the retrieval of chlorophyll red fluorescence from hyperspectral satellite instruments: simulations and application to GOME-2 and SCIAMACHY. Atmospheric Measurement Techniques, 9 (8): 3939-3967.

Jordan C F. 1969. Derivation of leaf area index from quality of light on the forest floor. Ecology, 50:663-666.

Knyazikhin Y, Schull M A, Xu L, et al. 2011. Canopy spectral invariants. Part 1: a new concept in remote sensing of vegetation. Journal of Quantitative Spectroscopy and Radiative Transfer, 112 (4): 727-735.

Knyazikhin Y, Schull M A, Stenberg P, et al. 2013. Hyperspectral remote sensing of foliar nitrogen content. Proceedings of the National Academy of Sciences of the United States of America, 110 (3): 185-192.

Köhler P, Guanter L, Kobayashi H, et al. 2018. Assessing the potential of sun-induced fluorescence and the canopy scattering coefficient to track large-scale vegetation dynamics in Amazon forests. Remote

Sensing of Environment, 204: 769-785.

Lee J E, Berry J A, Tol C, et al. 2015. Simulations of chlorophyll fluorescence incorporated into the Community Land Model version 4. Global Change Biology, 21(9): 3469-3477.

Liu L Y, Zhang Y J, Wang J H, et al. 2005. Detecting solar-induced chlorophyll fluorescence from field radiance spectra based on the Fraunhofer line principle. IEEE Transactions on Geoscience and Remote Sensing, 43(4): 827-832.

Liu X J, Liu L Y, Zhang S, et al. 2015. New spectral fitting method for full-spectrum solar-induced chlorophyll fluorescence retrieval based on principal components analysis. Remote Sensing, 7(8): 10626-10645.

Liu L Y, Liu X J, Wang Z H, et al. 2016. Measurement and analysis of bidirectional SIF emissions in wheat canopies. IEEE Transactions on Geoscience and Remote Sensing, 54(5): 2640-2651.

Liu L Y, Liu X J, Hu J C, et al. 2017. Assessing the wavelength-dependent ability of solar-induced chlorophyll fluorescence to estimate the GPP of winter wheat at the canopy level. International Journal of Remote Sensing, 38(15): 4396-4417.

Maier S W, Günther K P, Stellmes M. 2003. Sun-induced fluorescence: a new tool for precision farming. In: Maier S W, Günther K P, Stellmes M. Digital Imaging and Spectral Techniques: applications to Precision Agriculture and Crop Physiology. Madison, WI, USA: American Society of Agronomy Special Publication: 209-222.

Middleton E M, Cheng Y-B, Campbell P K, et al. 2012. Canopy level Chlorophyll Fluorescence and the PRI in a cornfield. Paper read at Geoscience and Remote Sensing Symposium(IGARSS), IEEE International.

Miller J R, Berger M, Goulas Y, et al. 2005. Development of a vegetation fluorescence canopy model. ESTEC Contract No. 16365/02/NL/FF, Final Report, May 2005.

Pedrós R, Goulas Y, Jacquemoud S, et al. 2010. FluorMODleaf: a new leaf fluorescence emission model based on the PROSPECT model. Remote Sensing of Environment, 114(1): 155-167.

Pinty B, Roveda F, Verstraete M M, et al. 2000. Surface albedo retrieval from METEOSAT: Part 1: Theory. Journal of Geophysical Research Atmospheres, 105(D14): 18101-18112.

Rahman H, Pinty B, Verstraete M. 1993. Coupled surface-atmosphere reflectance(CSAR) model. 2: Semiempirical surface model usable with NOAA advanced very high resolution radiometer data. Journal of Geophysical Research, 98(D11): 20791-20801.

Rouse J W, Haas R H, Schell J A, Deering D W, 1973.Monitoring vegetation systems in the Great Plains with ERTS. In 3rd ERTS Symposium, NASA SP-351 I, 309-317.

Sims D A, Gamon J A. 2002. Relationships between leaf pigment content and spectral reflectance across a wide range of species, leaf structures and developmental stages. Remote Sensing of Environment, 81(2-3): 337-354.

Stenberg P, Mõttus M, Rautiainen M. 2016. Photon recollision probability in modelling the radiation regime of canopies — A review. Remote Sensing of Environment, 183: 98-108.

van der Tol C, Verhoef W, Timmermans J, et al. 2009. An integrated model of soil-canopy spectral radiances, photosynthesis, fluorescence, temperature and energy balance. Biogeosciences, 6(12): 3109-3129.

van Wittenberghe S, Alonso L, Verrelst J, et al. 2015. Bidirectional sun-induced chlorophyll fluorescence emission is influenced by leaf structure and light scattering properties — A bottom-up approach. Remote

Sensing of Environment, 158: 169-179.

Zarco-Tejada P J, Miller J R, Pedros R, et al. 2006. FluorMODgui V3. 0: a graphic user interface for the spectral simulation of leaf and canopy chlorophyll fluorescence. Computers and Geosciences, 32(5): 577-591.

Zhang Y, Xiao X M, Zhang Y G, et al. 2018. On the relationship between sub-daily instantaneous and daily total gross primary production: implications for interpreting satellite-based SIF retrievals. Remote Sensing of Environment, 205: 276-289.

第8章 卫星日光诱导叶绿素荧光遥感观测与数据处理

8.1 全球卫星叶绿素荧光遥感反演介绍

SIF 最初由地面仪器测量得到，随着遥感技术的不断发展，从卫星高光谱数据中可以精确地反演叶绿素荧光信息，为全球植被叶绿素荧光的监测和应用提供了丰富的遥感数据。在地表反射的光谱信号中，叶绿素荧光部分所占比重非常小（1%～2%）(Meroni et al. 2009)，因此从遥感数据中反演叶绿素荧光较为困难。遥感反演 SIF 算法多基于夫琅禾费暗线填充算法(Plascyk and Gabriel, 1975)。由于大气的吸收作用，太阳光谱到达地表后有许多波段宽度为 0.1～10 nm 的暗线，即夫琅禾费吸收暗线。在夫琅禾费吸收暗线波段，植被的反射光相对较弱，荧光信号凸显，因此适合用于反演叶绿素荧光，其基本原理如下所述。

假设地表反射和荧光发射均符合朗伯定律，则植被在 λ 波段的表观辐亮度 $L(\lambda)$ 主要由植被反射的太阳入射光和植被荧光两部分构成：

$$L(\lambda) = \frac{r(\lambda) \times E(\lambda)}{\pi} + F(\lambda) \tag{8-1}$$

式中，λ 为波长；$r(\lambda)$ 为不考虑荧光的植被真实发射率；$E(\lambda)$ 为太阳入射到植被的辐照度；$F(\lambda)$ 为日光诱导叶绿素荧光值。在已知两个相邻波段（一个夫琅禾费线内波段和一个夫琅禾费线外波段）的入射太阳辐照度和表观辐亮度时，即可以反演得到叶绿素荧光信息。

目前，从卫星遥感数据中反演 SIF 的算法可以分为两类：基于大气辐射传输机理过程的反演算法和基于统计的反演算法。

1. 基于大气辐射传输机理的反演算法

最简单的 FLD 算法利用一个在夫琅禾费线内的波段（λ_{in}）和一个在夫琅禾费线外的波段（λ_{out}）的表观辐亮度，同时假设两个波段足够临近，即反射率和荧光值均不变：

$$\begin{cases} L(\lambda_{in}) = \dfrac{r \times E(\lambda_{in})}{\pi} + F_s \\ L(\lambda_{out}) = \dfrac{r \times E(\lambda_{out})}{\pi} + F_s \end{cases} \tag{8-2}$$

由式(8-2)可以推得

$$F_S = \frac{E(\lambda_{out}) \times L(\lambda_{in}) - L(\lambda_{out}) \times E(\lambda_{in})}{E(\lambda_{out}) - E(\lambda_{in})} \tag{8-3}$$

式中，F_S 为叶绿素荧光；$E(\lambda_{in})$ 和 $E(\lambda_{out})$ 分别为夫琅禾费线内波段和线外波段的入射太阳辐照度；$L(\lambda_{in})$ 和 $L(\lambda_{out})$ 分别为夫琅禾费线内波段和线外波段的表观辐亮度。

FLD 算法简单易行，在已知两个相邻波段的入射太阳辐照度和表观辐亮度时，根据上述公式即可以求得叶绿素荧光信息。由于两个相邻波段的反射率和荧光值并不是完全相同，利用 FLD 算法反演 SIF 会有一定的误差。因此在 FLD 算法的基础上发展了一系列的改进算法，如 3FLD（3 bands FLD）、cFLD（correct FLD）、iFLD（improved FLD）、eFLD（extended FLD）和 SFM（spectral fitting model）等。

3FLD 算法需要利用一个在夫琅禾费线内的波段和两个分别在夫琅禾费线两侧的波段，并假设反射率和荧光值线性变化；3FLD 算法的精度较 FLD 算法有所提高，但是线性变化的假设依然与实际情况不符。cFLD 和 iFLD 假设反射率和荧光值均变化，并通过校正系数对原始 FLD 算法进行修正。cFLD 算法利用地面实测的叶片尺度荧光值来获得校正系数；iFLD 算法适用于高光谱数据，通过三次样条插值的方法，对多个夫琅禾费线外的波段和一个夫琅禾费线内的波段进行拟合来确定校正系数。eFLD 算法利用一个在夫琅禾费线内的波段和两个分别在夫琅禾费线两侧的波段，首先利用数学模型重建波段内反射率的波动信息，然后再反演叶绿素荧光值（Meroni et al., 2009）。

Guanter 等（2007）基于航天 MERIS 数据（7.5 nm/3.75 nm 光谱分辨率）、航空 CASI-1500 数据（2.2 nm 光谱分辨率），采用 FLD 算法反演了区域范围 SIF 数据，并通过实地测量数据验证了其反演精度。Frankenberg 等（2011）基于 GOSAT 传感器的高光谱数据，利用 769.9～770.25 nm 的窄波段拟合窗口（包含夫琅禾费 KI 暗线）首次反演了全球的叶绿素荧光信息。Joiner 等（2012）认为 758.45～758.85 nm 的窄波段窗口更加适合于反演 SIF，因为该窗口更为接近荧光的一个发射峰值（740 nm）。除了窄波段窗口，Joiner 等（2011）利用两个相对较宽的拟合窗口（756～759 nm,770.5～774.5 nm），基于 GOSAT 数据获取了信噪比更高、噪声更小的 SIF 信号。Wolanin 等（2015）基于差分吸收光谱技术（differential optical absorption spectroscopy, DOAS），利用 681.8～685.5nm 的拟合窗口反演了红光波段的 SIF 信息。Köhler 等（2015a）提出一种基于 GOSAT 数据的简化算法，该方法可以采用单一的拟合窗口和线性计算来反演 SIF。Damm 等（2015b）采用 3FLD 算法从航空数据中反演了 O_2-A 波段的荧光数据并进行了精度验证。

SFM 算法利用夫琅禾费线附近一定波段范围内（$[\lambda_1, \lambda_2]$）的高光谱数据，假设反射率和荧光值均可以通过多项式函数或者其他数学函数拟合，进而进行叶绿素荧光的反演：

$$L(\lambda) = \frac{r_{MOD}(\lambda) \times E(\lambda)}{\pi} + F_{MOD}(\lambda) + \varepsilon(\lambda) \tag{8-4}$$
$$= L_{MOD}(\lambda) + \varepsilon(\lambda)$$

式中，$r_{MOD}(\lambda)$ 为数学函数拟合的反射率；$F_{MOD}(\lambda)$ 为数学函数拟合的荧光值；$L_{MOD}(\lambda)$ 为通过函数拟合后的表观辐亮度；$\varepsilon(\lambda)$ 为每个波段观测值与拟合值的残差项，表示模型的拟合误差。

上述 SFM 的算法是基于地面测量数据，Guanter 等（2010）首次将其引入航天遥感数据中，通过模拟 FLEX 的高光谱数据对 SFM 算法的应用过程进行了详尽的推导和分析，发现传感器噪声、气溶胶光学厚度、气溶胶模式、地表气压等是影响反演精度的重要因素。由于大气校正存在误差，以及其他某些影响反演精度的因素未加考虑，利用 SFM 算法反演 SIF 需要利用临近无荧光地表的观测值进行修正。Mazzoni 等 (2012) 分别采用 CRS (canopy radiance simulation) 和 GMB (ground-measurements-based method) 作为构建临近无荧光地表对比值的方法。基于模拟数据和地表实测数据，利用 SFM 算法反演了叶绿素荧光值，结果表明即使在地表数据采集受限的情况下采用 CRS 作为对比值依然可以精确地反演荧光值。Liu 等 (2015) 则基于主成分分析算法分别对植被冠层表观反射率波谱和叶绿素荧光波谱进行重构，提出了一种全波段 SFM 算法 (full-spectrum spectral fitting method)，模拟数据和野外实测数据验证表明该算法精度较高且受仪器信噪比和波谱分辨率影响较小。Damm 等 (2015b) 分析了地表直射辐照度和散射辐照度变化对 SIF 反演精度的影响。Cogliati 等 (2015) 在考虑了地表散射的前提下，对 SFM 算法进行了改进，利用基于 FLEX-FLORIS 传感器的模拟数据，实现了 SIF 的全波段反演。

尽管仍有一系列的问题存在 (需要精确的大气校正、需要无荧光地表观测值修正、散射影响等)，SFM 算法仍是目前基于大气传输模型算法中最精确的算法，也已经被欧洲航天局选为 FLEX 计划的备选算法。

2. 基于统计模型的反演算法

受限于大气校正精度的影响，SFM 算法尚未应用于实际的卫星 SIF 遥感反演。为了应对大气校正对 SIF 反演的影响，近些年基于统计模型的反演算法得到了快速发展 (Liu et al., 2015)。考虑大气的因素，同样假设地表反射和荧光发射均符合朗伯定律：

$$L_{\text{TOA}} = \frac{I_{\text{sol}} \times \mu_{\text{s}}}{\pi} \rho_{\text{s}} T_{\uparrow\downarrow} + F_{\text{s}} h_{\text{f}} T_{\uparrow} \tag{8-5}$$

式中，L_{TOA} 为卫星传感器测得的大气顶部辐射值；ρ_{s} 为地表反射率；I_{sol} 为大气顶部的太阳辐照度；μ_{s} 为太阳天顶角的余弦值；F_{s} 为叶绿素荧光；$T_{\uparrow}$ 为上行大气透过率；$T_{\uparrow\downarrow}$ 为双向大气透过率；h_{f} 为归一化荧光发射光谱值 (其值取决于波长)。

由式 (8-5) 可以看出，从遥感观测值中反演荧光值需要确定 ρ_{s}、$T_{\uparrow\downarrow}$、$T_{\uparrow}$。类似于 SFM 算法，可以采用多项式函数的方法拟合 ρ_{s}；对于随波长高频变化的大气透射率，采用简单函数无法准确拟合其变化规律，因此可以采用 PCA 方法，用一定数量的 PC 来对大气透射率进行拟合：

$$L_{\text{TOA}}(\lambda) = \frac{I_{\text{sol}}(\lambda) \times \mu_{\text{s}}}{\pi} \cdot \sum_{i=0}^{m} (\alpha_i \times \lambda^i) \times \sum_{j=1}^{n} (\beta_j \times \text{PC}_j) + F_{\text{s}}(\lambda) \times h_{\text{f}}(\lambda) \times T_{\uparrow}(\lambda) \tag{8-6}$$

$$
\begin{aligned}
T_{\uparrow}(\lambda) &= \exp\left\{ \ln\left[T_{\uparrow\downarrow}(\lambda) \right] \times \frac{\sec(\theta_{\text{V}})}{\sec(\theta_{\text{V}}) + \sec(\theta_0)} \right\} \\
&= \exp\left\{ \ln\left[\sum_{j=1}^{n} (\beta_j \times \text{PC}_j) \right] \times \frac{\sec(\theta_{\text{V}})}{\sec(\theta_{\text{V}}) + \sec(\theta_0)} \right\}
\end{aligned} \tag{8-7}
$$

式中，α_i、β_j 为相应的系数；λ 为波长；PC_j 为第 j 个主成分分量；θ_v 为观测天顶角；θ_0 为太阳天顶角；m 为拟合 ρ_s 所用的多项式阶数；n 为拟合 $T_{\uparrow\downarrow}(\lambda)$ 所用的 PC 个数。

在上述公式中，PC 通常从无荧光地表的遥感数据中预先计算得到，如地表为冰/雪、沙漠、厚云覆盖的海面等。在已知 PC 的前提下，上述公式的未知数仅有 α_i、β_j 及 F_s，因此可以通过一定的数学算法计算出叶绿素荧光值。

Guanter 等（2012）首先提出了基于统计模型的 SIF 反演算法，验证了用主成分分量线性组合来表征高频变化的大气透射率信息的可行性，并将其用于 GOSAT 数据近红外波段的 SIF 反演中，其精度与基于大气辐射传输模型的精度相当。Guanter 等（2013）利用地面光谱仪实测数据，对 GOSAT 数据近红外窄波段、宽波段 SIF 反演精度进行了全面分析，结果表明基于统计模型的反演算法可以有效地应用于近红外波段的 SIF 反演。同时，这种算法也成功应用到了 GOME-2、TROPOMI、OCO-2 等数据的 SIF 反演（Frankenberg et al., 2014; Guanter et al., 2015; Joiner et al., 2013）。受益于近红外部分波段大气透射率较高且变化较小，利用 PC 组合来代替高频变化的 $T_{\uparrow\downarrow}$ 其误差更小，因此目前大多数统计反演算法均应用于近红外波段。Joiner 等（2016）利用 O_2-γ 波段作为参照，成功将统计反演算法推广到红光波段 SIF 的反演中。Köhler 等（2015b）通过分析 $T_{\uparrow}$ 对 SIF 反演误差的影响，简化了反演的循环计算过程，并根据 BIC 准则（bayesian information criterion）对 PC 数量的选择提出了一种自适应优化方案。Sanders 等（2016）则用撒哈拉沙漠作为计算 PC 的参考，并采用更多数量的 PC 对全球数年的 SIF 进行了反演。

目前，基于统计模型的反演算法已经成功应用于各种光谱分辨率的遥感数据中，其中基于 TROPOMI、GOME-2 和 OCO-2 卫星的叶绿素荧光数据已经应用于全球并产品化。尽管计算 PC 的参考地表选择、PC 数量的选择、红光波段反演等依然存在问题，基于统计模型的反演算法仍是目前从卫星遥感数据中反演 SIF 实用性最高的算法。

8.2 全球主要卫星叶绿素荧光遥感数据

8.2.1 日本 GOSAT 及 GOSAT-2 卫星叶绿素荧光数据

日本温室气体观测卫星 GOSAT 由日本环境省（Japanese Ministry of the Environment, MOE）、国立环境研究所（National Institute for Envi-ronmental Studies, NIES）和日本宇宙航空研究开发机构（Japanese Aerospace Exploration Agency, JAXA）合作开发，于 2009 年 1 月 23 日成功发射，为太阳同步卫星，平均轨道高度 666 km，过境时间为当地时间下午 13:00，重访周期为 3 天。GOSAT 卫星的主要任务是监测全球温室气体二氧化碳和甲烷的分布（Yokota et al., 2009），GOSAT 搭载的红外及近红外碳传感器（thermal and near-infrared sensor for carbon observation, TANSO）包括两个光学遥感单元：傅里叶变换光谱仪（Fourier transform spectrometer, FTS）、云和气溶胶成像仪（cloud and aerosol imager, CAI）。TANSO-FTS 在三个短波红外通道测量太阳光后向散射（中心波长分别为 0.76 μm、1.6 μm、2.0 μm，P、S 两种偏振形式）和一个热红外通道（5.56～14.3 μm）。TANSO-FTS

在 0.76 μm 通道的有效光谱覆盖范围为 755～775 nm, 光谱分辨率 0.5 cm^{-1} (约 0.025 nm), 通道的仪器分辨率大于 35000, 信噪比大于 300, 其瞬时视场角 15.8 mrad (垂直观测时对应的足迹为 10.5 km), GOSAT-FTS L1B 产品提供了大气层顶辐亮度数据。TANSO-CAI 具有 0.38 μm、0.67 μm、0.87 μm、1.6 μm 4 个波段, 星下点分辨率 0.5 km (第 4 波段为 1.5 km)。CAI 数据主要用于探测和修正云和气溶胶对 FTS 光谱数据的影响。

全球首张荧光地图是基于日本 GOSAT 卫星数据绘制的, 其荧光信号在 757 nm 和 770 nm 这两个窄窗口区的太阳夫琅禾费暗线处反演得到 (Frankenberg et al., 2011; Guanter et al., 2012; Joiner et al., 2012, 2011)。GOSAT 的采样足迹直径为 10.5 km, 空间采样间隔数百千米, 不能提供空间连续的地表覆盖数据。Frankenberg 等 (2011) 为了简化大气辐射传输给荧光反演算法带来的复杂性, 提出利用独立的太阳夫琅禾费暗线提取叶绿素荧光的方法。Joiner 等 (2011) 利用 GOSAT 超光谱数据, 基于 770 nm 附近的 KI 太阳夫琅禾费暗线, 利用最小二乘拟合的方法, 首次绘制了一年的全球叶绿素荧光地图; Joiner 等 (2012) 在叶绿素荧光反演算法中, 以云覆盖的海洋区域反射辐亮度光谱作为参考光谱, 可以在一定程度上减弱 Ring 效应的影响; Guanter 等 (2012) 基于利用奇异向量分解技术得到的前向模型, 实现快速且稳定的大气反照率 TOA 辐亮度光谱反演, 进而提取叶绿素荧光, 并利用 GOSAT 连续 22 个月的观测数据测试了该方法, 发现荧光参数与其他植被参数的季节性变化吻合较好。770 nm 附近的 KI 太阳夫琅禾费暗线由于受大气辐射传输影响较小, 对于卫星平台的叶绿素荧光遥感反演具有独特的优势。

8.2.2　欧盟 SCIAMACHY、GOME-2 及 TROPOMI 卫星叶绿素荧光遥感数据

SCIAMACHY 是一种光栅光谱仪, 可在 8 个独立的通道中以临边和垂直观测方式测量紫外线到近红外波段 (212～2386 nm) 的透射, 反射和散射的太阳光。SCIAMACHY 搭载在 ENVISAT 平台于 2002 年 2 月发射, ENVISAT 是太阳同步轨道卫星, 以降轨方式经过赤道的时间大约为当地时间上午 10: 00。该仪器可以多种方式进行测量 (Lichtenberg et al., 2006)。除了在临边和天底方向观测地球, 它还可以在太阳或月球掩星模式下运行。该传感器同时也测量太阳辐照度。SCIAMACHY 的光谱分辨率约为 0.5 nm, 具有较高的采样频率, 但其在远离远红光波峰的光谱信号非常低, 导致其单次观测的精度较低 (Joiner et al., 2012)。SCIAMACHY 在其通道 5 (773～1063 nm) 的光谱分辨率为 0.54 nm, 该通道在垂直观测模式下的信噪比为 1000～10000, 在沿着轨道方向观测地表像元分辨率约为 30 km, 垂直轨道方向的对地观测像元分辨率约为 60 km。Joiner 等 (2012) 利用 ENVISAT/SCIAMACHY 数据基于 CaⅡ 夫琅禾费暗线特征获取了全球范围内 866 nm 处的荧光信号。Köhler 等 (2015b) 也基于 SCIAMACHY 数据获取了 740 nm 处空间连续的全球荧光数据集。此外, Joiner 等 (2016) 还利用 SCIAMACHY 和 GOME-2 数据, 反演了陆地和海洋区域红光波段的 SIF。

2006 年 10 月 19 日, 第一代 GOME-2 搭载在 EUMETSAT MetOp-A 卫星上发射升空。MetOp 卫星属于极轨卫星, 赤道过境时间为当地时间上午 09:30。第二代 GOME-2 于 2012

年 9 月 17 日搭载在 MetOp-B 平台上发射，与 MetOp-A 卫星具有相似的赤道过境时间。GOME-2 传感器可以提供 740 nm 附近的荧光峰值分布图(Joiner et al., 2013)。GOME-2 具有 4 个光谱通道，波段范围为 240～790 nm，其中第四个通道的光谱范围为 590～790 nm，具有 0.5 nm 的光谱分辨率及 2000 的信噪比。因此，720～758 nm 波段间的数据可用于进行反演 740 nm 波段处的 SIF。较高的光谱分辨率以牺牲空间分辨率为代价，GOME-2 幅宽为 1920 km，在垂直观测方向像元大小约为 40 km×80 km(自 2013 年 7 月 15 日起，GOME-2/MetOp-B 在标准空间分辨率模式下观测，而 GOME-2/MetOp-A 的空间分辨率升为 40 km×40 km)。在这种观测模式下，GOME-2 提供全球地表覆盖数据大约需要 1.5 天。

    Wolanin 等(2015)的研究结果表明，使用 681.8～685.5 nm 光谱区间为 SIF 反演窗口，可以检测到 SCIAMACHY 和 GOME-2 在红光波段处 SIF 信号。该光谱窗口位于红光 SIF 发射峰附近，但正好位于 O_2-B 波段之外。结果显示其在一个月内的空间分布与增强植被指数(EVI)相似。尽管其具有较好的发展前景，但月尺度的平均值仍然具有很大的噪声。未来发射的荧光探索者(Fluorescence Explorer，FLEX)(光谱分辨率≤0.3 nm，空间分辨率为 300 m)有望克服红光波段 SIF 反演不确定性高的难题(Cogliati et al., 2015)。

    尽管全球 SIF 反演研究已经取得了丰硕的成果，但是由于大部分生态系统在超过 5-10 km 的空间尺度上具有强烈的空间异质性，上述的 SIF 产品或受限于较低的空间分辨率或稀疏的采样，而且在 SIF 信号较低处噪声干扰大，因此难以应用于生态系统监测(Guanter et al., 2015)。对流层监测仪(TROPOspheric Monitoring Instrument, TROPOMI)搭载在欧洲航天局 Sentinel-5P 卫星上，其于 2017 年 10 月成功发射，为荧光应用提供了新机遇。Sentinel-5P 先导卫星是欧盟"哥白尼对地观测计划"的一颗大气监测卫星，为近极地太阳同步轨道卫星，轨道高度为 824 km，赤道过境时间为下午 1:30。Köhler 等(2018)利用奇异值分解方法(singular value decomposition，SVD)在大气窗口 743～758 nm 光谱区间内成功反演了 TROPOMI SIF 数据，并且根据 SIF 参考光谱归一化到 740 nm 处的 SIF 值。TROPOMI 的重访周期为 17 天，但 TROPOMI 观测幅宽较大(2600 km)，几乎每天都可以覆盖全球地表(部分空间空隙存在于低纬度地区)。较大的幅宽同时也导致其观测角度(观测天顶角和观测方位角)有较大的变化范围，从而使得 TROPOMI SIF 的像元分辨率变化较大[天底方向：(7×3.5) km²；边缘：(7×14.5) km²]，自从 2019 年 8 月，TROPOMI 天底方向的分辨率改为 (5×3.5) km²。以 OCO-2 SIF 为评价标准，Köhler 等(2018)在全球尺度上比较了 TROPOMI SIF 和 OCO-2 SIF 并且发现两者具有较高的一致性，表明 TROPOMI SIF 也具有较高的数据质量。由于 TROPOMI 数据的运行时间较短，Köhler 等(2018)从 2018 年 3 月开始系统地提供 SIF 数据(ftp://fluo.gps.caltech.edu/data)。

8.2.3 美国 OCO-2 及 OCO-3 卫星叶绿素荧光遥感数据

    轨道碳观测者 2 号(Orbiting Carbon Observatory-2, OCO-2)于 2014 年 7 月发射，正式加入轨道列车(A-Train)，与其他 5 颗国际地球观测卫星组成编队，为太阳同步轨道卫星，赤道过境时间为下午 1:30。OCO-2 SIF 是基于 757 nm 处和 771 nm 处太阳夫琅禾费暗线反演得到(Sun et al., 2018)。由于 SIF 在 757 nm 处的信号强度比在 771 nm 更强，因此只有 757 nm 处的 SIF 反演值在通过质量控制后用于本研究，质量控制条件包括：SIF 反演拟合优度高于 2；757 nm 处反射辐射在 28~195 W/(m^2·μm·sr)；太阳天顶角小于 70°；反演和预测的大气 O_2 含量比率在 0.85~1.5；弱 CO_2 波段和强 CO_2 波段处 CO_2 含量比值在 0.5~4(Sun et al., 2018)。

　　OCO-2 传感器光谱测量装置与 GOSAT 很相似，在 757~775 nm 光谱区域具有很高的光谱分辨率，半高宽(FWHM)为 0.042 nm。但是 OCO-2 的数据密度比 GOSAT 提高了 100 倍(比 GOME-2 增加了 8 倍)，相比于其他 SIF 产品[如 GOSAT 的采样直径为 10 km，GOME-2 为(40×80)km²]，OCO-2 拥有更高的空间分辨率[(1.3×2.25)km²]，可以尽可能地减少与通量塔观测足迹的空间不匹配问题。然而，OCO-2 SIF 的重访周期比较长，通常为 16 天左右，这使得 OCO-2 SIF 每年可用的数据量减少。此外，OCO-2 的高空间和光谱分辨率，使其不得不以牺牲空间连续性为代价，OCO-2 SIF 的幅宽也较窄，大约 10 km，导致 OCO-2 无法获得覆盖全球地表的 SIF 数据。基于高光谱分辨率的 OCO-2 数据，采用 Frankenberg 等(2011)的方法可以准确地提取全球范围 757 nm 和 771 nm 处的 SIF 信号，前者约为后者的 1.5 倍(Frankenberg et al., 2014)。在合成全球 SIF 数据的时候，通常需要采用较大的网格(如 1°)来减少空间空隙(Sun et al., 2018)。

　　NASA 的轨道碳监测-3 号卫星(Orbiting Carbon Observatory-3，OCO-3)2019 年 5 月初进入国际空间站，该卫星将收集在地球大气中二氧化碳是如何运动的数据。与之前的碳卫星比较，该卫星能够监测更广泛的地区和获得更高分辨率的数据。从空间站俯瞰的视角将使 OCO-3 能够在地球上排放和储存碳最多的地区收集比 OCO-2 更密集的数据集。空间站轨道还将在每个轨道上的不同时间观测给定的地球位置，可以观测到一天中从黎明到黄昏的 SIF 变化情况。位于加利福尼亚州帕萨迪纳市的美国宇航局喷气推进实验室(Jet Propulsion Laboratory，JPL)的 Nicholas Parazoo 是 OCO-3 的 SIF 首席科学家，他期待合并后的数据集可以应用于目前研究相对较少的偏远地区。地球上碳储量不确定较高的地区主要是北极和热带地区。结合 OCO-2 和 OCO-3 将会观察到这些地区以前所未有的细节。Parazoo 及其同事将使用以前开发的算法从 OCO-3 收集的全部数据中提取 SIF 信号。该传感器由三个光谱仪组成，每个光谱仪观察电磁光谱中不同的波长带。大气中的每种气体分子(氧气、二氧化碳和其他气体)都会吸收独特波长的太阳光。观察特定波长的光谱仪会将这种吸收视为一系列独特的暗线，如特定气体的光谱吸收线。

　　OCO-3 的三个光谱仪被调谐到覆盖二氧化碳吸收线不同部分的两个波段和覆盖氧气吸收线的一个波段。碰巧，氧气光谱仪不仅记录了氧气吸收的波长，还记录了 SIF 强信号附近的波长。Parazoo 说："因此，SIF 的测量不是设计使然，而是非常幸运的。"

　　自从美国宇航局科学家 Joanna Joiner 和他的同事在 2010 年首次进行了星载 SIF 测量以来，SIF 数据已经从早期的欧洲和日本卫星中产生。然而，OCO-2 比任何先前的卫星都有更精细的视场或足迹，每个像元足迹覆盖的面积约为 3 mile[2①]。OCO-3 将增加 OCO-2 无法实现的优势：随着 OCO-3 在轨运行，它将快速转动传感器，指向航天器下方地面上的仪表塔。这些塔同时测量 SIF 和光合作用，分辨率与 OCO-2 相似。通过这种方式采集的验证数据可以提供有关 OCO-3 性能的关键信息，并可以增加对潜在 SIF 机制的科学了解。

8.2.4　中国 TanSat 卫星叶绿素荧光遥感反演及验证

1. TanSat 卫星介绍

TanSat 是中国第一颗专门监测二氧化碳（CO_2）的卫星（Liu et al., 2018; Yi et al., 2013, 2014）。TanSat 卫星的任务是精确估计区域到全球尺度上的二氧化碳浓度，精度为 1%（4 ppm）。TanSat 在太阳同步轨道上飞行，轨道高度为 700 km，其升轨模式在赤道过境为当地时间下午 13:30。于 2016 年 12 月发射，设计寿命为 3 年，重访期为 16 天。搭载在卫星上的两个传感器分别是大气二氧化碳光栅光谱辐射计（atmospheric carbon dioxide grating spectroradiometer, ACGS, 又名 CDS）和云和气溶胶偏振成像仪（cloud and aerosol polarimetry imager, CAPI）。ACGS 的光谱分辨率为 0.044 nm，能够在 O_2-A 波段测量上行辐射。该传感器每条轨道可提供 800 多次观测。尽管 TanSat 任务的主要目的是获取大气柱平均 CO_2 干空气摩尔分数（XCO_2），TanSat–ACGS 模块的 O_2-A 波段的高光谱分辨率使得从全球范围的 TanSat 观测中反演 SIF 成为可能。因此，全球 SIF 数据的获取也成为了 TanSat 的重要应用。利用光栅技术的 ACGS 能够在三个窄波段处探测大气中的 O_2 和 CO_2 吸收光谱：波长约 760 nm（758～778 nm）的 O_2-A 波段附近，波长为 1.6 μm（1594～1624 nm）的弱 CO_2 波段附近，波长为 2.06 μm（2042～2082 nm）的强 CO_2 波段附近。这三个波段的信噪比分别为 15.2 mW/(m² · nm · sr) 时为 360，2.60 mW/(m² · nm · sr) 时为 250，1.10 mW/(m² · nm · sr) 时为 180。

2. TanSat 卫星叶绿素荧光反演算法

（1）奇异值分解数据驱动算法

奇异值分解数据驱动算法首次应用于反演全球 GOSAT-SIF 数据，目前也已用于反演 TanSAT-ACGS SIF 数据（Guanter et al., 2012），SVD 是一种分解实矩阵或复矩阵的方法，类似于 PCA 算法，它可以将大量相关变量的观测结果分解成一个更小的称为奇异向量的不相关信号集合。一般情况下，$m \times n$ 实矩阵或复矩阵 M（m 条光谱曲线和 n 个光谱点，即 n 波长）的奇异值分解公式如下：

$$M = U \sum V^{\mathrm{T}} \tag{8-8}$$

式中，T 为转置矩阵；U 为正交矩阵，为左奇异向量；V 为由右奇异向量组成的正交矩阵；如果 m 小于 n，U 矩阵形式为 $m \times n$，V 矩阵的形式为 $n \times m$。在本研究中，m 大于 n，

---

① 1 mile²=2.589988 km²

V 矩阵的形式为 $n \times n$。根据下面描述的累积贡献率，选择右奇异向量中的第 n_v 列。

如 Guanter 等(2012, 2013)所述，大气层顶(top-of-the-atmosphere, TOA)辐射光谱可以表示为传播到 TOA 的无荧光辐射光谱与携带荧光成分光谱的线性组合。无荧光辐射的光谱可以由互不相关的奇异向量的组合模拟得到。假设 SIF 在狭窄的拟合光谱区间不变，那么 TOA 观测到的辐射可以由式(8-8)表示，然后利用最小二乘模拟方法对线性正演模型进行荧光成分与表面反射太阳辐射的区分。值得注意的是，无 SIF 辐射参考光谱的选取是准确反演 SIF 的关键问题。

$$R_{\text{TOA}} = \sum_{i=1}^{n_v} w_i v_i + F_s^{\text{TOA}} \times I \tag{8-9}$$

式中，v_i 为奇异向量；w_i 为每个奇异向量的权重；n_v 为所选择的奇异向量个数；F_s^{TOA} 为大气顶层的荧光；I 为 n 维单位向量。

(2)训练数据集的选择

与 Guanter 等(2012)的方法类似，选取非植被样本作为 SVD 数据驱动方法的训练样本，因为 TanSat 和 GOSAT 的测量有一些不同，对于训练样本的选择，设计了以下规则：

(a)无植被的表面(裸露的土壤或雪)；

(b)O_2-A 波段处的归一化和传感器接收到的在 $25 \sim 200 \ \text{mW}/(\text{m}^2 \cdot \text{nm} \cdot \text{sr})$ 的平均辐射；

(c)训练样本的选取随纬度变化均匀分布，保证训练样本的太阳天顶角的代表性。

每个月的训练样本选择使用相应的 TanSat 辐射数据和 MODIS MCD43C4 产品。

这样就产生了训练数据集的时间序列。MCD43C4 BRDF 参数修正的反射率产品是用于确定是否为非植被下垫面。Guanter 等(2012)表示，基于 $R_{\text{NIR}} < R_{\text{SWIR}}$ 的标准，裸露的土壤可以有效地区别于其他表面。这里，设置 MODIS 波段 6 反射率大于 MODIS 波段 2 反射率且 MODIS 波段 6 反射率大于 0.2，用于确定高反射率的裸土像素。归一化雪指数(NDSI)(Salomonson and Appel, 2004)计算和用于定义一个冰雪覆盖的表面，根据 MODIS 积雪产品算法，如果一个像素 NDSI 值大于 0.4 且 MODIS 波段 4 反射率值在 0.1 ～ 0.4，那么这个像素标记为冰雪覆盖像素(Riggs et al., 2006)。

需剔除厚云像元，因为它们不包含任何植被信号，厚云像元的辐射值远大于非厚云像元。为了去除被厚云污染的光谱，计算了 O_2-A 波段(758 ～ 778 nm)的平均辐射，并且选取经验阈值用于剔除云污染的像素。为了消除 SZA 的影响，使用 SZA 的余弦值对 O_2-A 波段的平均辐射进行归一化。

为了保证训练数据集的代表性和可变性，所选光谱的分布在全球范围内应尽可能统一。同样的方法应用于在每个纬度范围内选择的辐射光谱数量。

(3)每月全球 SIF 产品生成的质量控制规则

为了生成月度全球 SIF 产品，SIF 的反演像元的质量控制规则如下：

(a)垂直观测模式的 SIF 反演；

(b)陆地表面；

(c)$|SIF| < 5$ mW/$(m^2 \cdot nm \cdot sr)$;

(d)O_2-A 波段处的归一化和传感器接收到的在 $25 \sim 200$ mW/$(m^2 \cdot nm \cdot sr)$ 的平均辐射;

(e)SZA<75;

(f)$\chi_2 < 1.2$;

其中,χ_2 是减少的反演残差的 χ_2,表示观测到的辐射的计算辐射的优度。

(4)SIF 反演中系统误差的校正

信号对传感器的非线性响应和反演方法会导致 SIF 反演的系统性误差的存在,该误差也可能来源于非植被表面光谱获取时产生的误差。因此,需要对 SIF 的反演值进行误差校正。先前的研究表明,SIF 的偏置依赖于传感器接收到的平均辐射(Frankenberg et al., 2011; Guanter et al., 2012; Sun et al., 2018)。 因此,用于 OCO-2 SIF 和 GOSAT SIF 反演的误差校正方法也可应用于 TanSat SIF。选取几个参考非植被覆盖地区(撒哈拉沙漠,澳大利亚和格陵兰)的 SIF 偏差值和 Fe 夫琅禾费谱线附近的连续辐射值建立关系,为了决定 SIF 校正模型,模型的偏置值在间隔为 1 mW/$(m^2 \cdot nm \cdot sr)$ 内求平均,来减少噪声,最后,SIF 反演值在给定的辐射值处按照建立的修正曲线,进行校正。

3. TanSat 叶绿素荧光卫星反演产品与验证

(1)与 OCO-2 SIF 和 MODIS 植被指数的对比

2017 年 7 月和 12 月月合成的 TanSat SIF 产品如图 8-1 所示,尽管 TanSat 的重访时间为 16 天,但由于幅宽狭窄和离散性,仍然不可能实现全球覆盖。由于可用的测量数据的数量的限制,本研究绘制了月平均 TanSat SIF 而不是 16 天合成数据。图 8-1(a)和(b)展示了 7 月和 12 月全球月尺度合成的 TanSat SIF。从图中可以看出,SIF 的高值区主要出现在浓密植被覆盖区域,如亚马孙热带雨林区和非洲中部地区。在 7 月,北美的作物生长区和亚洲东海岸也都出现高的 SIF 值。在 12 月,非洲中部的高 SIF 值区相比 7 月南移。全球 7 月和 12 月 OCO-2 SIF 月合成产品为图 8-1(c)和(d)。由于 SIF 反演的质量控制和 TanSat 轨道日尺度观测采样数量小于 OCO-2 采样点总数的 20%,所以 TanSat 的全球 SIF 产品覆盖率要低于 OCO-2 SIF 产品。也可以看出,TanSat SIF 产品和 OCO-2 SIF 产品的空间分布上具有很高的一致性(图 8-1)。在 7 月,SIF 高值区都出现在北美东南部、亚洲的东部和东南部地区、亚马孙地区、非洲中部地区和欧洲地区。在 12 月,SIF 高值区都出现在非洲的中部和南部、亚马孙地区和印度尼西亚地区。然而,这两个数据集也存在部分空间不一致情况,如在 7 月,TanSat SIF 值在部分地区高于 OCO-2 SIF 值而在 12 月低于 OCO-2 SIF 值,TanSat SIF 在美国作物带的最大值略微高于 OCO-2 SIF 的最大值,同时在部分高 SIF 值区也略微高于 OCO-2 SIF 的高值。TanSat SIF 数据集的值范围为 $0 \sim 2.1$ mW/$(m^2 \cdot nm \cdot sr)$,OCO-2 数据集的值范围为 $0 \sim 1.8$ mW/$(m^2 \cdot nm \cdot sr)$。导致这种差异的主要原因是采样点的定标方法不同或者 SIF 反演方法的不同。两种数据集的 SIF 都存在小于 0 的值,主要出现在撒哈拉沙漠地区和澳大利亚中部地区(7 月和 12

月)，格陵兰地区(7 月)。另外，TanSat SIF 的负值要小于 OCO-2 SIF 的负值。这些区域的偏差很可能与原始数据的辐射校准有关，尤其是对于高亮地表光谱的高辐射值的校准。另外一种可能是在这项工作中使用的奇异向量缺乏代表性，实际上，奇异向量对训练数据集中选择的训练谱非常敏感，所用反演方法中简化的假设解释了其中的一些偏差存在的原因。

　　同时，TanSat SIF 与 NDVI[图 8-1(e)、(f)]和 EVI[图 8-1(g)、(h)]具有相似的空间分布。众所周知，全球植被绿度可以通过 NDVI 的全球分布来表示，可以看出，反演的 TanSat SIF 时空格局与真实的陆地植被格局一致性较好。总体而言，TanSat 和 OCO-2 SIF 反演结果之间的比较只能粗略地比较空间分布的一致性，因为目前还没有地面实测荧光数据集进行直接和绝对准确的验证。因此，这两个数据集之间的高度一致性只是对 TanSat SIF 反演精度的初步验证。

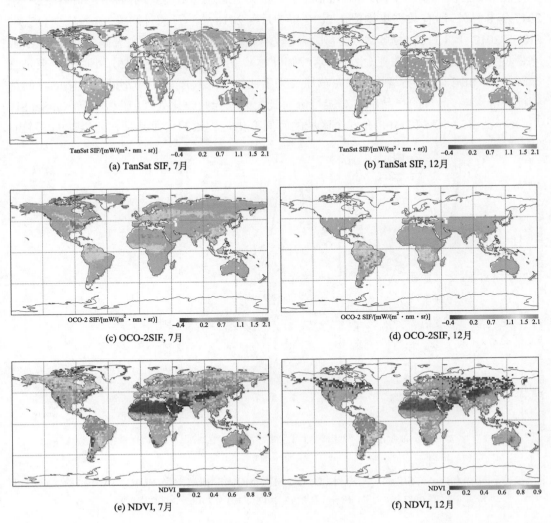

(a) TanSat SIF, 7月　　　　　　　　　　(b) TanSat SIF, 12月

(c) OCO-2SIF, 7月　　　　　　　　　　(d) OCO-2SIF, 12月

(e) NDVI, 7月　　　　　　　　　　(f) NDVI, 12月

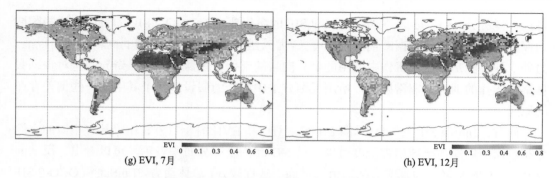

(g) EVI, 7月　　　　　　　　　　　　　**(h) EVI, 12月**

图 8-1　卫星观测的 SIF 和植被指数全球分布图的全球 2°×2°分布图

（2）TanSat SIF 时间序列模式与其他遥感产品的比较

图 8-2 提供了全球不同地区 TanSat SIF 和其他的遥感数据集的时间序列曲线图。除 2017 年 8 月外，所有数据集均覆盖 2017 年 3 月至 2018 年 3 月的时间段，因为缺少 OCO-2 SIF 在 2017 年 8 月的数据。被选择进行比较的地区有美国东南部（主要是农作物）、欧亚寒带（主要是混交林）、东亚（主要是落叶阔叶林）、亚马孙（主要是雨林）、刚果（主要是常绿阔叶林）和南非（主要是热带稀树草原）。为了比较考虑尺度效应的不同数据集的时间序列模式的影响，所有的产品都按对应月份的最大值进行归一化处理。在总体上，TanSat SIF 与 OCO-2 SIF、VIs 和 GPP 在 6 个区域的时间变化是一致的。尤其是在北半球的三个地

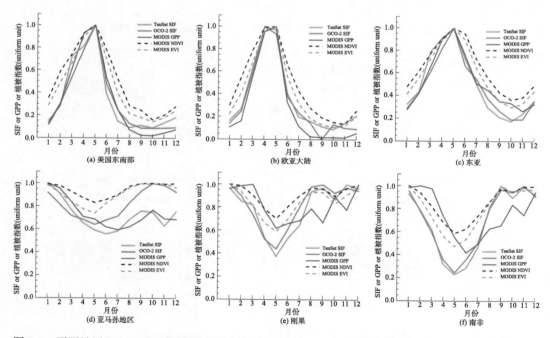

图 8-2　不同地区 TanSat SIF 的时间序列，OCO-2 SIF，MODIS 植被指数（NDVI、EVI）和 MODIS GPP

除 2017 年 8 月外，所有数据集均为 2017 年 3 月至 2018 年 3 月的时间段

区[图 8-2(a)～(c)]，所有的数据集都能捕捉到植被物候的季节变化。与 VIs 相比，TanSat SIF 和 OCO-2 SIF 更接近 GPP 的时间序列模式。两种 SIF 产品与 GPP 在南半球的三个区域的时间序列一致性较差，因为这三个区域主要覆盖了热带植被。并且在这些地区，GPP 在生长季末期呈现较大的波动。与其他数据集相比，GPP 在刚果和南非的上升速度有所延迟。除了亚马孙地区(可能是由于多云的天气)，TanSat 和 OCO-2 SIF 产品之间具有一致的季节变化趋势，但是在这个区域，GPP 的时间序列模式相比于 OCO-2 SIF 或 VIs，与 TanSat SIF 更一致。

(3) 与 OCO-2 SIF 产品和植被指数在全球的定量比较

为了定量研究 TanSat SIF 产品的可靠性，图 8-3 展示了 TanSat SIF 与其他遥感数据集的散点图，包括 OCO-2 SIF、MODIS NDVI/EVI 和 GPP，尽管 TanSat 卫星的配置非常类似于 OCO-2，由于相对窄的幅宽，它们的轨道仍然很少重合。为了解决不同数据集之间的空间不匹配问题，只有在 2°×2° 中包含充足观测点的均一网格用于比较。VIs 数据集(0.05°)重采样至 2°×2° 网格。每个 2°×2° 网格 NDVI(MOD13C2)的变异系数(CV)用来表征地表覆盖的异质性。CV 的值由 40 ×40 个 NDVI(0.05°×0.05°)值计算得到。图 8-3(a)展示了利用基于奇异值分解的方法得到的反演 TanSat SIF 与其他遥感产品具有高度的一致性，滤除 CV 大于 0.6 的区域，排除地物异质性较高的网格，进一步与 OCO-2 SIF 进行比较，发现 TanSat SIF 与 OCO-2 SIF($R^2 = 0.86$)具有良好的线性关系，三点集中分布在 1:1 线附近，表明 TanSat SIF 和 OCO-2 SIF 产品之间具有高的一致性。对于较低的 SIF 值，这两组值之间的差异相对较大，这可能是由于观测中的随机误差和低 SIF 值反演的较大的误差。由于 OCO-2 SIF 值仍然存在一些不确定性，我们还进一步与 VIs 进行了比较，NDVI 和 EVI 的值分别乘以 SZA 的余弦值，以便与 SIF 进行比较。与 NDVI 相比，EVI 结合了抗大气植被指数(atmosphere resistant vegetation index, ARVI)和土壤调节植被指数(soil adjusted vegetation index, SAVI)的优点，去除大气和背景噪声。EVI 提高了对浓密植被的敏感性，而 NDVI 在这些地区最容易饱和。因此，这两个数据集都被用来研究 TanSat SIF 之间的关系，TanSat SIF 与 NDVI($R^2 = 0.78$)和 EVI($R^2 = 0.80$)呈线性相关[图 8-3(b)，(c)]，这种良好的相关性表明，TanSat SIF 值分布与全球植被生长状况是一致的。TanSat SIF 与 EVI 之间的关系也比 TanSat SIF 与 NDVI 之间的关系稍好一些，这是因为 NDVI 对浓密植被的饱和现象响应不敏感，从以上的比较和整体良好的对应关系可以得出结论，TanSat SIF 产品是可靠的。此外，与 MODIS GPP 数据集($R^2 = 0.68$)的比较如图 8-3(d)所示，虽然 TanSat SIF 与 MODIS GPP 之间的相关性不如其他遥感产品，是因为 SIF-GPP 关系受到各种因素的影响，首先，两种产品在时间和空间上的不匹配(每个 2°×2° 网格中 TanSat SIF 分布稀疏)导致统计结果存在一定的不确定性。其次，已有研究表明，SIF 与 GPP 之间的线性相关具有生态系统特异性(Cheng and Middleton, 2013; Damm et al., 2015a; Guanter et al., 2012; Yang et al., 2015; Zhang et al., 2016)。Liu 等(2017)研究表明，SIF 与 GPP 之间的关系与光合作用途径(PsP)有关，其中 C_4 植物的光

合作用途径比 C_3 植物的光合作用途径具有更高的斜率。最后，GPP 数据集可能存在系统性偏差，包括模型假设和模型结构（Sun et al., 2017），这可能会减弱 SIF 和 GPP 之间的关系。因此，TanSat SIF 和 MODIS GPP 之间的显著相关性证实了 TanSat SIF 数据集具有在全球范围内监测光合作用的潜力。

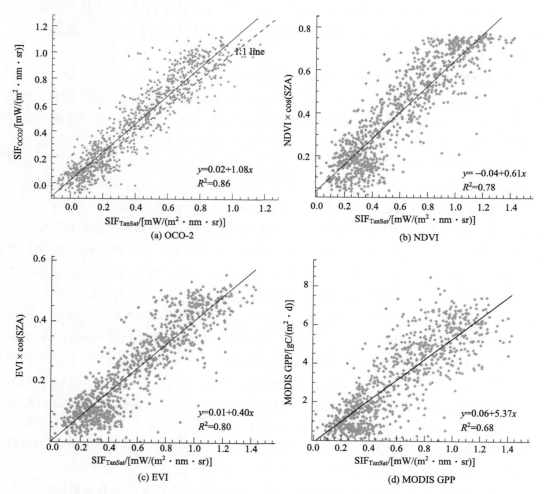

图 8-3　年平均 TanSat SIF 和 OCO-2 SIF、MODIS 植被指数（NDVI）、EVI、MODIS GPP 的相关性散点图

参 考 文 献

Cheng Y, Middleton E M. 2013. Integrating solar induced fluorescence and the photochemical reflectance index for estimating gross primary production in a cornfield. Remote Sensing, 5(12): 6857-6879.

Cogliati S, Verhoef W, Kraft S, et al. 2015. Retrieval of sun-induced fluorescence using advanced spectral fitting methods. Remote Sensing of Environment, 169: 344-357.

Damm A, Guanter L, Paul-Limoges E, et al. 2015a. Far-red sun-induced chlorophyll fluorescence shows ecosystem-specific relationships to gross primary production: An assessment based on observational and modeling approaches. Remote Sensing of Environment, 166: 91-105.

Damm A, Guanter L, Verhoef W, et al. 2015b. Impact of varying irradiance on vegetation indices and chlorophyll fluorescence derived from spectroscopy data. Remote Sensing of Environment, 156: 202-215.

Frankenberg C, Fisher J, Worden J, et al. 2011. New global observations of the terrestrial carbon cycle from GOSAT: patterns of plant fluorescence with gross primary productivity. Geophysical Research Letters, 38(17): 351-365.

Frankenberg C, O'Dell C, Berry J, et al. 2014. Prospects for chlorophyll fluorescence remote sensing from the Orbiting Carbon Observatory-2. Remote Sensing of Environment, 147: 1-12.

Guanter L, Alonso L, Gomez-Chova L, et al. 2007. Estimation of solar-induced vegetation fluorescence from space measurements. Geophysical Research Letters, 34(8): L08401.

Guanter L, Alonso L, Gómez-Chova L, et al. 2010. Developments for vegetation fluorescence retrieval from spaceborne high-resolution spectrometry in the O_2-A and O_2-B absorption bands. Journal of Geophysical Research: Atmospheres, 115: D19303.

Guanter L, Frankenberg C, Dudhia A, et al. 2012. Retrieval and global assessment of terrestrial chlorophyll fluorescence from GOSAT space measurements. Remote Sensing of Environment, 121: 236-251.

Guanter L, Rossini M, Colombo R, et al. 2013. Using field spectroscopy to assess the potential of statistical approaches for the retrieval of sun-induced chlorophyll fluorescence from ground and space. Remote Sensing of Environment, 133: 52-61.

Guanter L, Aben I, Tol P, et al. 2015. Potential of the TROPOspheric Monitoring Instrument (TROPOMI) onboard the Sentinel-5 Precursor for the monitoring of terrestrial chlorophyll fluorescence. Atmospheric Measurement Techniques, 8(3): 1337-1352.

Joiner J, Yoshida Y, Vasilkov A, et al. 2011. First observations of global and seasonal terrestrial chlorophyll fluorescence from space. Biogeosciences, 8(3): 637-651.

Joiner J, Yoshida Y, Vasilkov A, et al. 2012. Filling-in of near-infrared solar lines by terrestrial fluorescence and other geophysical effects: simulations and space-based observations from SCIAMACHY and GOSAT. Atmospheric Measurement Techniques, 5(4): 809-829.

Joiner J, Guanter L, Lindstrot R, et al. 2013. Global monitoring of terrestrial chlorophyll fluorescence from moderate-spectral-resolution near-infrared satellite measurements: methodology, simulations, and application to GOME-2. Atmospheric Measurement Techniques, 6(10): 2803-2823.

Joiner J, Yoshida Y, Guanter L, et al. 2016. New methods for retrieval of chlorophyll red fluorescence from hyper-spectral satellite instruments: simulations and application to GOME-2 and SCIAMACHY. Atmospheric Measurement Techniques, 9(8): 3939-3967.

Köhler P, Guanter L, Frankenberg C, et al. 2015a. Simplified physically based retrieval of sun-induced chlorophyll fluorescence from GOSAT data. IEEE Geoscience and Remote Sensing Letters, 12(7): 1446-1450.

Köhler P, Guanter L, Joiner J, et al. 2015b. A linear method for the retrieval of sun-induced chlorophyll fluorescence from GOME-2 and SCIAMACHY data. Atmospheric Measurement Techniques, 8(6):

2589-2608.

Köhler P, Frankenberg C, Magney T, et al. 2018. Global retrievals of solar‐induced chlorophyll fluorescence with TROPOMI: first results and intersensor comparison to OCO‐2. Geophysical Research Letters, 45(19): 10456-10463.

Lichtenberg G, Kleipool Q, Krijger J, et al. 2006. SCIAMACHY Level 1 data: calibration concept and in-flight calibration. Atmospheric Chemistry and Physics, 5(6): 8925-8977.

Liu L, Guan L, Liu X, et al. 2017. Directly estimating diurnal changes in GPP for C3 and C4 crops using far-red sun-induced chlorophyll fluorescence. Agricultural and Forest Meteorology, 232: 1-9.

Liu X, Liu L, Zhang S, et al. 2015. New spectral fitting method for full-spectrum solar-induced chlorophyll fluorescence retrieval based on principal components analysis. Remote Sensing, 7(8): 10626-10645.

Liu Y, Wang J, Yao L, et al. 2018. The Tan Sat mission: preliminary global observations. Ence Bulletin, 63(18): 38-45.

Mazzoni M, Meroni M, Fortunato C, et al. 2012. Retrieval of maize canopy fluorescence and reflectance by spectral fitting in the O_2—A absorption band. Remote Sensing of Environment, 124: 72-82.

Meroni M, Rossini M, Guanter L, et al. 2009. Remote sensing of solar-induced chlorophyll fluorescence: review of methods and applications. Remote Sensing of Environment, 113(10): 2037-2051.

Plascyk J, Gabriel F. 1975. The fraunhofer line discriminator MKII-An airborne instrument for precise and standardized ecological luminescence measurement. IEEE Transactions on Instrumentation and Measurement, 24(4): 306-313.

Riggs G, Hall D, Salomonson V. 2006. MODIS snow products user guide to collection 5. ResearchGate.

Salomonson V, Appel I. 2004. Estimating fractional snow cover from MODIS using the normalized difference snow index. Remote Sensing of Environment, 89(3): 35-60.

Sanders A, Verstraeten W, Kooreman M, et al. 2016. Spaceborne sun-induced vegetation fluorescence time series from 2007 to 2015 evaluated with australian flux tower measurements. Remote Sensing, 811: 895.

Sun Y, Frankenberg C, Wood J D, et al. 2017. OCO-2 advances photosynthesis observation from space via solar-induced chlorophyll fluorescence. Science, 358(189): 5747.

Sun Y, Frankenberg C, Jung M, et al. 2018. Overview of Solar-Induced chlorophyll Fluorescence (SIF) from the Orbiting Carbon Observatory-2: Retrieval, cross-mission comparison, and global monitoring for GPP. Remote Sensing of Environment, 209: 808-823.

Wolanin A, Rozanov V V, Dinter T, et al. 2015. Global retrieval of marine and terrestrial chlorophyll fluorescence at its red peak using hyperspectral top of atmosphere radiance measurements: feasibility study and first results. Remote Sensing of Environment, 166: 243-261.

Yang X, Tang J, Mustard J F, et al. 2015. Solar-induced chlorophyll fluorescence that correlates with canopy photosynthesis on diurnal and seasonal scales in a temperate deciduous forest. Geophysical Research Letters, 42(8): 2977-2987.

Yi L, Yang D X, Cai, Z N, 2013. A retrieval algorithm for TanSat XCO2 observation: retrieval experiments using GOSAT data. Chinese Science Bulletin, 58(13): 1520-1523.

Yi L, Zhaonan C, Dongxu Y, et al. 2014. Effects of spectral sampling rate and range of CO_2 absorption bands on XCO₂ retrieval from TanSat hyperspectral spectrometer. 科学通报: 英文版, 59(14): 1485-1491.

Yokota T, Yoshida Y, Eguchi N, et al. 2009. Global concentrations of CO₂ and CH₄ retrieved from GOSAT: first preliminary results. Scientific Online Letters on The Atmosphere: SOLA, 5: 160-163.

Zhang Y, Guanter L, Berry J A, et al. 2016. Model-based analysis of the relationship between sun-induced chlorophyll fluorescence and gross primary production for remote sensing applications. Remote Sensing of Environment, 187: 145-155.

第9章 日光诱导叶绿素荧光遥感生态应用

9.1 植被叶绿素荧光遥感探测光合作用原理

叶绿素吸收光合有效辐射，电子由稳定的基态跃迁到较高能级的激发态。由于激发态电子并不稳定，会以三种互相竞争的方式，即光合作用、热耗散（non-photochemical quenching，NPQ）和荧光（SIF）将吸收的能量释放以退回基态。SIF 是被激发的叶绿素重新发射光子回到基态而产生的一种光谱范围为 650～800 nm 的光信号，并且在 685 nm 和 740 nm 处各有一个峰值（Baker，2008）。SIF 可以提供一种更直接有效的方法来诊断植被的生理化学状况，因此对叶绿素荧光进行深入的研究将有助于人类对光合作用机制的理解。

SIF-GPP 之间的耦合关系可以用基于光能利用率模型概念（Monteith，1972）来解释。根据该模型，GPP 可以表示为

$$GPP = PAR \times FPAR \times LUE \tag{9-1}$$

式中，PAR 为达到植被冠层的光合有效辐射；FPAR 为被植被吸收的光合有效辐射比例。PAR 与 fPAR 的乘积表示植物吸收的光合有效辐射 APAR，类比于 GPP 的定义，SIF 可以表示为（Guanter et al.，2014）：

$$SIF = PAR \times FPAR \times \Phi_F \times f_{esc} \tag{9-2}$$

式中，Φ_F 为荧光量子效率，即吸收的 PAR 转化为荧光的比例；f_{esc} 为一个结构性干扰因素，决定了叶片发射的荧光逃离冠层的概率，其主要受到冠层结构和叶绿素含量的影响。由式（9-1）和式（9-2）可以看出，SIF-GPP 之间的关系主要是由共同因子 APAR 驱动。由此，SIF-GPP 之间的关系可以表示为

$$GPP = SIF \times \frac{LUE}{\Phi_F \times f_{esc}} \tag{9-3}$$

上述方程描述的 SIF 和 GPP 的概念简化了一系列复杂的底层机制，是一个描述 SIF-GPP 之间耦合关系的简单耦合模型，由此基于 SIF 建立了与植被光合作用之间的联系。

SIF 信号可以通过遥感手段获取。在自然光条件下，植被释放叶绿素荧光大约只占植被反射太阳辐射的 1%～5%，因此是非常微弱的光学信号。然而，由于太阳大气层中存在许多从太阳中蒸发出来的大量元素气体，因此当太阳光经过太阳的大气层到达地球时，太阳光中与这些元素标识谱线相同的光都被吸收，导致在地球表面上观察到的太阳光谱在连续光谱背景下有许多波段宽度为 0.1～10 nm 的暗线，即夫琅禾费暗线。在红光与近红外波段，存在 3 条较为显著的暗线：氢吸收在 656 nm 形成的 Hα 暗线，地球大

气氧分子吸收在 760 nm 和 687 nm 附近形成的 O_2-A 和 O_2-B 暗线。当太阳光照射到植被并反射出来时，在夫琅禾费暗线和地球大气吸收暗线波段，植被反射光也很微弱，而植被发射的 SIF 可以对某些波段的暗线进行一定的填充，产生明显的反射峰（Schlau-Cohen and Berry，2015）。荧光遥感的技术方法就是比较太阳辐射光谱线深度与植物辐射光谱线深度，测量来自植物的荧光辐射将暗线填充的程度。通过比较暗线处太阳辐射值与植被反射辐亮度值差异得出 SIF 值，就是夫琅禾费暗线判别法（Fraunhofer line discriminator，FLD）（刘良云等，2006）。

9.2　基于叶绿素荧光的生态系统总初级生产力模拟

在过去 10 年里，在植物-光相互作用和光合作用过程方面研究取得了重大进展。特别是日光诱导叶绿素荧光的遥感观测为研究光合作用开辟了一个新的视角。SIF 是光合作用的副产品，与光合作用的关系十分密切，遥感观测 SIF 成为一种估算 GPP 的新方法。

9.2.1　不同生态系统叶绿素荧光与 GPP 的关系

总体上，SIF-GPP 在不同生态系统中均存在显著正相关关系。然而，不同生态系统间仍存在差异。Garzonio 等（2017）利用 HyUAS 系统（一种 UAV 系统）研究了不同植被类型（农作物、草地、落叶阔叶林）中的近红外 SIF 差异。研究发现不同植被类型具有不同的平均 SIF，这可能是不同植被类型之间的冠层结构差异导致的。此外，研究还进一步指出不同植被类型之间还存在复杂的重叠和交叉效应。Damm 等（2015a）利用搭载在小型飞机上的 APEX（airborne prism EXperiment）成像传感器观测了三种不同生态系统（多年生草地、农田、温带混交林）的光谱数据并反演出了 SIF 二维分布图，然后结合通量观测数据研究了混合的多个因子对 SIF-GPP 的影响，如生理和结构及时间尺度效应。APEX 是一个波段范围为 400～2500 nm 并具有 313 个连续光谱波段的机载弥散推扫成像光谱仪，可以实现采集 O_2-A 大气吸收窗口处光谱特征，并用于反演 760 nm 处荧光。Damm 等（2015a）研究结果显示 SIF-GPP 关系在总体上是一致的，但也是具有生态系统特征的。SIF-GPP 在三个生态系统均具有显著的正相关关系，但是不同生态系统相关程度不同，农作物的 R^2 高于其他生态系统。这揭示了 SIF 的重要特征，即遥感 SIF 提供了一种基于观测的方法来降低不同生态系统的 GPP 估算的不确定性，但前提是需要专门的方法来校正各种各样的混合影响因子（如环境条件、冠层结构及时间尺度效应等）对 SIF-GPP 关系的影响（Damm et al.，2015a）。

得益于卫星的大尺度观测范围特征，SIF 在生态系统尺度上的相关研究得到了极大的发展。例如，卫星 SIF 在预示生态系统干旱、温度等环境胁迫具有极大潜力（Sun et al.，2015；Wang et al.，2016，2018；Wu et al.，2018；Yoshida et al.，2015）。一些研究揭示了 SIF 对不同地区和生态系统类型的植被光合作用的"探针"作用，如亚马孙森林（Guan et al.，2015；Köhler et al.，2018；Lee et al.，2013；Yang et al.，2018a）、高纬度森林（Walther et al., 2016)、苔原生态系统(Walther et al., 2018)、北美西南部干旱生态系统(Zhang et al., 2016b)及澳大利亚地区(Ma et al., 2016；Sanders et al., 2016)等。一些研究发现在全球和季节尺度上，卫星反演得到的近红外波段的 SIF 与模拟得到的 GPP 呈现较好的线性关系，但不同生态系统差异明显(章钊颖等，2019)。

由于早期卫星的空间分辨率较低，所以基于早期卫星传感器数据反演的 SIF 降尺度问题最近也受到越来越多的关注。目前，已经发展了一些利用更高空间分辨率的影像数据将较粗像素(如 GOME-2)的 SIF 降尺度到更小范围的方法(Duveiller and Cescatti, 2016；Gentine and Alemohammad, 2018；Joiner et al., 2018)。最近，随着搭载更高空间分辨率的卫星发射，实现了获取高分辨率的卫星 SIF(如 OCO-2，TROPOMI 等)(Lu et al., 2018；Sun et al., 2018；Zhang et al., 2018a)，使得直接基于卫星反演 SIF 和通量塔 GPP 研究不同生态系统 SIF-GPP 之间的关系成为可能(Sun et al., 2017)。例如，Wood 等(2017)利用 OCO-2 观测 SIF 和通量塔观测 GPP 研究了不同时间和空间尺度对 SIF-GPP 关系的影响。研究发现 SIF-GPP 之间存在鲁棒的线性关系，并且这种关系对植物生理敏感，对数据的时间和空间尺度不敏感。Li 等(2018)在温带森林中也发现了 OCO-2 反演 SIF 和通量塔 GPP 之间存在相似的线性关系。Verma 等(2017)基于卫星数据探讨了环境条件对草地近红外 SIF 和 GPP 的影响，研究发现 SIF-GPP 之间的线性关系相比于基于叶片辐射传输过程理论所表明的结果，生态系统尺度上更加鲁棒。但是研究进一步指出 NPQ 可能需要在未来 GPP 估算分析中被明确考虑。然而，由于不同卫星之间甚至同一卫星存在观测角度和观测模式的差异，可能给 SIF-GPP 关系研究带来一定的不确定性。Zhang 等(2018c)就指出想要确定一个通用的 SIF-GPP 线性关系模型可能是困难的，因为太阳-传感器之间的角度变化问题、卫星采用的观测模式(如 OCO-2 有三种观测模式：nadir、glint 和 target)，以及它们带来的观测几何差异都使得研究卫星尺度 SIF-GPP 变得复杂，这些问题都需要在未来得到有效解决。

SIF-GPP 之间的相关性形式并不完全一致。Paul-Limoges 等(2018)发现在存在环境胁迫的森林和农田生态系统中 SIF-GPP 表现的是线性相关形式，但是在没有环境胁迫条件下则是双曲线相关形式。当对 SIF 进行时间或者空间升尺度，也可以发现明显的线性 SIF-GPP 相关形式(Damm et al., 2015a, b；Zhang et al., 2016a)。Goulas 等(2017)对一处小麦进行研究发现，简单的线性 SIF-GPP 关系可能只存在于特定的环境条件下，如适用于近红外波段 SIF、具有较大的绿色生物量变化同时较小的光能利用率(LUE)变化等条件。植物功能类型(plant functional types，PFTs)也对 SIF-GPP 的关系有影响。Liu 等(2017)基于农田和混交林研究发现不同植物功能类型(C_3 和 C_4)的植被的 SIF-GPP 之间的关系和日变化模式存在差异。

9.2.2　植被冠层结构对叶绿素荧光的影响

植被叶片中叶绿素分子吸收光合有效辐射，会以三种互相竞争的方式将吸收的能量释放以从激发态退回到基态。这是植物本身的一种自我调控机制，由此造成了 SIF 对光合作用复杂而多变的敏感性(Porcar-Castell et al.，2014；van der Tol et al.，2014，2009a，b)。植物叶片中的自我调控机制会影响遥感传感器接收到的光合作用发射的 SIF 信号(Rascher et al.，2015)。这是 SIF 能够作为表征植物生理生化状态及所受胁迫的基础(Ač et al.，2015；Rossini et al.，2015)。然而除了自我调控机制，植物的生化成分和冠层结构也对观测的 SIF 信号有较大影响。传感器接收到的冠层顶部 SIF 信号经过了三个过程：①叶绿素吸收太阳入射光合有效辐射(Zhang et al.，2018b)；②光合系统激发荧光(van der Tol et al.，2014)；③荧光在冠层内部的散射和重吸收(Yang and van der Tol，2018)。冠层吸收入射光合有效辐射及 SIF 散射和重吸收主要受到非生理因子的影响，包括植物生化参数(如叶片叶绿素含量、水分和干物质)、冠层结构、光照角度(Grace et al.，2007；Porcar-Castell et al.，2014)及传感器观测角度(Liu et al.，2016)等。在冠层尺度，植物的三维结构决定了冠层内光截获和光质量梯度差异，同时也会额外地影响 NPQ 速率，因此影响传感器接收 SIF 信号。此外，冠层结构的存在也导致了叶绿素发出的荧光光子在冠层内部被叶绿素重吸收或者多次散射的现象(Fournier et al.，2012)。

早在 2012 年，已经有模型研究认识到 f_{esc} 在影响传感器探测到的 TOC SIF 大小有着重要的作用(Fournier et al.，2012)。最近研究表明 f_{esc} 对于冠层叶面积指数(Fournier et al.，2012；Yang and van der Tol，2018)和叶片角度分布(Du et al.，2017；Migliavacca et al.，2017；Zeng et al.，2019)的变化有强烈的响应。根本原因是任何能够影响冠层近红外反射率(如叶片聚集度)的结构性变量都可能对 f_{esc} 有相当大的影响(Zeng et al.，2019)。近地面的相关研究证实了叶绿素含量、冠层结构和异质性对遥感观测 SIF 的影响，即通过影响冠层内部的辐射传输过程。当将叶片尺度 SIF 升尺度到冠层尺度或者提高叶绿素含量时，红光 SIF 与近红外 SIF 之比降低，说明了植被对红光 SIF 比近红外 SIF 具有更强的重吸收作用(Daumard et al.，2012；Fournier et al.，2012)。 此外，随着太阳天顶角变化的冠层光照几何结构对 TOC SIF 的数值有一定的影响(Migliavacca et al.，2017)。除了光合系统尺度产生 SIF 的固有差异，这些影响因子对于解释不同 PFTs 之间 SIF 差异有一定的帮助。例如，Rossini 等(2016)发现农田生态系统的 SIF 会比落叶阔叶林和针叶林等 SIF 高，其中可能与农作物较为均质而森林的冠层结构具有较大异质性有关。

随着理论上对 f_{esc} 的理解深入，冠层结构对 SIF、GPP、APAR 及其相互耦合关系的影响及机制逐渐清晰。例如，一些最近比较新的研究给出了 f_{esc} 会影响 SIF-APAR 关系的直接证据(Du et al.，2017；Liu et al.，2019)。Migliavacca 等(2017)基于过程模型和观测数据的研究结果也间接证明了 f_{esc} 会影响 SIF-GPP 关系。因此，一些研究认为应该校正冠层结构效应对 SIF 的影响从而获得更准确的 GPP 估算结果(Du et al.，2017；Liu et al.，2019；Yang and van der Tol，2018；Li et al.，2020)。He 等(2017)对 GOME-2 反演 SIF 数据进行了角度校正，进而推算出冠层阳叶和全部叶片 SIF 信号量。研究结果表明，相比于未校正 SIF，角度校正之后的阳叶和全部叶片 SIF 分别与阳叶和总叶片 GPP 具有更稳定的关系。一些研究分析了冠层结构 f_{esc} 和生理生化参数 Φ_F 共同的作用(SIF/APAR=

$\varPhi_F \times f_{esc}$ =SIF$_{yield}$)与 LUE 的关系(Miao et al.，2018；Wieneke et al.，2016；Yang et al.，2018b，2015)。Li 等(2020)分析了 SIF$_{yield}$-LUE 关系在不同生长阶段及整个生长季的变化情况，并利用结构性植被指数校正冠层结构效应，研究发现 SIF$_{yield}$-LUE 之间的季节尺度显著相关关系主要是由冠层结构变化导致的，揭示了冠层结构效应对季节尺度 SIF-GPP、SIF$_{yield}$-LUE 相关关系的影响。

9.2.3　植被冠层 SIF 与 GPP 不同时间尺度耦合特征

近年来，卫星和塔基等平台的发展提供了不同空间分辨率 SIF 反演产品，为不同空间尺度总初级生产力估算提供直接有效的遥感方法。尽管研究已表明不同空间尺度 SIF 和 GPP 存在强线性相关关系，但不同时间尺度这种关系仍然不明确。例如，一些研究认为不同时间尺度 SIF-GPP 均为线性相关关系，而另一些研究则发现不同时间尺度 SIF-GPP 相关关系模式存在差异。因此，本节利用商丘站 2017 年高频观测玉米光谱数据反演荧光，并归为不同时间分辨率(如半小时、1 天和 8 天等)数据，随后结合协方差通量观测分析不同时间尺度 SIF-GPP 关系耦合特征并分析异同。另外，对于不同生态系统 SIF-GPP 耦合关系研究仍有限。研究发现在全球和季节尺度上，卫星反演得到的近红外波段的 SIF 与模拟得到的 GPP 呈现较好的线性关系，但不同生态系统差异明显。在冠层尺度，不同生态系统 SIF-GPP 差异情况仍未知，本研究据此揭示了 SIF-GPP 耦合关系在不同生态系统中的表现特征，分析了生态系统差异对 SIF-GPP 关系的影响。

1. SIF、GPP 及其产量的季节变化与日变化

由于降雨以及人工灌溉措施，商丘玉米在 2017 年生长季没有受到水分胁迫[图 9-1(a)]。玉米冠层的 SIF、GPP 和 APAR$_{Chl}$ 都呈现明显的季节性变化，即先增大后减小[图 9-1(b)～(d)]。APAR$_{Chl}$ 可以解释 77%的 SIF 和 81%的 GPP 变化(图 9-2)。SIF(GPP)从生长季初期时的 1 mW/(m^2·nm·sr)[40 μmol CO$_2$/(m^2·s)]直到 DOY 为 205 即玉米冠层几乎达到了最大的发展阶段时逐渐增大到 2.5 mW/(m^2·nm·sr)[60 μmol CO$_2$/(m^2·s)]。在生殖生长阶段，SIF 和 GPP 在 PAR 比较高且稳定的几天内保持在最大值附近，同时也会由于阴天天气情况而显著降低。在玉米成熟期，由于叶片衰老及叶片吸收 APAR 降低，SIF 和 GPP 都逐渐降低为 0[图 9-1(c)～(d)]。

SIF$_{yield}$ 和 LUE 之间也存在相类似的季节性变化情况[图 9-1(e)]，呈现了显著正相关关系。SIF$_{yield}$ 和 LUE 均在营养生长阶段降低，在生殖生长阶段及成熟期早期保持相对稳定，然后在成熟期晚期降低。植被指数 MTVI2 和 NDVI 的季节性变化相比于 GPP 和 SIF 则没有很大的波动，结果显示其在营养生长期增大，在生殖生长期保持相对稳定，最后在成熟期逐渐减小[图 9-1(f)]。因此，可以看出 SIF 可以很好地描述 GPP 和 APAR 的日变化和季节变化，且效果比植被指数更好。

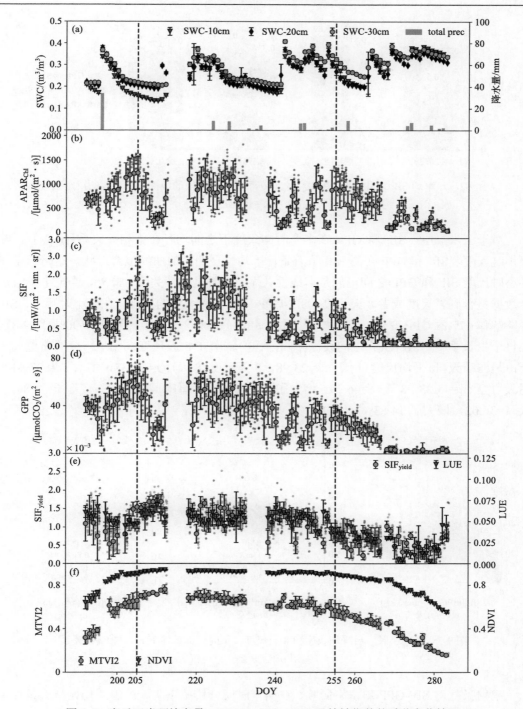

图 9-1 商丘玉米环境变量、APAR、SIF、GPP 及植被指数的季节变化情况

(a) 不同深度的土壤含水量 SWC (10 cm, 20 cm, 30 cm) 和降水量；(b) 叶绿素吸收光合有效辐射 APARChl；(c) SIF；(d) GPP；
(e) SIF_yield 和 LUE；(f) MTVI2 和 NDVI

灰色小点表示半小时平均值，较大点和相应的误差线表示日平均值和 1 个标准差。两个竖直虚线将玉米生长季分为三个
阶段，分别是营养生长阶段，生殖生长阶段和成熟阶段

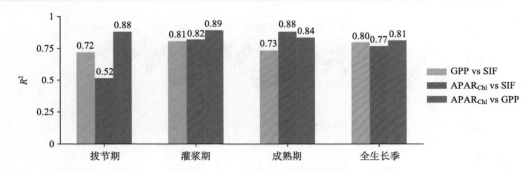

图 9-2　日平均 SIF、GPP 和 $APAR_{Chl}$ 之间在不同生长阶段的线性回归方程的决定系数

所有的 R^2 均统计性显著

对于玉米冠层，SIF 与 GPP 在多个时间尺度下之间均存在强相关关系（图 9-3）。在半小时尺度，SIF 和 GPP 在阴天和晴天条件下均呈现明显的曲线拟合形状，这暗示了在半小时尺度 SIF 和 GPP 之间可能是非线性关系，而不是线性关系。此外，当把半小时尺度数据整合到天尺度或者 8 天尺度，SIF-GPP 关系会有一定的提升。在半小时尺度，SIF 能够解释 67% 的 GPP 变化，而在日尺度则能够解释 80%，8 天尺度能够解释 90%（图 9-3）。在整个生长季中，SIF-GPP 之间线性回归方程的斜率在 8 天尺度上比日尺度明显更大，无论是在晴天[日平均尺度（1 天）：$k=23.98$，8 天尺度（8 天）：$k=26.37$，增大了 9.97%]、阴天（1 天: $k=43.03$，8 天: $k=46.29$，增大了 7.58%）还是所有天气状况下（1 天: $k=31.89$，8 天: $k=36.62$，增大了 14.83%）（图 9-3）。

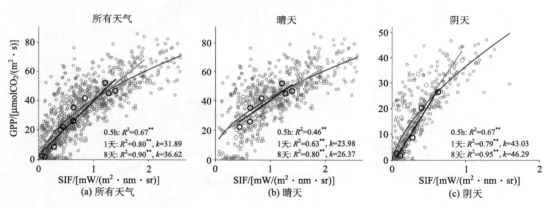

图 9-3　在半小时、日平均尺度和 8 天尺度，不同天气条件下 SIF 与 GPP 关系

R^2 表示决定系数

辐射条件对 SIF-GPP 斜率有影响，在两个时间分辨率下阴天的斜率均比晴天条件下斜率更大[1 天：阴天 $k=43.03$，晴天 $k=23.98$；8 天：阴天 $k=46.29$，晴天 $k=26.37$，图 9-3（b）、（c）]。此外，不同天气条件对 SIF-GPP 相关性也会产生影响。在不同天气条件下，SIF 和 GPP 之间均呈显著相关性，但阴天下的相关性比晴天下更高。例如，在日平均尺度上，阴天条件下 SIF 能够解释 79% 的 GPP 变化而晴天条件下则只能解释 63% 的

GPP 变化(图 9-3)。

　　总体上，本研究的结果和前人在 C_3(Verma et al.，2017；Damm et al.，2010，2015a；Yang et al.，2015；Zarco-Tejada et al.，2013)和 C_4(Wagle et al.，2016)生态系统的相关研究是一致的。在生长季内，SIF-GPP 关系的显著强相关性说明 SIF 与 GPP 在多个时间分辨率下均有很好的相关关系。然而，当时间分辨率从半小时尺度变为日平均或者 8 天平均时，SIF-GPP 关系会从非线性变为线性。这一转变可能与影响 SIF-GPP 关系的多个因素有关，如植被生理状态、植被生物化学成分(如叶片叶绿素含量、水及干物质等)、冠层结构(Du et al.，2017；van der Tol et al.，2014；Yang and van der Tol，2018)、环境条件(Verma et al.，2017；Miao et al.，2018)及观测角度(Liu et al.，2016)等。当将数据从高时间分辨率降尺度到低时间分辨率时，这些因素的影响在某种程度上被降低了，从而从非线性变为线性。此外，SIF-GPP 之间的非线性关系可能也可以用冠层结构解释，即在半小时尺度 SIF 在冠层内部的散射和重吸收作用不可忽略，导致了 SIF 与 GPP 之间的不同步变化。

　　我们也发现 C_4 作物 SIF-GPP 回归方程斜率比 C_3 植物高的现象(Yang et al.，2018b)，这一结果与一些基于近地面和航空平台观测实验结果一致(Wood et al.，2017；Liu et al.，2017；Zhang et al.，2016a)。C_3 与 C_4 之间 SIF-GPP 斜率差异间接地说明了 C_3 与 C_4 植物之间在 SIF_{yield} 和 LUE 之间的差异。Liu 等(2017)研究了小麦(C_3)和玉米(C_4)两种农作物的通量塔 GPP 和 760 nm 波段处 SIF 的日变化情况。他们发现 C_3 和 C_4 植物的 SIF_{yield} 差别不大，但是 C_4 玉米的 LUE 却明显高于 C_3 小麦。这说明 C_3 和 C_4 植物在 SIF_{yield} 和 LUE 方面的差异导致了二者在 SIF-GPP 关系的差异。另外，我们发现了阴天条件下 SIF-GPP 回归方程斜率大于晴天条件下斜率，而这一结果也与水稻(Yang et al.，2018b)和北方常绿针叶林(Magney et al.，2019)的相关研究结果一致。可能原因是，植物在散射条件下更高的光能利用效率导致了阴天或者高浓度气溶胶条件下 GPP 更高(Gu et al.，1999，2002；Still et al.，2009)而 SIF_{yield} 保持相对恒定。从而，在相同 PAR 下阴天 GPP 高于晴天 GPP 而 SIF 差异不大。因此，阴天条件下 SIF-GPP 斜率高于晴天条件斜率。此外，阴天条件下 SIF 反演的不确定性影响也是不可忽略的。如果阴天条件下反演的 SIF 值相比于实际值偏小，则也会导致阴天 SIF-GPP 斜率更大。

　　在季节尺度，我们发现了 SIF_{yield} 和 LUE 之间存在显著的正相关关系(图 9-4)，这与其他生态系统下的研究结果一致，如落叶阔叶林(Yang et al.，2015)、小麦(Goulas et al.，2017)、水稻(Yang et al.，2018b)及 C_4 草地(Verma et al.，2017)。但是，我们还发现 SIF-GPP 的相关性(R^2=0.80)比 $SIF-APAR_{chl}$ 相关性(R^2=0.77)高一些(图 9-2)，这与一些基于 C_3 植被的相关研究结果相反。这说明 C_4 植物相比于 C_3 植物，SIF_{yield} 和 LUE 之间联系更紧密。

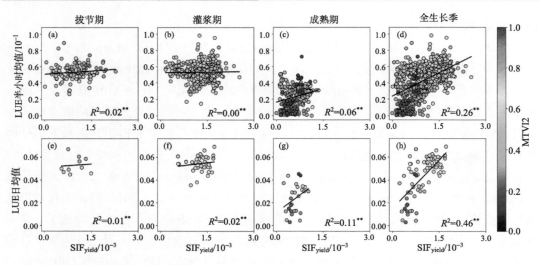

图 9-4　不同生长阶段下 SIF_{yield} 与 LUE 在半小时尺度(a)～(d)和日平均尺度(e)～(h)关系

颜色表示的是植被指数 MTVI2,用来作为 LAI 的替代。R^2 表示决定系数

2. SIF 和 GPP 对 PAR 的响应

本研究探讨了 SIF 对入射辐射的日变化的响应情况。我们对 SIF、GPP 和 PAR 均进行了标准化来减轻 APAR 的季节变化的影响(fPAR 季节变化的影响)(图 9-5)。在晴天条

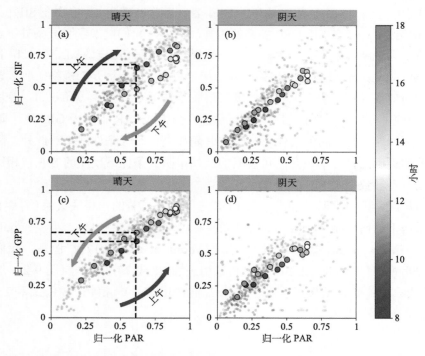

图 9-5　晴天和阴天条件下标准化 SIF 和 GPP 对 PAR 的平均日变化响应趋势差异

SIF 对 PAR 在(a)晴天和(b)阴天下的响应。GPP 对 PAR 在(c)晴天和(d)阴天下的响应

件下，日尺度 SIF 对 PAR 的响应存在一定的迟滞效应[图 9-5(a)]。SIF 和 PAR 之间存在一个顺时针的循环模式，表明在相近的入射太阳辐射条件下，上午的冠层 SIF 会比下午更大。然而，这个阴天条件下这种迟滞效应并不明显[图 9-5(b)]。此外，相比于 SIF-PAR 之间的顺时针循环模式，晴天条件下 GPP-PAR 之间存在轻微的逆时针循环模式，但是阴天条件下这种非对称性现象并不明显[图 9-5(c)、(d)]。

SIF 对 PAR 在晴天下上午和下午的非对称性响应可能会导致卫星平台上用一些时间校正方法来估算日平均 SIF 的不确定性(Frankenberg et al.，2011a，b；Sun et al.，2018)。由于卫星反演的 SIF 一般来自晴天条件下的观测数据，我们选择所有的晴天条件下的半小时平均数据并计算了三个生长季和整个季节的表观 SIF_{yield}(SIF/PAR)的平均日变化(图 9-6)。可以更加明显地看到的是，在三个生长阶段中表观 SIF_{yield} 均有着显著的迟滞效应，即上午的表观 SIF_{yield} 比下午的大。本研究选择了在 13:30[图 9-6(a)～(d)中的红色点处，这一时刻大致与卫星 OCO-2 的过境时间一致]处的拟合的瞬时表观 SIF_{yield} 用来对瞬时 SIF(SIF_{inst})升尺度到日平均 SIF(SIF_{daily})[图 9-6(e)～(h)]。反演 SIF 和升尺度 SIF 之间的灰色阴影区域即为二者之间的差异。可以看出，SIF_{daily} 在三个不同生长季均表现出一定程度的低估，因此在整个生长季上也是低估(分别低估了 6.65%、2.37%、12.67% 和 4.74%)。另外，上午(灰色方形区域)的低估程度相比于下午更大，低估程度分别是 12.77%、7.01%、26.48% 和 12.07%。这主要是因为上午的表观 SIF_{yield} 比下午更大。

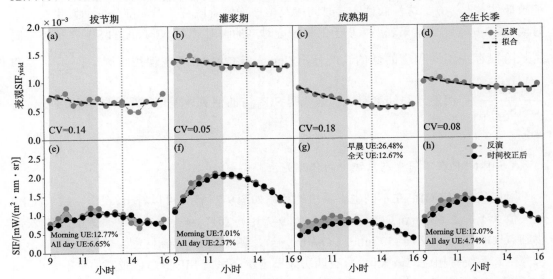

图 9-6　三个生长阶段和整个生长季下晴天条件的表观 SIF_{yield} 日变化情况(a)～(d)，以及相应的近地面测量 SIF 和用 13:30 时刻 SIF_{yield} 升尺度到日尺度的 SIF(e)～(h)
两条折线之间的灰色阴影部分表示测量 SIF 和升尺度 SIF 之间的差异

本研究发现了表观 SIF_{yield} 在晴天条件下存在一定的迟滞效应，即在相近的辐射条件下上午表观 SIF_{yield} 比下午大。Gu 等(2018)在落叶阔叶林生态系统和 Wieneke 等(2018)

在农田生态系统均有与之相似的发现。表观 SIF_{yield} 的日变化趋势是复杂的。叶绿素中光合系统 II(PSII)过程吸收的太阳能量主要通过三种方式被消耗：光合作用、NPQ 和荧光(Porcar-Castell et al.，2014)。在晴天条件下，上午随着光照水平逐渐上升，光合系统中固碳反应和电子传输过程将达到光饱和状态，限制了光合作用强度增大。此时，NPQ 逐渐增大，因此可能导致 SIF_{yield} 降低。当下午光照水平逐渐降低时，SIF_{yield} 可能会随着 NPQ 的降低而轻微增大。我们推测下午时段的 NPQ 相对高于上午，因此当我们认为相同光照条件下光合作用强度保持不变时，则上午时段的 SIF_{yield} 相对高于下午(Porcar-Castell et al.，2014)。另外，传感器探测到的光照叶片比例的日变化差异也可能是这种非对称效应的潜在影响因素。即使传感器是垂直向下来接收冠层的 SIF 信号，其探测到的上午和下午的阳叶比例可能存在一定的差异，这主要是太阳天顶角变化及玉米叶倾角的影响导致的。

目前，将 SIF_{inst} 升尺度到 SIF_{daily} 的方法主要是通过构建一个校正因子，如 $SIF_{inst} \times \frac{PAR_{daily}}{PAR_{inst}}$ 和 $SIF_{inst} \times \frac{\cos(SZA)_{daily}}{\cos(SZA)_{inst}}$ (Sun et al.，2018；Hu et al.，2018；Zhang et al.，2018a)。然而，这两种方法均认为 SIF_{yield} 和 fPAR 相比于 PAR 有小得多的日变化，因此假设其在日尺度上保持一定。然而，本研究结果表明这种升尺度方法估算的 SIF_{daily} 存在一定潜在的误差，即由于 SIF_{yield} 与 PAR 之间的非对称日变化响应关系，该方法估算的 SIF_{yield} 可能被低估(图 9-6)。这种低估还与时间段及植被物候阶段有关，大部分低估发生在上午时段(图 9-6)。这一结果表明，基于卫星过境时刻的瞬时 SIF_{inst} 升尺度的 SIF 在植被不同生长阶段存在不同程度的低估。此外，Zhang 等(2018a)还发现校正因子 $[\frac{PAR_{daily}}{PAR_{inst}}$ 和 $\frac{\cos(SZA)_{daily}}{\cos(SZA)_{inst}}]$ 可能还与纬度有关，这表明 SIF_{daily} 的估算误差可能还会随着纬度变化而变化。

3. SIF-GPP 在不同生态系统中的耦合关系

冠层尺度 SIF-GPP 在不同生态系统的关系如图 9-7 所示。可以看出，农作物站点[GPP 最大值大于等于 60 μmol CO_2/($m^2 \cdot s$)，图 9-7(b)~(d)、(f)]的 GPP 产量相比于非农作物站点[GPP 最大值小于 50 μmol CO_2/($m^2 \cdot s$)，图 9-7(a)、(e)]更大。对于 SIF 值，大部分生态系统有相近的最大值，只有西班牙草地生态系统 SIF 值总体较其他生态系小[图 9-7(e)]。对于西班牙草地生态系统，荧光 SIF 和 GPP 在 6 个生态系统中最小，说明草地生态系统的光合能力较小，其固碳能力相比于其他生态系统较弱[图 9-7(e)]。此外，玉米生态系统的 GPP 值相比于其他生态系统较大[图 9-7(c)]，这主要是因为玉米与小麦、水稻等农作物的 PFTs 不同。玉米属于 C_4 植物，是一种由 C_3 植物进化而来的植被类型，具有更高的环境适应能力及物质利用效率(Sage and Monson，1999；Sage and Zhu，2011)。因此，其光合作用能力较强，GPP 值比 C_3 植被更大。

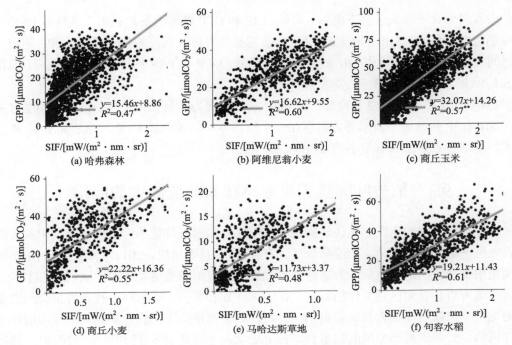

图 9-7　不同生态系统冠层 SIF-GPP 关系

红色线是线性拟合线，R^2 表示决定系数

对于 SIF-GPP 在不同生态系统中的耦合关系，从图 9-7 可以看出总体上不同生态系统的 SIF-GPP 间均存在显著正相关关系（$R^2>0.47$，$p<0.001$，图 9-7）。然而，不同生态系统间存在差异。玉米生态系统由于具有相对更大的 GPP 值，导致线性模型的斜率也最大［斜率 32.08，图 9-7（c）］。该结果与一些基于近地面和航空平台观测实验结果相符（Wood et al.，2017；Liu et al.，2017；Zhang et al.，2016a）。落叶阔叶林、小麦和水稻的 SIF-GPP 线性模型斜率比较接近［图 9-7（a）、（b）、（d）、（f）］，说明不同生态系统可能存在近似的 SIF 和 GPP 产量相对比例。西班牙 Majadas 草地生态系统数据量较少且多集中于 SIF 和 GPP 值均较小区域，SIF-GPP 线性模型斜率相比于其他生态系统具有最小的斜率，说明对于草地生态系统叶片光合作用固定单位碳所发射荧光光量子最多。

4. 本章小结

本章主要利用 2017 年商丘站长时间连续光谱观测数据及协同通量、气象数据分析了 SIF、GPP 及 PAR 三者之间的关系，基于 6 个生态系统数据分析了不同生态系统的 SIF-GPP 的耦合关系异同，主要结论如下。

（1）SIF 可以很好地描述 GPP 和 PAR 的季节变化和日变化。在日尺度和 8 天尺度上，SIF-GPP 在晴天条件和阴天条件下均呈现强线性相关关系，但是在半小时尺度却呈现显著的非线性相关关系。这说明了时间分辨率对于 SIF-GPP 关系的影响。

（2）天气条件影响 SIF-GPP 关系及对 PAR 响应趋势。研究发现阴天条件下 SIF-GPP

回归方程斜率大于晴天条件下斜率。此外，SIF 和 GPP 在晴天条件和阴天条件对 PAR 的响应趋势存在差异。SIF 在晴天对 PAR 存在明显的迟滞效应，导致卫星瞬时 SIF 利用一些时间校正因子计算日平均 SIF 时可能存在偏差。GPP 对 PAR 同样存在迟滞效应，但是与 SIF-PAR 之间的迟滞效应趋势相反。

(3)不同生态系统类型下的 SIF 和 GPP 总体表现为显著正相关关系，但不同生态系统在 SIF-GPP 线性模型斜率等方面存在一定的差异。C_4 植物的 GPP 产量相比于 C_3 植物更大，草地生态系统具有最小的 GPP 和 SIF 值。

9.3　植被叶绿素荧光遥感在农业监测中的应用

由于具有覆盖面积广、重访周期短、获取成本相对低等优势，卫星遥感技术对大面积农业生产的调查、评估、监测和管理具有独特作用(唐华俊，2018)。20 世纪 70 年代出现民用资源卫星后，农业成为遥感技术最先投入应用和受益显著的领域。70 年代末，根据土壤普查和农业区划工作的需求，在国家计划委员会、国家科学技术委员会和农业部的支持下，联合国粮食及农业组织、开发计划署的资助下，农业部成立了专门的技术研究机构，开展了遥感应用的技术和设备引进及人才培训工作(陈仲新等，2019)。经过二十几年的技术攻关和试验，目前，农业遥感应用已经实现了面向农业生产宏观决策服务的业务化运行，为农业和农村经济的发展作出了突出贡献。特别是随着高空间、高光谱和高时间分辨率遥感数据的出现，农业遥感技术在长时间序列作物长势动态监测、农作物种类细分、田间精细农业信息获取等关键技术方面得到了突破(佟彩等，2015)。卫星叶绿素荧光遥感数据，被称为植被光合的"有效探针"，将在农业生产力和产量监测、农业灾害预报监测等方面发挥重要作用(章钊颖等，2019)。

9.3.1　基于叶绿素荧光遥感的农业生产力及产量监测

1. 基于传统卫星数据农业生产力及产量监测

植被生产力可以分为总初级生产力和净初级生产力。前者是指生态系统中绿色植物通过光合作用，吸收太阳能同化 CO_2 制造的有机物。后者则表示了从总初级生产力中扣除植物自养呼吸所消耗的有机物后剩余的部分。在植被总初级生产力中，平均约有一半有机物通过植物的呼吸作用重新释放到大气中，另一部分则构成植被净第一性生产力，形成生物量(Chapin et al.，2011)。农业植被净初级生产力代表了农田生态系统通过光合作用固定大气中 CO_2 的能力，决定了农田土壤中可获得的有机质的含量。农作物每年通过光合作用产生的 NPP 为 7.8 Pg C，占全球 NPP 总量的 16%(Hicke et al.，2004；Potter et al.，1993)，因此农田净初级生产力在全球碳平衡中扮演着重要作用。

植被和农业生产力的模拟经历了从简单统计模型到遥感数据驱动的过程模型等阶段，其中，遥感数据由于可以反映植被在时空连续上的变化特征，在区域评估植被生产力中起到了不可替代的作用(Chapin et al.，2002)。在简单统计模型中，遥感数据大多用于反演植被指数(vegetation index，VI)、叶面积指数，以驱动方式介入统计模型，最常见的是以归一化差异植被指数为代表的 VI 构建农业生产力估算模型(Birky，2001；Maselli and Chiesi，2006；Zhang et al.，2015)。NDVI 的使用方式包括生长季累积 NDVI、生长季平均 NDVI、生长季最大 NDVI 等，构建的模型包括线性函数模型、指数函数模型和对数函数模型等，虽然目前 NDVI 等植被指数可以较好地反映农作物生产力，但建立的关系受到土地覆盖类型、土壤背景等因素地影响较大(Phillips et al.，2008；Schloss et al.，1999；Wang et al.，2008)。

　　通过对植物光合、蒸腾、呼吸及碳、氮等营养物质动态过程进行模拟，结合气象、土壤等参数，建立估算植被生产力的模型，该模型被称为过程模型(冯险峰等，2004；袁文平等，2014)。遥感数据以同化方式介入过程模型，常用的遥感数据包活 VI、LAI、fPAR 等(陈利军等，2002；戴小华和余世孝，2004；朱文泉等，2005)。在发展过程中，引入了干旱指数 PDSI 等数据，考虑了干旱等极端天气对植被产生的影响，以及包括利用同化其他数据如模型模拟的 MODIS GPP 数据或者通量观测数据，对模型进行结构和参数的优化(杜文丽等，2020)。以上方法目前大部分采用的遥感数据为 VI、LAI 等数据，一般反映的是植被冠层"绿度"的变化，不能直接反映植被光合能力的变化。

　　使用遥感数据对作物产量进行监测，目前较为常用的是基于光能利用率(LUE)理论的作物估产方法。作物产量，在本节中定义为单位土地面积上，某种作物收获的在一定标准湿度下的谷物的重量。基于 LUE 理论的作物估产模型通过模拟作物的光合速率和生物量积累过程，并根据模拟的生物量和收获指数(harvest index，HI)推算作物产量。对于大部分遥感作物估产研究，HI 根据不同作物类型，设为固定的常数(Lobell et al.，2002)。在该模型中，NPP 或者 GPP 是计算作物最终产量的关键步骤。主要过程如下所示：

$$\text{Yield} = \text{NPP}_{ac} \times f \times \text{HI} \tag{9-4}$$

$$\text{NPP}_{ac} = \text{GPP}_{ac} - R_{ac} = \text{GPP}_{ac} \times \text{CUE} \tag{9-5}$$

式中，Yield 为农作物单产；NPP_{ac} 为作物在生长季累积的净初级生产力，代表总生物量；f 为地上生物量与总生物量的比值；GPP_{ac} 为生长季作物的累积总初级生产力；R_{ac} 为生长季作物的累积消耗；CUE(carbon use efficiency)为作物的碳利用效率。

　　对于 NPP 的计算，早期的方法是基于 Monteith(1977)的光能利用率理论估算作物净初级生产力。即将 NPP 计算为植被所吸收的光合有效辐射与光能利用率的乘积：

$$\text{NPP} = \text{APAR} \times \text{LUE}_{\text{NPP}} = \text{PAR} \times \text{FPAR} \times \text{LUE}_{\text{NPP}} \tag{9-6}$$

式中，PAR 为入射的光合有效辐射；FPAR 为光合有效辐射被植被吸收的比例；LUE_{NPP} 为作物将吸收的光合有效辐射转化为 NPP 的系数，与作物类型和环境条件有关。这类基于 LUE 的 NPP 模型的典型代表有 Goetz 和 Prince(1999)及 Goetz 等(2000)提出的 GLO-PEM2(Global Production Efficiency Model Version 2.0)模型，以及 Potter 等(1993)提出的 CASA(Carnegie，Standford，Ames Approach)模型。尽管使用这类基于 LUE 的 NPP

模型在进行区域尺度作物估产，可以在一些地区取得较好的效果（Bastiaanssen and Ali，2003；Lobell et al.，2003；Samarasinghe，2003），但是，这类模型结果对 LUE_{NPP} 参数取值极其敏感，而且该参数具有较大的时空变化。

对于农作物总初级生产力的计算，目前最为常用的模型为基于光能利用率理论的 GPP 模型。这类模型较为常用的有，MOD17 算法（Running et al.，2000）、植被光合作用模型（vegetation photosynthesis model，VPM）（Xiao et al.，2004）和两叶光能利用率（two-leaf light use efficiency，TL-LUE）模型（He et al.，2013）等。其模型的基本框架为

$$GPP_{acc,i} = APAR_{acc,i} \times \varepsilon_{GPP} = PAR \times fPAR \times \varepsilon_{GPP} \tag{9-7}$$

$$\varepsilon_{GPP} = \varepsilon_{max} \times f_{metero} \tag{9-8}$$

式中，ε_{GPP} 为实际光能利用率；ε_{max} 为最大光能利效率，与作物类型和管理水平有关；f_{metero} 为气象条件（如温度和水分）对光能利用率影响的胁迫因子，在 $0\sim1$ 变化（Horn and Schulz，2011；Running et al.，2000；Yuan et al.，2007）。

由于绝大部分的光能利用率模型都假设 GPP 随 PAR 变化而线性变化，导致模拟的 GPP 存在"跷跷板现象"（低值偏低、高值偏高）。为了解决这一问题，He 等（2013）发展了 TL-LUE 模型，区分直接和散射太阳辐射在植被冠层传输的差异，将冠层分为阴叶和阳叶两部分，分别根据光能利用率理论计算其 GPP。阴叶和阳叶具有不同的最大光能利用率，阴叶仅仅能利用散射辐射而阳叶可以同时利用直接和散射辐射。

采用基于光能利用率理论 GPP 模型估算作物产量时，如何确定 CUE 是一个挑战，因为该参数具有较大的时空变化。Guan 等（2016）在估算美国玉米带作物产量时，将 CUE 表示为生长季平均温度的非线性函数，取得了较高的作物估产精度。此外，还有研究采用数据同化的方法确定 CUE（Konings et al.，2019）。光能利用率模型优点在于具有理论基础，同时结构简单，可以直接利用遥感和气象数据估算作物产量。但是，结果对 HI、ε_{max} 和 CUE 等参数高度敏感，而这些参数又具有明显的时空变化，受到作物品种、管理措施和气候条件的影响。如何确定这些参数，是提高利用光能利用率模型估算作物产量精度需要解决的关键问题。

2. 叶绿素荧光遥感监测农业生产力与产量

物质、能量等要素形成了农业生态经济系统生产力，而要素之间相互耦合与互相依赖、互为载体的复合形式，反映出生产力的高低。在整个农业流程中，物质、能量在每个环节上进行循环和转换，都决定着生产力的大小，这种循环和转换越活跃，农业系统的生产力就越高。然而，由于人为活动的加剧，全球气候发生变化，各种极端气候事件频发（Pachauri et al.，2014）。很多农业基地，出现了土壤耕作层变浅、土壤营养元素失调及板结和有机质下降等问题，土壤中严重缺磷、钾和中微量元素，不仅使氮肥利用率低下，土壤有机质缺乏，也影响了农业生态平衡（Cordell et al.，2009；Sardans and Peñuelas，2015）。以上这些因素，均限制了农业增产，以致大大降低了农业生产力。因此，我们必

须对农业生产力进行及时和准确的监测。

　　日光诱导叶绿素荧光作为光合作用的伴生产物，被认为是比传统植被指数更为合适的光合活动"指示器"，在 685 nm 和 740 nm 处各有一个峰值(Moreno，2015)，其中红光波段的 SIF 由于其包含更多 PSII 的信息，因此，对植被光合能力的变化更加敏感(Franck et al.，2002)。但由于叶片的散射和重吸收，红光波段 SIF 更容易受到辐射传输过程的影响(Gitelson et al.，1998)。通过一种基于反射率的降尺度方法，计算得到的光系统水平红光波段和近红外波段 SIF 结果显示，在光系统水平的红光波段 SIF，相比冠层尺度的红光波段 SIF，与 GPP 的关系得到很大提升，表明在光系统水平的红光波段 SIF 在监测作物生产力时有很大的潜力(Liu et al.，2020)。在叶片尺度，SIF 与 GPP 呈现非线性关系，当进一步升尺度到冠层尺度，SIF 与 GPP 有很好的线性相关，且相关性得到提升(Zhang et al.，2016a)。SIF 对作物生产力的监测，对于不同作物类型和不同的时间尺度，存在着差异。由于 C_3 与 C_4 作物的 ε_p(光合作用的光能利用率)存在差异，导致 $\varepsilon_p / \varepsilon_f$ 存在差异(ε_f 为荧光量子产量)，使 SIF 与 C_4 作物 GPP 的关系与 C_3 作物 GPP 的关系存在差异，SIF 与 C_4 作物 GPP 的斜率高于与 C_3 作物 GPP 的斜率(Liu et al.，2017)。对于不同的时间尺度，SIF 与作物 GPP 的关系也存在显著差异，相比瞬时 SIF，日平均 SIF 可以更好地监测作物生产力的变化，与作物的 GPP 有更好的相关性，因此，在使用卫星 SIF 监测作物生产力时，需将瞬时 SIF 转换为日平均 SIF(Zhang et al.，2018a)。对于生态系统尺度作物生产力的监测，相比已有的模型，卫星 SIF 可以更好地监测作物 GPP 的变化，且相比传统的植被指数，SIF 与 GPP 具有更好的相关性(Damm et al.，2015a；Guanter et al.，2014)。综上所述，SIF 在光系统水平、叶片尺度、冠层尺度及生态系统尺度上，均可以很好地监测农业生产力的变化。

　　作物产量很大程度取决于作物地上生物量，而作物地上生物量，则取决于作物累积的净初级生产力和 HI 指数(Fischer et al.，2014)。提高遥感作物估产精度，对作物生产力的估算起到至关重要作用，而 SIF 可以很好地监测农业生产力，给准确、大范围的作物产量监测提供了很好的途径。与其他卫星数据或者模型数据相比(如 EVI、MODIS NPP、MPI NPP)，融合了卫星 GOME-2 SIF 数据的产量预测模型可以更好地预测美国玉米带 C_3 和 C_4 作物及印度恒河平原小麦的产量(Guan et al.，2016；Song et al.，2018)。为了进一步提高作物产量预测精度，结合气象数据对作物的收获指数 HI 进行估算，可以更好地预测作物产量(Guan et al.，2017)。

　　随着技术的发展，我们可以获取到具有更高时空分辨率和更高信噪比的卫星 SIF 数据，研究表明，TROPOMI SIF 与美国县级尺度的地面统计产量数据具有很好的关系，且将作物种植比例和作物类型融合到 SIF 产量预测模型中，将会进一步提高产量预测精度(He et al.，2020)。将 OCO-2 SIF 与气象信息结合，并输入作物估产模型中，也可以在产量估算中获得比单独使用气象数据进行作物估算更高的精度(图 9-8，Gao et al.，2020)。通过详细的对比最新的 TROPOMI SIF 和具有较低空间分辨率的 GOME-2 SIF 和其他卫星植被指数数据，结果表明，由于 OCO-2 和 TROPOMI SIF 能提供更高的分辨率及更高质量的 SIF 数据，相比 GOME-2 SIF 和其他卫星植被指数数据，具有更高的产量预测潜力或产量预测精度。但这两种最新 SIF 产量预测精度仍然与作物类型、预测模型及已有数据样本数目有很大关系(Peng et al.，2020)。

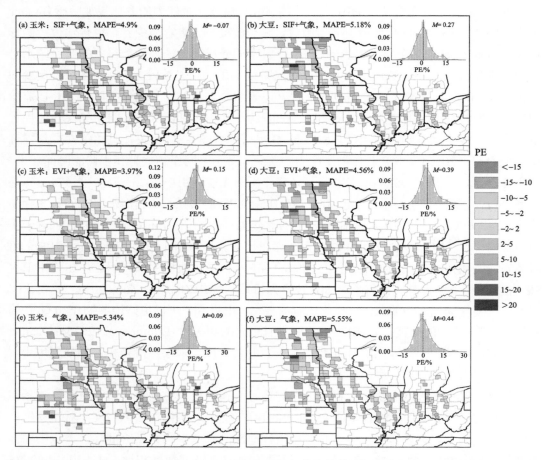

图 9-8　基于 OCO-2 SIF、MODIS EVI 和 DAYMET 气象数据的美国玉米带的大豆与玉米产量估算精度
对比图(Gao et al.，2020)

其中 PE 为百分比误差，MAPE 为平均绝对百分比误差

9.3.2　卫星叶绿素荧光遥感在农业气象灾害监测中的应用

1. 气象灾害对农业的影响及机理研究

在全球气候变暖的背景下，极端气候与自然灾害事件频发，给人类和自然生态环境带来了严重的威胁，造成了巨大的损失。研究发现，1950 年以来，全球极端气候事件发生频率已经发生了改变，在全球区域，日极端温度事件、热浪及干旱等事件发生频率显著增加，对农业系统造成极为负面的影响(Meehl and Tebaldi，2004；秦大河等，2007)。大量研究表明，高温和干旱等气象灾害，会影响作物光合能力，降低作物总初级生产力和

净初级生产力，最终造成作物减产（Asseng et al.，2015；Lesk et al.，2016；Xie et al.，2018）。

　　高温对作物的影响主要表现在以下三个方面：第一，高温增强了作物的蒸腾作用，使其失水过多；第二，高温会影响作物体内的各种生理生化反应所需的酶的活性，从而影响其生长代谢；第三，当高温发生时，作物为了减少蒸腾，气孔导度下降甚至完全关闭，进入农作物体内的二氧化碳减少，抑制光合作用，有机物的积累随之减少（Berry and Bjorkman，1980）。当农作物处于高温逆境下，其脂质透性增加，改变了细胞内部超氧自由基、羟自由基、丙二醛等一系列活性氧的产生与清除之间的平衡，使得这些氧化物在细胞内进行累积，改变了膜蛋白与膜内脂，从而引发膜透性增大，促使细胞内电解质外渗，最终对作物造成伤害（Martineau et al.，1979）。农作物在遭受高温逆境时，植物并不是被动承受伤害，而是主动调节适应，在不断的适应过程和长期的进化过程中，形成了完善的和复杂的酶类和非酶类的抗氧化系统来清除活性氧，因此当农作物在短时间内遭受到高温胁迫时，不足以对作物产生伤害，但是随着高温胁迫时间的延长，活性氧在体内大量累积，活性氧的清除遭到了破坏，从而导致作物不能正常生长（郭培国和李荣华，2000）。

　　植物的光合作用过程将太阳能转化为化学能，并将转换的能量传递给人类和其他动物，成为地球上所有生命的主要能量来源，但是，植物的光合作用部分是对高温最敏感的部分之一。在高温胁迫下，光合系统 II(PSII)电子传递被抑制，光化学效率降低，剩余大量光能，从而产生大量的活性自由基，损害植物的生长发育。当植物遭受中度高温胁迫时，光合作用受抑是可逆的，但在严重高温胁迫时，光合机构会受到永久性伤害，光合作用受抑是不可逆的（Allakhverdiev et al.，2008；Berry and Bjorkman，1980；Havaux，1996）。在早期的地面实验中，范双喜等对菜豆叶片的高温胁迫进行研究，发现经过高温胁迫后，菜豆叶片光合作用普遍受到了抑制，当高温解除后，光合速率有所回升，而且不耐热品种的光合速率回升速度缓慢（范双喜等，2003）。早期理论认为，当植物受到高温胁迫时，主要是降低了气孔导度，使得二氧化碳的供应受阻，光合作用的抑制是由气孔限制的。但是后续研究表明，在胁迫较轻时，可能主要是通过气孔限制，在严重的高温胁迫下，光合抑制主要是由于非气孔限制引起的，当遭受严重高温胁迫时，叶肉细胞气体扩散阻抗增加，二氧化碳的溶解度下降，Rubiso 对二氧化碳的亲和力降低或光合机构关键成分的热稳定性降低，导致光合作用受到抑制（吴韩英等，2001）。

　　长期缺水，使土壤中水分含量不足，破坏了作物水分平衡导致作物减产的气象灾害被称为干旱灾害，根据美国气象学会的定义（Orville，1990），干旱通常分成四种类型：①气象干旱，由于降水的减少，降水和蒸发不平衡所造成的水分短缺现象；②农业干旱，由于植物体内水分缺乏导致植被生长受到限制或作物产量减少。农业干旱的过程最为复杂，涉及大气、植被、土壤等多方面；③水文干旱，地表和地下水资源供应不足；④社会经济干旱，水资源供应不足，难以满足以上三类干旱带来的经济需求。持续性干旱会降低农业生产力，严重影响农业生态系统的功能（李星，2018）。大量研究表明，干旱对农作物光合作用具有负面的影响，包括降低作物 GPP 和 NPP 等。其中，干旱影响植物光合作用主要的原因在于水分缺失会直接导致植物叶片中的气孔部分关闭，以减轻水分缺失对植被器官的伤害。气孔关闭会减小气孔导度，增大气孔内部阻力，从而导致植物光合作用暗反应所需的 CO_2 含量不足（Chaves et al.，2009）。干旱是一个持续的过程，除了直接影响植物的光合作用，还会通过引起一些并发过程而间接影响陆地生态系统生产力，如引起植物大规模死亡、增加火灾和病虫害发生频率等（van der Molen et al.，2011；田汉勤等，2007）。

2. 农业气象灾害遥感监测研究

遥感技术的快速发展，为在大区域甚至全球尺度上对地表条件进行监测提供了独一无二的数据，使得研究人员从地面单点的农业气象灾害监测转变到利用遥感数据进行大区域的对农业气象灾害动态、宏观及迅速的监测，为农业气象灾害监测开辟了新的途径。目前，基于卫星遥感对作物胁迫监测的常用指数包括归一化差异植被指数、增强型植被指数及冠层结构和生物物理参数如叶面积指数、叶绿素含量、光合有效辐射比例等，当植被发生胁迫时，其冠层结构发生变化，使得相对应的卫星遥感指数发生改变（王小平和郭铌，2003）。

植被指数一般是由卫星传感器获取到的不同波段的反射率数据进行线性或者非线性计算组合得到，可以较好地反映植被的生长信息。当农作物发生胁迫时，光合作用速率发生下降，随着胁迫的进一步加剧，进而导致作物冠层结构发生变化，生长状态变差，相对应的植被指数也会降低（王小平和郭铌，2003）。其中最为广泛使用的植被指数是归一化差值植被指数，大量研究表明 NDVI 与叶绿素含量及净初级生产力有近线性的关系，可以很好地指示植被的生长条件和覆盖度，计算公式如下：

$$NDVI = \frac{\rho_{NIR} - \rho_{RED}}{\rho_{NIR} + \rho_{RED}} \tag{9-9}$$

式中，ρ_{NIR}、ρ_{RED} 分别为近红外和红光波段反射率，由于 NDVI 计算简单，而且能有效地反映植被生长状况，因此被广泛用于农作物胁迫的分析和监测。由于 NDVI 是对植被"绿度"的表征，因此当采用 NDVI 对植被高温及其他极端气候事件胁迫进行研究时，有可能 NDVI 会在反映植被极端气候事件胁迫时有一定的滞后效应，Tan 等（2015）采用 GIMMS NDVI 及站点气象数据对鄱阳湖流域的植被进行研究，结果表明 NDVI 对极端温度事件有 1 个月的滞后，对极端降水事件有 2 个月的滞后（Wang et al.，2003）。

FPAR 也常被用于植被胁迫研究，FPAR 与叶面积指数密切相关，是监测能量交换与碳循环平衡的重要指标（Churkina and Running，1998）。Ciais（2005）在对 2003 年的欧洲热浪事件进行分析时，发现位于低海拔地区的植被由于遭受了极端的夏季高温，导致生长抑制，FPAR 发生下降。

3. 基于叶绿素荧光遥感的农业气象灾害监测

叶绿素荧光，作为光合作用的"探针"，不仅能反映植被的光能吸收、激发能传递和光化学反应等光合作用的原初反应过程，而且与电子传递及腺嘌呤核苷三磷酸（adenosine triphos phate，ATP）合成和二氧化碳固定等过程有关。在叶片或者细胞尺度，几乎所有光合作用过程的变化均可通过叶绿素荧光反映出来，因此相比植被指数，叶绿素荧光对农业气象灾害具有更好的监测能力。

1）叶绿素荧光机理研究

叶绿素的乙醇溶液在反射光下为棕红色，这种棕红色的光是叶绿素分子受光激发后发射出来的，被称为荧光。通常情况下，叶绿素分子吸收光量子后，由能级较低的基态变为能级较高的激发态，而处于这种高能激发状态分子是极不稳定的，主要通过以下三种途径去激发，释放能量从而回到稳定的基态：①能量以热耗散形式发散出去；②以荧光和磷光形式发射出去，叶绿素发射的荧光，每 100 个吸收了光的叶绿素分子中约有 30 个会发出，故肉眼可以看到；③进行光化学反应，这部分能量被植被自身用来进行光合作用。以上三种过程同时发生、相互竞争，处于激发态的叶绿素分子，其能量在适当的条件下可用于光化学反应，若不能用于光化学反应，则以波长较长、能量较小的荧光发射出去。在稳定的光照条件下，光合强度较大，激发能量多用于光合作用，荧光减弱。反之，当光合强度下降时，荧光的发射增强，因此，荧光产率变化是了解光合作用机理的一种重要的监测手段（Baker，2008；冯建灿等，2002）。

1931 年 Kautsky 首次发现活体叶绿素荧光诱导动力学，20 世纪 70 年代中期，Papageorgiou 进行了系统的叙述，并提出了荧光诱导动力学曲线：O（原点）→I（偏转）→D（小坑）或 PL（台阶）→P（高峰）→S（半稳态）→M（次峰）→T（终点）。其中 O→P 为荧光快速上升阶段，可用于研究植物 PSII 的异质性及其原初光化学反应过程。P→T 为荧光慢速淬灭阶段，在此阶段，情况比较复杂，不同叶片的生理状态会导致不同的情况，有时没有 M 峰，有时会出现几个次低峰，一般而言，环境胁迫的叶片 M 峰消失，生理状态良好的叶片一般会在 P 峰之后出现几个峰（Papageorgiou，2011），因此叶绿素荧光经常被用于植物逆境如光抑制、低温胁迫及热胁迫等的生理研究中。

2）叶绿素荧光作物胁迫响应机理研究

光抑制是指植物的光合机构所接受的光能超过光合作用所能利用的能量时，引起的光合功能降低，当植被出现光抑制时，植被首先会通过增强非辐射能量耗散来消耗过剩的光能，使光合机构免受破坏，此时，伴随着最大荧光强度 F_0 的降低；当光抑制仍然在持续时，有可能使得光合机构的 PSII 反应中心受到强光破坏，此时，伴随着 F_0 的上升；热耗散在防御光破坏过程中起着重要作用，与热耗散密切相关的调节机制是植物体内叶黄素的循环（Demmig-Adams et al.，1996；Havaux and Kloppstech，2001）。

高温胁迫会引起植物 PSII 反应中心的失活及捕光叶绿素 a/b 蛋白复合物的降解，从而使得 PSII 获得的激发能减少，引起荧光淬灭，刘霞等（2005）研究表明小麦在灌浆前期遭遇高温时，当高温胁迫解除后，小麦叶片各个荧光参数和光合速率略有恢复，但是在灌浆中期小麦遭遇高温胁迫，各个荧光参数始终呈现下降趋势，说明前期高温胁迫对植物损伤是可逆的，中期的高温胁迫会加速小麦衰老进程。此外，高温胁迫会影响小麦的灌浆速率，灌浆是影响粒重的重要因素，籽粒中灌浆物质的累积程度决定了粒重的大小，高温通过减慢灌浆速率来降低干粒重，进而影响产量(Zahedi and Jenner，2003)。高温不仅影响了小麦灌浆特性和产量，同时还会提高直链淀粉含量，从而影响面条加工品质，使得面条品质变差，在小麦遭遇高温胁迫时，荧光淬灭速率 $\Delta F_v/t$ 对高温胁迫十分敏感，在高温胁迫下急剧下降(Hurkman and Wood，2011)。对于低温胁迫，其对植物光合作用的影响是多方面的，不仅会直接损伤光合机构，还会影响光合电子传递和光合磷酸化及暗反应的有关酶系，而且当植物处于低温胁迫状态时，即使是中低光强也会使得植物发生光抑制，同时，叶绿素的 DCPIP 光还原性降低，初始荧光 F_0 上升，表明 PSII 反应中心失活(Torzillo et al.，1996)。

日光诱导叶绿素荧光在地面实验的成功反演，以及高光谱分辨率的成像光谱仪技术的发展，使得我们可以通过卫星获取的数据来提取荧光。日光诱导荧光由于其是发射于光合系统本身，因此在农作物处于亚健康状态，其叶绿素含量或者叶面积指数还没有发生有效的变化时，SIF 可以为作物早期胁迫监测提供更加精确可靠的监测(Campbell et al.，2008)。Lee 等(2013)对亚马孙热带雨林的水分胁迫进行分析，结果表明在 2010 年极度干旱的条件下，亚马孙热带雨林对大气碳吸收量有效减少，对于这一现象的反映，传统植被指数仅能捕捉到由于叶片损失或者叶绿素含量变化导致的反射率的变化，但是荧光可以直接反映出植被由于水分胁迫，气孔关闭，导致 GPP 减少这一事实，因此可以在大尺度上为研究者提供一个更加直接和全面反映 GPP 变化的有效工具(Lee et al.，2013)。2011 年美国得克萨斯州和 2012 年中部大平原发生了两种不同类型的干旱，Sun 等采用 GOME-2 SIF 对这两次干旱事件对作物的影响进行分析，结果表明在空间分布上，SIF 距平的空间分布图与美国干旱程度空间分布图有很好的相似性，在年内季节变化上，也可以很好地反映出干旱对作物的影响，这次研究很好地证明了 SIF 可以作为农作物光合功能的直接信号，能估测农作物的结构及生理状态(Sun et al.，2015)。

为探究 SIF 为何可以更好地对农作物气象灾害进行监测，Song 等(2018)采用 SIF 遥感数据及 AVHRR、MODIS 等光学遥感数据，结合气象、通量和产量等数据，比较 SIF 和植被指数(VIs)在高温胁迫发生、发展和结束过程中变化的差异，评价 SIF 和 VIs 监测小麦高温胁迫的能力。他们采用 GOME-2 SIF、MODIS FPAR 及 GOSAT SIF 数据，对印度恒河平原 2010 年小麦高温胁迫进行了综合的研究。结果表明，相比传统植被指数，SIF 由于包含了小麦生理参数信息(SIF$_{yield}$)和冠层结构信息(FPAR)，使得 SIF 对此次高温胁迫监测具有更快的响应时间及更高的灵敏性。他们发现相比传统植被指数，GOME-2 SIF 在对此次高温胁迫的时间响应上，更及时地对小麦高温胁迫做出了响应，比 NDVI 和 EVI 在响应时间上提前了 16 天，且在高温胁迫发展中期及最为严重时期，下降幅度均要大于植被指数，对高温胁迫响应具有更高的灵敏性(图 9-9)。更进一步，采用 MODIS FPAR 将 SIF 中生理参数贡献部分进行分离，计算得到的 SIF$_{yield}$，相比表征冠层结构变化的传统植被指数及 FPAR，响应要更加及时，具有更高的灵敏度(图 9-10)。因此，总体来说，既包含生理参数变化信息，又包含冠层结构变化信息的 SIF，相比传统植被指数，对于此次高温胁迫表现出了更好的响应能力。

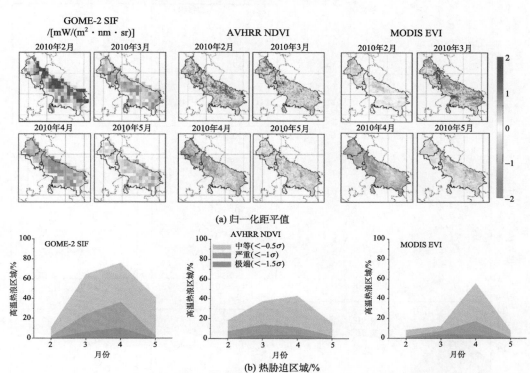

图 9-9　印度恒河平原 2010 年小麦生长季节标准化

(a)GOME-2 SIF、AVHRR NDVI 和 MODIS EVI 距平值空间分布图；(b)GOME-2SIF、AVHRR NDVI 和 MODIS EVI 表征的高温对小麦影响程度(极度影响、重度影响和中等影响)分布面积百分比季节变化图

　　利用卫星遥感数据(GIMMS NDVI、MODIS EVI 及 GOME-2 SIF)对于此次高温胁迫的结果详细分析表明，相比传统植被指数，SIF 在时间上可以更及时地监测小麦作物高温胁迫，以及对高温胁迫具有更高的敏感性，本节将进一步详细解释，为什么 SIF 可以更好地监测小麦高温胁迫。图 9-10 为研究区 MODIS FPAR、计算的 SIF_{yield} 及其相对多年平均变化百分比季节变化趋势图，其中 FPAR 主要表征的是小麦冠层结构的变化，与植被指数包含的信息类似。结果表明，在 3 月，MODIS FPAR 相对多年平均下降了 3.5%，采用 APAR 将植被结构参数变化对 SIF 的影响进行分离后，计算得到的 SIF_{yield} 在 3 月下降百分比为 6.1%，下降幅度将近达到了 FPAR 的 2 倍。图 9-10 的 SIF_{yield} 距平空间分布结果也进一步表明，相比传统植被指数，SIF_{yield} 在整个研究区展现出大量的负异常值，说明可以表征植被生理参数变化的 SIF_{yield}，能够包含植被所面临的一些重要的环境压力信息，这些信息有可能不会很快在植被绿度或者叶绿素含量中得到反映，但是对植被自身的光合能力会有显著的影响。因此，SIF 不仅包含植被的结构信息，也包含了植被的生理参数变化信息，在高温胁迫的早期及中期，来自生理参数变化对 SIF 具有更高的贡献比例，致使 SIF 相比传统植被指数，可以具有更高的高温响应敏感性，这与之前的研

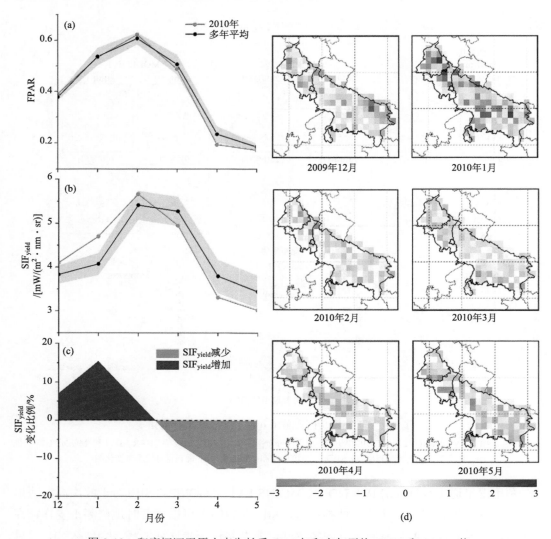

图 9-10　印度恒河平原小麦生长季 2010 年和多年平均 FPAR 和 SIF_{yield} 值

(a) MODIS FPAR 值；(b) SIF_{yield} 值；(c) SIF_{yield} 相对多年平均变化比例季节变化趋势图；(d) GOME-2 SIF_{yield} 距平值空间分布

究发现也比较一致。Sun 等采用 GOME-2 SIF 对美国 2011 年和 2012 年发生的两次不同类型干旱事件进行评估，结果表明，采用 PAR 及 fPAR 将 SIF 中冠层结构变化信息排除后，使得干旱对 SIF 的净影响变得更加清楚。Yoshida 等同样采用 GOME-2 SIF 对 2010 年俄罗斯发生的大面积干旱和高温事件进行研究，发现在研究区混合森林区域，当排除掉 PAR 信息后的 SIF 已经出现负异常值时，表征绿度的 NDVI 负异常值较小且存在滞后现象 (Sun et al.，2015；Yoshida et al.，2015)。在 4 月，对应高温胁迫最为严重时期，MODIS FPAR 与 SIF_{yield} 相比多年平均，均出现大幅度的下降，FPAR 与 SIF_{yield} 的变化百分比分别为 17.4% 与 12.7%。

高温会通过减少小麦灌浆期的持续时间，导致小麦整个生长周期缩短，最终影响小麦产量，图 9-11 为 GOME-2 SIF 及 GIMMS NDVI 计算的 2010 年和 2008~2013 年研究区小麦生长周期对比图。结果表明，相比 2008~2013 年小麦生长周期多年均值，SIF 及 NDVI 计算得到的 2010 年小麦生长时长均要小于多年平均值，其中 SIF 计算的 2010 年小麦生长周期为 100 天，2008~2013 年平均周期为 111 天，2010 年小麦生长周期相比多年均值，缩短了大约 11 天。NDVI 对应的 2010 年和多年平均周期分别为 116 天和 118 天，2010 年相比多年均值仅缩短了 2 天。SIF 可以更好地反映小麦由于高温造成的灌浆周期及生长周期的缩短，因而导致 SIF 对 2010 年小麦产量下降有更高的敏感性和更好的响应能力。

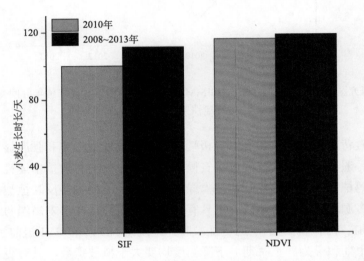

图 9-11　GOME-2 SIF 与 GIMMS NDVI 估算的研究区 2010 年小麦生长时长(GSL)和 2008~2013 年小麦生长时长(GSL)平均值对比柱状图

　　在 4 月，研究区小麦生长横跨了灌浆和成熟两个时期，为了进一步详细分析 4 月小麦生长对最终小麦产生的影响，计算了整个研究区在 4 月的平均 SIF、NDVI 和 EVI 值，与产量的年际间变化结果如图 9-12 所示。结果显示，SIF 与产量具有最强的线性相关度，R^2 达到了 0.77，具有显著相关水平，而 NDVI 与 EVI 与产量的 R^2 分别为 0.44 和 0.46，均要小于 SIF 与产量的 R^2 值。在 2010 年，由于高温胁迫，研究区小麦产量发生严重减产，2010 年 4 月 SIF 值相比 2009 年 4 月 SIF，下降了 20%，NDVI 和 EVI 在 2010 年 4 月相比 2009 年 4 月的数值分别下降了 3% 和 0.6%，远小于 SIF 下降百分比数值。因此在 4 月 SIF 与产量的强相关性及 2010 年 4 月高温导致 SIF 发生的更大幅度下降百分比，使得相比传统植被指数，SIF 对于此次高温具有更敏感的响应能力。

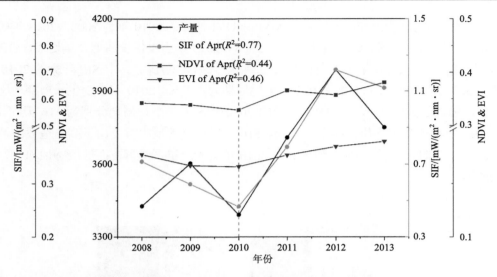

图 9-12　研究区小麦产量与 4 月 SIF、GIMMS NDVI、MODIS EVI 均值年际间变化趋势图
及线性拟合结果

在全球变暖背景下，热浪和高温等极端气候事件的发生频率和强度显著增加，严重威胁粮食生产。遥感是监测大范围极端气候对农作物影响的有效技术途径，目前常用的 NDVI 和 EVI 等植被指数主要反映植被"绿度"信息，不能直接反映植被光合能力，农作物高温胁迫多源遥感数据监测研究仍具有一定的局限性。在小麦高温胁迫监测上，相比植被指数，SIF 对高温胁迫的响应更加及时，大概比 NDVI 和 EVI 提前了 16 天，且在高温胁迫发展中期和最为严重时期，下降幅度均要大于植被指数，具有更高的敏感性。采用 MODIS FPAR 数据将 SIF 中生理参数贡献部分进行分离，计算得到 SIF_{yield}，相比表征植被结构参数部分的 MODIS FPAR，SIF_{yield} 对高温胁迫表现出了更高的敏感性，由于 SIF 既包含了植被结构参数信息，也包含了生理参数信息，因此 SIF_{yield} 对高温胁迫的更高敏感性，使得 SIF 相比只能表征结构参数信息部分的植被指数，对小麦高温胁迫具有更好的监测能力。但是，虽然相比传统植被指数在时间响应上有所提前，但仍然存在（16±16）天的滞后，且本章研究采用的 MODIS FPAR 未顾及光合和非光合部分的差异，因此，结果仍然有待进一步提高。

参 考 文 献

陈利军, 刘高焕, 冯险峰. 2002. 遥感在植被净第一性生产力研究中的应用. 生态学杂志, 21(2): 53-57.
陈仲新, 郝鹏宇, 刘佳, 等. 2019. 农业遥感卫星发展现状及我国监测需求分析. 智慧农业, 1(1): 32-42.
戴小华, 余世孝. 2004. 遥感技术支持下的植被生产力与生物量研究进展. 生态学杂志, 23(4): 92-98.
杜文丽, 孙少波, 吴云涛, 等. 2020. 1980—2013 年中国陆地生态系统总初级生产力对干旱的响应特征. 生态学杂志, 39(1): 23-35.
范双喜, 谷建田, 韩莹琰. 2003. 园艺植物高温逆境生理研究进展. 北京农学院学报, 18(2): 147-151.
冯建灿, 胡秀丽, 苏金乐, 等. 2002. 保水剂对干旱胁迫下刺槐叶绿素 a 荧光动力学参数的影响. 西北植物学报, 22(5): 1144-1149.

冯险峰, 刘高焕, 陈述彭, 等. 2004. 陆地生态系统净第一性生产力过程模型研究综述. 自然资源学报, 19(3): 369-378.

郭培国, 李荣华. 2000. 夜间高温胁迫对水稻叶片光合机构的影响. 植物学报, 42(7): 673-678.

李星. 2018. 基于多源遥感数据的干旱监测方法及生态系统响应研究. 成都: 电子科技大学博士学位论文.

刘良云, 张永江, 王纪华, 等. 2006. 利用夫琅禾费暗线探测自然光条件下的植被光合作用荧光研究. 遥感学报, 10(1): 130-137.

刘霞, 尹燕枰, 姜春明, 等. 2005. 花后不同时期弱光和高温胁迫对小麦旗叶荧光特性及籽粒灌浆进程的影响. 应用生态学报, 16(11): 2117-2121.

秦大河, 陈振林, 罗勇, 等. 2007. 气候变化科学的最新认知. 气候变化研究进展, 3(2): 63-73.

唐华俊. 2018. 农业遥感研究进展与展望. 农学学报, 8(1): 175-179.

田汉勤, 徐小锋, 宋霞. 2007. 干旱对陆地生态系统生产力的影响. 植物生态学报, 31(2): 231-241.

佟彩, 吴秋兰, 刘琛, 等. 2015. 基于 3S 技术的智慧农业研究进展. 山东农业大学学报: 自然科学版, 46(6): 856-860.

王小平, 郭铌. 2003. 遥感监测干旱的方法及研究进展. 干旱气象, 21(4): 76-81.

吴韩英, 寿森炎, 朱祝军, 等. 2001. 高温胁迫对甜椒光合作用和叶绿素荧光的影响. 园艺学报, 28(6): 517-521.

袁文平, 蔡文文, 刘丹, 等. 2014. 陆地生态系统植被生产力遥感模型研究进展. 地球科学进展, 29(5): 541-550.

章钊颖, 王松寒, 邱博, 等. 2019. 日光诱导叶绿素荧光遥感反演及碳循环应用进展. 遥感学报, 23(1): 37-52.

朱文泉, 陈云浩, 徐丹, 等. 2005. 陆地植被净初级生产力计算模型研究进展. 生态学杂志, 24(3): 296-300.

Ač A, Malenovský Z, Olejníčková J, et al. 2015. Meta-analysis assessing potential of steady-state chlorophyll fluorescence for remote sensing detection of plant water, temperature and nitrogen stress. Remote Sensing of Environment, 168: 420-436.

Allakhverdiev S I, Kreslavski V D, Klimov V V, et al. 2008. Heat stress: an overview of molecular responses in photosynthesis. Photosynthesis Research, 98(1-3): 541-550.

Asseng S, Ewert F, Martre P, et al. 2015. Rising temperatures reduce global wheat production. Nature Climate Change, 5(2): 143-147.

Baker N R. 2008. Chlorophyll fluorescence: a probe of photosynthesis *in vivo*. Annual Review of Plant Biology, 59: 89-113.

Bastiaanssen W G, Ali S. 2003. A new crop yield forecasting model based on satellite measurements applied across the Indus Basin, Pakistan. Agriculture, Ecosystems and Environment, 94(3): 321-340.

Berry J, Bjorkman O. 1980. Photosynthetic response and adaptation to temperature in higher plants. Annual Review of Plant Physiology, 31(1): 491-543.

Birky A K. 2001. NDVI and a simple model of deciduous forest seasonal dynamics. Ecological Modelling, 143(1-2): 43-58.

Campbell P E, Middleton E, Corp L, et al. 2008. Contribution of chlorophyll fluorescence to the apparent vegetation reflectance. Science of the Total Environment, 404 (2-3): 433-439.

Chapin F S, Matson P A, Mooney H A. 2002. Terrestrial Production Processes. Principles of Terrestrial Ecosystem Ecology. New York: Springer.

Chapin F S, Matson P A, Vitousek P M. 2011. Plant Carbon Budgets. Principles of Terrestrial Ecosystem Ecology. New York: Springer.

Chaves M M, Flexas J, Pinheiro C. 2009. Photosynthesis under drought and salt stress: regulation mechanisms from whole plant to cell. Annals of Botany, 103 (4): 551-560.

Churkina G, Running S W. 1998. Contrasting climatic controls on the estimated productivity of global terrestrial biomes. Ecosystems, 1 (2): 206-215.

Ciais P, Reichstein M, Viovy N, et al. 2005. Europe-wide reduction in primary productivity caused by the heat and drought in 2003. Nature, 437 (7058): 529-533.

Cordell D, Drangert J O, White S. 2009. The story of phosphorus: global food security and food for thought. Global Environmental Change, 19 (2): 292-305.

Damm A, Elbers J A N, Erler A, et al. 2010. Remote sensing of sun‐induced fluorescence to improve modeling of diurnal courses of gross primary production (GPP). Global Change Biology, 16 (1): 171-186.

Damm A, Guanter L, Paul-Limoges E, et al. 2015a. Far-red sun-induced chlorophyll fluorescence shows ecosystem-specific relationships to gross primary production: an assessment based on observational and modeling approaches. Remote Sensing of Environment, 166: 91-105.

Damm A, Guanter L, Verhoef W, et al. 2015b. Impact of varying irradiance on vegetation indices and chlorophyll fluorescence derived from spectroscopy data. Remote Sensing of Environment, 156: 202-215.

Daumard F, Goulas Y, Champagne S, et al. 2012. Continuous monitoring of canopy level sun-induced chlorophyll fluorescence during the growth of a sorghum field. IEEE Transactions on Geoscience and Remote Sensing, 50 (11): 4292-4300.

Demmig-Adams B, Adams III W W, Barker D H, et al. 1996. Using chlorophyll fluorescence to assess the fraction of absorbed light allocated to thermal dissipation of excess excitation. Physiologia Plantarum, 98 (2): 253-264.

Du S, Liu L, Liu X, et al. 2017. Response of canopy solar-induced chlorophyll fluorescence to the absorbed photosynthetically active radiation absorbed by chlorophyll. Remote Sensing, 9 (9): 911.

Duveiller G, Cescatti A. 2016. Spatially downscaling sun-induced chlorophyll fluorescence leads to an improved temporal correlation with gross primary productivity. Remote Sensing of Environment, 182: 72-89.

Fischer R A, Byerlee D, Edmeades G, et al. 2014. Crop Yields and Global Food Security. ACIAR: Canberra, ACT: 8-11.

Fournier A, Daumard F, Champagne S, et al. 2012. Effect of canopy structure on sun-induced chlorophyll fluorescence. ISPRS Journal of Photogrammetry and Remote Sensing, 68: 112-120.

Franck F, Juneau P, Popovic R. 2002. Resolution of the photosystem I and photosystem II contributions to chlorophyll fluorescence of intact leaves at room temperature. Biochimica et Biophysica Acta (BBA)-Bioenergetics, 1556 (2-3): 239-246.

Frankenberg C, Butz A, Toon G C. 2011a. Disentangling chlorophyll fluorescence from atmospheric scattering effects in O_2 A-band spectra of reflected sun‐light. Geophysical Research Letters, 38(3): L03801.

Frankenberg C, Fisher J B, Worden J, et al. 2011b. New global observations of the terrestrial carbon cycle from GOSAT: patterns of plant fluorescence with gross primary productivity. Geophysical Research Letters, 38(17): L048738.

Gao Y, Wang S, Guan K, et al. 2020. The ability of sun-induced chlorophyll fluorescence from OCO-2 and MODIS-EVI to monitor spatial variations of soybean and maize yields in the midwestern USA. Remote Sensing, 12(7): 1111.

Garzonio R, Di Mauro B, Colombo R, et al. 2017. Surface reflectance and sun-induced fluorescence spectroscopy measurements using a small hyperspectral UAS. Remote Sensing, 9(5): 472.

Gentine P, Alemohammad S H. 2018. Reconstructed solar-induced fluorescence: a machine learning vegetation product based on MODIS surface reflectance to reproduce GOME-2 solar-induced fluorescence. Geophysical Research Letters, 45(7): 3136-3146.

Gitelson A A, Buschmann C, Lichtenthaler H K. 1998. Leaf chlorophyll fluorescence corrected for re-absorption by means of absorption and reflectance measurements. Journal of Plant Physiology, 152(2–3): 283-296.

Goetz S J, Prince S D. 1999. Modelling terrestrial carbon exchange and storage: evidence and implications of functional convergence in light-use efficiency. Advances in Ecological Research, 28: 57-92.

Goetz S J, Prince S D, Small J, et al. 2000. Interannual variability of global terrestrial primary production: results of a model driven with satellite observations. Journal of Geophysical Research-Atmospheres, 105(D15): 20077-20091.

Goulas Y, Fournier A, Daumard F, et al. 2017. Gross primary production of a wheat canopy relates stronger to far red than to red solar-induced chlorophyll fluorescence. Remote Sensing, 9(1): 97.

Grace J, Nichol C, Disney M, et al. 2007. Can we measure terrestrial photosynthesis from space directly, using spectral reflectance and fluorescence. Global Change Biology, 13(7): 1484-1497.

Gu L H, Fuentes J D, Shugart H H, et al. 1999. Responses of net ecosystem exchanges of carbon dioxide to changes in cloudiness: results from two North American deciduous forests. Journal of Geophysical Research: Atmospheres, 104(D24): 31421-31434.

Gu L H, Baldocchi D, Verma S B, et al. 2002. Advantages of diffuse radiation for terrestrial ecosystem productivity. Journal of Geophysical Research: Atmospheres, 107(D5-6): 4050.

Gu L, Wood J, Chang C, et al. 2018. Advancing terrestrial ecosystem science with a novel automated measurement system for sun-induced chlorophyll fluorescence for integration with eddy covariance flux networks. Journal of Geophysical Research: Biogeosciences, 124(1): 127-146.

Guan K, Berry J A, Zhang Y, et al. 2016. Improving the monitoring of crop productivity using spaceborne solar-induced fluorescence. Global Change Biology, 22(2): 716-726.

Guan K, Pan M, Li H, et al. 2015. Photosynthetic seasonality of global tropical forests constrained by hydroclimate. Nature Geoscience, 8(4): 284-289.

Guan K, Wu J, Kimball J S, et al. 2017. The shared and unique values of optical, fluorescence, thermal and microwave satellite data for estimating large-scale crop yields. Remote Sensing of Environment, 199:

333-349.

Guanter L, Zhang Y, Jung M, et al. 2014. Global and time-resolved monitoring of crop photosynthesis with chlorophyll fluorescence. Proceedings of the National Academy of Sciences, 111 (14): E1327-E1333.

Havaux M. 1996. Short-term responses of photosystem I to heat stress. Photosynthesis Research, 47 (1): 85-97.

Havaux M, Kloppstech K. 2001. The protective functions of carotenoid and flavonoid pigments against excess visible radiation at chilling temperature investigated in *Arabidopsis npq* and *tt* mutants. Planta, 213 (6): 953-966.

He M Z, Ju W M, Zhou Y L, et al. 2013. Development of a two-leaf light use efficiency model for improving the calculation of terrestrial gross primary productivity. Agricultural and Forest Meteorology, 173: 28-39.

He L M, Chen J M, Liu J, et al. 2017. Angular normalization of GOME‐2 Sun‐induced chlorophyll fluorescence observation as a better proxy of vegetation productivity. Geophysical Research Letters, 44 (11): 5691-5699.

He L Y, Magney T, Dutta D, et al. 2020. From the ground to space: using solar‐induced chlorophyll fluorescence to estimate crop productivity. Geophysical Research Letters, 47 (7): e2020GL087474.

Hicke J A, Lobell D B, Asner G P. 2004. Cropland area and net primary production computed from 30 years of USDA agricultural harvest data. Earth Interactions, 8 (10): 1-20.

Horn J, Schulz K. 2011. Identification of a general light use efficiency model for gross primary production. Biogeosciences, 8 (4): 999-1021.

Hu J C, Liu L Y, Guo J, et al. 2018. Upscaling solar-induced chlorophyll fluorescence from an instantaneous to daily scale gives an improved estimation of the gross primary productivity. Remote Sensing, 10 (10): 1663.

Hurkman W J, Wood D F. 2011. High temperature during grain fill alters the morphology of protein and starch deposits in the starchy endosperm cells of developing wheat (*Triticum aestivum* L.) grain. Journal of Agricultural and Food Chemistry, 59 (9): 4938-4946.

Joiner J, Yoshida Y, Zhang Y, et al. 2018 Estimation of terrestrial global gross primary production (GPP) with satellite data-driven models and eddy covariance flux data. Remote Sensing, 10 (9): 1346.

Köhler P, Guanter L, Kobayashi H, et al. 2018. Assessing the potential of sun-induced fluorescence and the canopy scattering coefficient to track large-scale vegetation dynamics in Amazon forests. Remote Sensing of Environment, 204: 769-785.

Konings A G, Bloom A A, Liu J, et al. 2019. Global satellite-driven estimates of heterotrophic respiration. Biogeosciences, 16 (11): 2269-2284.

Lee J E, Frankenberg C, van der Tol C, et al. 2013. Forest productivity and water stress in Amazonia: observations from GOSAT chlorophyll fluorescence. Proceedings of the Royal Society B: Biological Sciences, 280 (1761): 20130171.

Lesk C, Rowhani P, Ramankutty N. 2016. Influence of extreme weather disasters on global crop production. Nature, 529 (7584): 84-87.

Li X, Xiao J F, He B B. 2018. Chlorophyll fluorescence observed by OCO-2 is strongly related to gross primary productivity estimated from flux towers in temperate forests. Remote Sensing of Environment, 204: 659-671.

Li Z H, Zhang Q, Li J, et al. 2020. Solar-induced chlorophyll fluorescence and its link to canopy photosynthesis in maize from continuous ground measurements. Remote Sensing of Environment, 236: 111420.

Liu L Y, Liu X J, Wang Z H, et al. 2016. Measurement and analysis of bidirectional SIF emissions in wheat canopies. IEEE Transactions on Geoscience and Remote Sensing, 54(5): 2640-2651.

Liu L Y, Guan L L, Liu X J. 2017. Directly estimating diurnal changes in GPP for C_3 and C_4 crops using far-red sun-induced chlorophyll fluorescence. Agricultural and Forest Meteorology, 232: 1-9.

Liu X J, Guanter L, Liu L Y, et al. 2018. Downscaling of solar-induced chlorophyll fluorescence from canopy level to photosystem level using a random forest model. Remote Sensing of Environment, 231: 110772.

Liu X J, Liu L Y, Hu J C, et al. 2020. Improving the potential of red SIF for estimating GPP by downscaling from the canopy level to the photosystem level. Agricultural and Forest Meteorology, 281: 107846.

Liu X, Liu L, Hu J, et al. 2020. Improving the potential of red SIF for estimating GPP by downscaling from the canopy level to the photosystem level. Agricultural and Forest Meteorology, 281: 107846.

Lobell D B, Ortiz-Monasterio J I, Addams C L, et al. 2002. Soil, climate, and management impacts on regional wheat productivity in Mexico from remote sensing. Agricultural and Forest Meteorology, 114(1-2): 31-43.

Lobell D B, Asner G P, Ortiz-Monasterio J I, et al. 2003. Remote sensing of regional crop production in the Yaqui Valley, Mexico: estimates and uncertainties. Agriculture, Ecosystems and Environment, 94(2): 205-220.

Lu X, Cheng X, Li X, et al. 2018. Opportunities and challenges of applications of satellite-derived sun-induced fluorescence at relatively high spatial resolution. Science of the Total Environment, 619: 649-653.

Ma X, Huete A, Cleverly J, et al. 2016. Drought rapidly diminishes the large net CO_2 uptake in 2011 over semi-arid Australia. Scientific Reports, 6: 37747.

Magney T S, Bowling D R, Logan B A, et al. 2019. Mechanistic evidence for tracking the seasonality of photosynthesis with solar-induced fluorescence. Proceedings of the National Academy of Sciences, 116(24): 11640-11645.

Martineau J, Specht J, Williams J, et al. 1979. Temperature tolerance in soybeans. I. Evaluation of a technique for assessing cellular membrane thermostability 1. Crop Science, 19(1): 75-78.

Maselli F, Chiesi M. 2006. Integration of multi-source NDVI data for the estimation of Mediterranean forest productivity. International Journal of Remote Sensing, 27(1): 55-72.

Meehl G A, Tebaldi C. 2004. More intense, more frequent, and longer lasting heat waves in the 21st century. Science, 305(5686): 994-997.

Miao G, Guan K, Yang X, et al. 2018. Sun‐induced chlorophyll fluorescence, photosynthesis, and light use efficiency of a soybean field from seasonally continuous measurements. Journal of Geophysical Research: Biogeosciences, 123(2): 610-623.

Migliavacca M, Perez-Priego O, Rossini M, et al. 2017. Plant functional traits and canopy structure control the relationship between photosynthetic CO_2 uptake and far-red sun-induced fluorescence in a Mediterranean grassland under different nutrient availability. New Phytologist, 214(3): 1078-1091.

Monteith J L. 1972. Solar radiation and productivity in tropical ecosystems. Journal of Applied Ecology, 9(3):

747-766.

Monteith J L. 1977. Climate and the efficiency of crop production in Britain. Philosophical Transactions of the Royal Society of London. B, Biological Sciences, 281(980): 277-294.

Moreno J. 2015. Report for mission selection: FLEX. ESA SP, 1330(2).

Orville H D. 1990, AMS statement on meteorological drought. Bulletin of the American Meteorological Society, 71(7): 1021- 1023.

Pachauri R K, Allen M R, Barros V R, et al. 2014. Climate change 2014: synthesis report. Contribution of Working Groups I, II and III to the fifth assessment report of the Intergovernmental Panel on Climate Change.

Papageorgiou G C. 2011. Photosystem II fluorescence: slow changes–scaling from the past. Journal of Photochemistry and Photobiology B: Biology, 104(1-2): 258-270.

Paul-Limoges E, Damm A, Hueni A, et al. 2018. Effect of environmental conditions on sun-induced fluorescence in a mixed forest and a cropland. Remote Sensing of Environment, 219: 310-323.

Peng B, Guan K, Zhou W, et al. 2020. Assessing the benefit of satellite-based Solar-Induced Chlorophyll Fluorescence in crop yield prediction. International Journal of Applied Earth Observation and Geoinformation, 90: 102126.

Phillips L B, Hansen A J, Flather C H. 2008. Evaluating the species energy relationship with the newest measures of ecosystem energy: NDVI versus MODIS primary production. Remote Sensing of Environment, 112(12): 4381-4392.

Porcar-Castell A, Tyystjärvi E, Atherton J, et al. 2014. Linking chlorophyll a fluorescence to photosynthesis for remote sensing applications: mechanisms and challenges. Journal of Experimental Botany, 65(15): 4065-4095.

Potter C S, Randerson J T, Field C B, et al. 1993. Terrestrial ecosystem production: a process model based on global satellite and surface data. Global Biogeochemical Cycles, 7(4): 811-841.

Rascher U, Alonso L, Burkart A, et al. 2015. Sun‐induced fluorescence–a new probe of photosynthesis: first maps from the imaging spectrometer HyPlant. Global Change Biology, 21(12): 4673-4684.

Rossini M, Nedbal L, Guanter L, et al. 2015. Red and far red Sun‐induced chlorophyll fluorescence as a measure of plant photosynthesis. Geophysical Research Letters, 42(6): 1632-1639.

Rossini M, Meroni M, Celesti M, et al. 2016. Analysis of red and far-red sun-induced chlorophyll fluorescence and their ratio in different canopies based on observed and modeled data. Remote Sensing, 8(5): 412.

Running S W, Thornton P E, Nemani R, et al. 2000. Global Terrestrial Gross and Net Primary Productivity from the Earth Observing System. Methods in Ecosystem Science. New York: Springer.

Sage R F, Monson R K. 1999. C_4 Plant Biology. California: Academic Press.

Sage R F, Zhu X G. 2011. Exploiting the engine of C_4 photosynthesis. Journal of Experimental Botany, 62(9): 2989-3000.

Samarasinghe G. 2003. Growth and yields of Sri Lanka's major crops interpreted from public domain satellites. Agricultural Water Management, 58(2): 145-157.

Sanders A F J, Verstraeten W W, Kooreman M L, et al. 2016. Spaceborne sun-induced vegetation fluorescence time series from 2007 to 2015 evaluated with Australian flux tower measurements. Remote Sensing, 8(11): 895.

Sardans J, Peñuelas J. 2015. Potassium: a neglected nutrient in global change. Global Ecology and Biogeography, 24(3): 261-275.

Schlau-Cohen G S, Berry J. 2015. Photosynthetic fluorescence, from molecule to planet. Physics Today, 68(9): 66-67.

Schloss A, Kicklighter D, Kaduk J, et al. 1999. Comparing global models of terrestrial net primary productivity(NPP): comparison of NPP to climate and the Normalized Difference Vegetation Index(NDVI). Global Change Biology, 5(S1): 25-34.

Song L, Guanter L, Guan K, et al. 2018. Satellite chlorophyll fluorescence captures heat stress for the witer wheat in the Indian Indo-Gangetic Plains. EGU General Assembly Conference Abstracts, 2598.

Still C J, Riley W J, Biraud S C, et al. 2009. Influence of clouds and diffuse radiation on ecosystem - atmosphere CO_2 and $CO_{18}O$ exchanges. Journal of Geophysical Research: Biogeosciences, 114: GO1018.

Sun Y, Fu R, Dickinson R, et al. 2015. Drought onset mechanisms revealed by satellite solar - induced chlorophyll fluorescence: insights from two contrasting extreme events. Journal of Geophysical Research: Biogeosciences, 120(11): 2427-2440.

Sun Y, Frankenberg C, Wood J D, et al. 2017. OCO-2 advances photosynthesis observation from space via solar-induced chlorophyll fluorescence. Science, 358(6360): 5747.

Sun Y, Frankenberg C, Jung M, et al. 2018. Overview of solar-induced chlorophyll fluorescence(SIF)from the orbiting carbon observatory-2: retrieval, cross-mission comparison, and global monitoring for GPP. Remote Sensing of Environment, 209: 808-823.

Tan Z, Tao H, Jiang J, et al. 2015. Influences of climate extremes on NDVI (normalized difference vegetation index) in the Poyang Lake Basin, China. Wetlands, 35(6): 1033-1042.

Torzillo G, Accolla P, Pinzani E, et al. 1996. *In situ* monitoring of chlorophyll fluorescence to assess the synergistic effect of low temperature and high irradiance stresses in Spirulina cultures grown outdoors in photobioreactors. Journal of Applied Phycology, 8(4-5): 283-291.

van der Molen M K, Dolman A J, Ciais P, et al. 2011. Drought and ecosystem carbon cycling. Agricultural and Forest Meteorology, 151(7): 765-773.

van der Tol C, Verhoef W, Rosema A. 2009a. A model for chlorophyll fluorescence and photosynthesis at leaf scale. Agricultural and Forest Meteorology, 149(1): 96-105.

van der Tol C, Verhoef W, Timmermans J, et al. 2009b. An integrated model of soil-canopy spectral radiances, photosynthesis, fluorescence, temperature and energy balance. Biogeosciences, 6(12): 3109–3129.

van der Tol C, Berry J A, Campbell P K E, et al. 2014. Models of fluorescence and photosynthesis for interpreting measurements of solar - induced chlorophyll fluorescence. Journal of Geophysical Research: Biogeosciences, 119(12): 2312-2327.

Verma M, Schimel D, Evans B, et al. 2017. Effect of environmental conditions on the relationship between solar - induced fluorescence and gross primary productivity at an OzFlux grassland site. Journal of Geophysical Research: Biogeosciences, 122(3): 716-733.

Wagle P, Zhang Y, Jin C, et al. 2016. Comparison of solar - induced chlorophyll fluorescence, light - use efficiency, and process - based GPP models in maize. Ecological Applications, 26(4): 1211-1222.

Walther S, Voigt M, Thum T, et al. 2016. Satellite chlorophyll fluorescence measurements reveal large - scale decoupling of photosynthesis and greenness dynamics in boreal evergreen forests. Global Change Biology, 22(9): 2979-2996.

Walther S, Guanter L, Heim B, et al. 2018. Assessing the dynamics of vegetation productivity in circumpolar regions with different satellite indicators of greenness and photosynthesis. Biogeosciences, 15(20): 6221-6256.

Wang J, Rich P M, Price K P. 2003. Temporal responses of NDVI to precipitation and temperature in the central Great Plains, USA. International Journal of Remote Sensing, 24(11): 2345-2364.

Wang J, Meng J J, Cai Y L. 2008. Assessing vegetation dynamics impacted by climate change in the southwestern karst region of China with AVHRR NDVI and AVHRR NPP time-series. Environmental Geology, 54(6): 1185-1195.

Wang S H, Huang C P, Zhang L F, et al. 2016. Monitoring and assessing the 2012 drought in the Great Plains: analyzing satellite-retrieved solar-induced chlorophyll fluorescence, drought indices, and gross primary production. Remote Sensing, 8(2): 61.

Wang J, Xiao X M, Zhang Y, et al. 2018. Enhanced gross primary production and evapotranspiration in juniper-encroached grasslands. Global Change Biology, 24(12): 5655-5667.

Wieneke S, Ahrends H, Damm A, et al. 2016. Airborne based spectroscopy of red and far-red sun-induced chlorophyll fluorescence: implications for improved estimates of gross primary productivity. Remote Sensing of Environment, 184: 654-667.

Wieneke S, Burkart A, Cendrero-Mateo M P, et al. 2018. Linking photosynthesis and sun-induced fluorescence at sub-daily to seasonal scales. Remote Sensing of Environment, 219: 247-258.

Wood J D, Griffis T J, Baker J M, et al. 2017. Multiscale analyses of solar‐induced florescence and gross primary production. Geophysical Research Letters, 44(1): 533-541.

Wu X C, Xiao X M, Zhang Y, et al. 2018. Spatiotemporal consistency of four gross primary production products and solar‐induced chlorophyll fluorescence in response to climate extremes across CONUS in 2012. Journal of Geophysical Research: Biogeosciences, 123(10): 3140-3161.

Xiao X M, Hollinger D, Aber J, et al. 2004. Satellite-based modeling of gross primary production in an evergreen needleleaf forest. Remote Sensing of Environment, 89(4): 519-534.

Xie W, Xiong W, Pan J, et al. 2018. Decreases in global beer supply due to extreme drought and heat. Nature Plants, 4(11): 964-973.

Yang P Q, van der Tol C. 2018. Linking canopy scattering of far-red sun-induced chlorophyll fluorescence with reflectance. Remote Sensing of Environment, 209: 456-467.

Yang X, Tang J W, Mustard J F, et al. 2015. Solar‐induced chlorophyll fluorescence that correlates with canopy photosynthesis on diurnal and seasonal scales in a temperate deciduous forest. Geophysical Research Letters, 42(8): 2977-2987.

Yang J, Tian H Q, Pan S F, et al. 2018a. Amazon drought and forest response: largely reduced forest photosynthesis but slightly increased canopy greenness during the extreme drought of 2015/2016. Global Change Biology, 24(5): 1919-1934.

Yang K G, Ryu Y, Dechant B, et al. 2018b. Sun-induced chlorophyll fluorescence is more strongly related to absorbed light than to photosynthesis at half-hourly resolution in a rice paddy. Remote Sensing of Environment, 216: 658-673.

Yoshida Y, Joiner J, Tucker C, et al. 2015. The 2010 Russian drought impact on satellite measurements of solar-induced chlorophyll fluorescence: insights from modeling and comparisons with parameters derived from satellite reflectances. Remote Sensing of Environment, 166: 163-177.

Yuan W P, Liu S G, Zhou G S, et al. 2007. Deriving a light use efficiency model from eddy covariance flux data for predicting daily gross primary production across biomes. Agricultural and Forest Meteorology, 143 (3-4): 189-207.

Zahedi M, Jenner C F. 2003. Analysis of effects in wheat of high temperature on grain filling attributes estimated from mathematical models of grain filling. The Journal of Agricultural Science, 141 (2): 203-212.

Zarco-Tejada P J, Catalina A, González M R, et al. 2013. Relationships between net photosynthesis and steady-state chlorophyll fluorescence retrieved from airborne hyperspectral imagery. Remote Sensing of Environment, 136: 247-258.

Zeng Y L, Badgley G, Dechant B, et al. 2019. A practical approach for estimating the escape ratio of near-infrared solar-induced chlorophyll fluorescence. Remote Sensing of Environment, 232: 111209.

Zhang Q, Cheng Y B, Lyapustin A I, et al. 2015. Estimation of crop gross primary production (GPP): II. do scaled MODIS vegetation indices improve performance. Agricultural and Forest Meteorology, 200(15): 1-8.

Zhang Y G, Guanter L, Berry J A, et al. 2016a. Model-based analysis of the relationship between sun-induced chlorophyll fluorescence and gross primary production for remote sensing applications. Remote Sensing of Environment, 187(15): 145-155.

Zhang Y, Xiao X M, Jin C, et al. 2016b. Consistency between sun-induced chlorophyll fluorescence and gross primary production of vegetation in North America. Remote Sensing of Environment, 183(1): 154-169.

Zhang Y, Xiao X M, Zhang Y G, et al. 2018a. On the relationship between sub-daily instantaneous and daily total gross primary production: implications for interpreting satellite-based SIF retrievals. Remote Sensing of Environment, 205(1): 276-289.

Zhang Y, Xiao X M, Wolf S, et al. 2018b. Spatio‐temporal convergence of maximum daily light‐use efficiency based on radiation absorption by canopy chlorophyll. Geophysical Research Letters, 45 (8): 3508-3519.

Zhang Z, Zhang Y, Joiner J, et al. 2018c. Angle matters: Bidirectional effects impact the slope of relationship between gross primary productivity and sun-induced chlorophyll fluorescence from Orbiting Carbon Observatory-2 across biomes. Global Change Biology, 24 (11): 5017-5020.